太阳能电池

工作原理、技术和系统应用

Solar Cells
Operating Principles，Technology and System Applications

编著　Martin A. Green

译者　狄大卫　曹昭阳　李秀文　谢鸿礼　等

上海交通大学出版社

内 容 提 要

本书重点叙述太阳能电池的基本工作原理和设计,目前采用的电池制造工艺和即将实施的改进工艺,以及在应用这些电池的系统设计中的重要考虑。本书前面几章综述了阳光的性质、构成电池半导体材料的有关性质以及这两者之间的相互作用。接下来几章详细地论述了太阳能电池设计中的重要因素、现行的电池制造工艺以及未来可能的工艺。最后几章论及系统的应用。

Copy right © 1982，ARC Centre for Advanced Silicon Photovoltaics and Photonics.
Chinese(simplified characters) rights © 2009 by SJTUP
上海市版权局著作权合同登记:图字 09-2009-409 号

图书在版编目(CIP)数据

太阳能电池工作原理、技术和系统应用/(澳)格林编
著;狄大卫等译. —上海:上海交通大学出版社,2010(2025 重印)
(21 世纪新能源. 太阳能实用技术系列)
ISBN 978-7-313-06191-1

Ⅰ. 太... Ⅱ. ①格...②狄... Ⅲ. 太阳能电池
Ⅳ. TM914.4

中国版本图书馆 CIP 数据核字(2010)第 007584 号

太阳能电池
工作原理、技术和系统应用
(澳)格林 编著
狄大卫 等译
上海交通大学出版社出版发行
(上海市番禺路 951 号 邮政编码 200030)
电话:64071208
上海新华印刷有限公司 印刷 全国新华书店经销
开本:787mm×1092mm 1/16 印张:12.75 字数:307 千字
2010 年 1 月第 1 版 2025 年 7 月第 14 次印刷
ISBN 978-7-313-06191-1/TM 定价:38.00 元

译 者 序

　　太阳能电池以半导体材料为媒介,实现了光能与电能的直接转换。在传统能源逐步枯竭、环境问题逐年加剧之际,可再生能源特别是太阳能的利用为人类提供了解决危机的途径,其产业潜力巨大。世界光伏(PV)太阳能电池制造业正以年均 40% 的高速增长,2007 年产量达到3 500MW。2006 年,中国已经超越美国,成为继日本、德国之后的世界第三大太阳能电池生产国。然而,在太阳能电池产业蓬勃发展的同时,国内专业人才的数量可谓捉襟见肘,人才的培养已成为当务之急。

　　本书英文版原著《Solar Cells: Operating Principles, Technology and System Applications》是由澳大利亚新南威尔士大学光伏工程研究中心开设的、光伏与可再生能源工程系同名专业课程“太阳能电池”所使用的标准教材。原著早在 1982 年就已出版,书中所述有关基础理论历久弥新,至今仍具极其重要的指导意义,被誉为“太阳能电池的经典教材”。

　　原著作者马丁·格林(Martin Green)教授为光伏太阳能学界之泰斗,他已撰著太阳能电池和半导体物理领域的书籍多部、论文不计其数,并在国际上获得多项殊荣。新南威尔士大学的光伏工程研究中心,正是在格林教授的领导下取得了辉煌的成就,成功研发了世界最高效的硅基太阳能电池——PERL 太阳能电池,效率高达 25%。在过去十年中,该研究中心一直是单晶硅电池效率世界纪录的突破者和保持者。除第一代硅晶圆电池以外,中心还致力于第二代太阳能电池(薄膜技术)和第三代太阳能电池(如量子点电池、热载流子电池)等高新电池技术的研发。新南威尔士大学光伏中心为世界光伏领域输出了一批重要人才,其中包括多位首席执行官(CEO)、首席技术官(CTO)、大学教授以及博士后科研人员,他们几乎都是格林教授的学生。

　　对于高等院校师生以及太阳能电池产业从业者而言,本书是一部优秀的教材与参考资料。全书共分 14 章,主要内容包括太阳光的特性,半导体材料的特性,载流子产生、复合过程及器件物理学的基本方程,p-n 结二极管,效率的极限、损失和测量,标准及经改进的硅太阳能电池工艺,硅太阳能电池的设计,其他器件结构及半导体材料,聚光型系统,光伏系统的组成与应用,独立光伏系统的设计,住宅用和集中型光伏电力系统等。各章之后附有习题和参考文献,全书末尾提供附录和索引。本书译本在忠实于原著的基础上,力求逻辑清晰、理论严谨、叙述明确,便于读者理解与掌握。

　　本书在 1987 年已由电子工业部第十八研究所的李秀文、谢鸿礼、赵海滨等十四位专家精心翻译成为中文版本。然而由于当时情况所限,译本的发行并未经过原作者的正式应允。现在,在格林教授的许可、新南威尔士大学光伏与可再生能源工程学院院长 Richard Corkish 博士的监督下,以电子工业部版本为参考,由本人负责译文的审查、修正与编辑,并由上海交通大学出版社出版。曹昭阳与周俪芬对本书进行了细致的勘误,并针对台湾、香港、澳门等繁体中文地区的语言习惯,将本书编译成为繁体中文版本,由台湾五南图书出版公司发行。

　　译者特别感谢 Martin Green 教授以及 Richard Corkish 院长对于本书翻译工作的组织、

支持与指导,感谢中文系的钟勇博士对翻译理论与翻译技巧的启蒙,感谢 Objective Corporation Ltd 的姜晓晔对译文的审校和图片的修改,感谢杭州市质量技术监督局狄刚、李文炜,交通银行洪学雷对稿件的编辑提供帮助,并感谢博士班同学欧阳子对译文中错误的指正,感谢上海交通大学的崔容强教授和上海交通大学出版社的崔霞编辑对本书的出版与发行提供的热情支持。

　　笔者才疏学浅,然仍有幸投入格林教授门下研习量子点太阳能电池之博士生课题,并获此良机主持《应用光伏学》(已由上海交通大学出版社出版)、《太阳能电池:工作原理、技术和系统应用》(本书)以及《硅太阳能电池:高级原理与实践》(暂名,即将出版)等格林教授著作的翻译事务,实属莫大荣幸。因资质所限、时间所迫,译本之中瑕疵疏漏难免,若予赐教,定当感激之至。

　　谨为此序,以贺本书顺利出版!

狄大卫

2009 年 7 月 9 日于新南威尔士大学

前　言

当阳光照射到太阳能电池时，可在没有机械转动或污染性副产物的情况下，将入射能量直接转换为电能。太阳能电池早已不再是实验室仅有的珍品，它已有几十年的使用历史，从最初的航天用电源，到现在的地面电力系统。在不久的将来，这类电池的制造技术很可能得到显著改进。这样，太阳能电池将可以在合适的价格下生产，从而对世界能源需求作出重要贡献。

本书将重点叙述太阳能电池的基本工作原理和设计，目前采用的电池制造工艺和即将实施的改进工艺，以及这些电池系统应用上的重要设计考虑。本书前面几章概述了阳光的性质、构成电池的半导体材料的有关性质以及此两者之间的相互作用。接下来的几章详细地论述了太阳能电池设计中的重要因素、现行的电池制造工艺以及未来可能的工艺。最后几章论及系统的应用，包括目前市售的小型系统和将来可能实现的住户和中心电力系统。

本书首先可供被这一迅速发展的领域所吸引而日益增多的工程技术人员和科学工作者使用，也可用作大学生和研究生的专业课本。作者尽可能使其内容适合于来自于不同专业背景的读者之需求。例如，本书包括了与理解太阳能电池工作原理相关的半导体性质的图解式的回顾。对于许多读者来说，这可作为简捷的复习，而对其他读者则提供了一个便于理解之后各章节内容的基础。无论专业背景为何，通过学习本书并做习题，将使读者在从事这个领域的工作时能得以胜任。

我要对那些为数众多以致不能一一提及的人们表示感谢。他们在过去十多年中激发了我对太阳能电池的兴趣。我要特别感谢 Andy Blakers，Bruce Godfrey，Phill Hart 和 Mike Willison 对本书撰写的建议和间接鼓励。特别感谢 Gelly Galang 为本书准备底稿，以及 John Todd 和 Mike Willison 为本书准备图片。最后我要感谢 Judy Green 在本书进展紧锣密鼓的阶段给予的支持和鼓励。

马丁·格林

Martin A. Green

目　　录

第1章　太阳能电池和太阳光 ··· 1

1.1　引言 ··· 1

1.2　太阳能电池发展概况 ··· 1

1.3　阳光的物理来源 ·· 1

1.4　太阳常数 ··· 3

1.5　地球表面的日照强度 ··· 3

1.6　直接辐射和漫射辐射 ··· 4

1.7　太阳的视运动 ··· 6

1.8　日照数据 ··· 6

1.9　小结 ··· 8

习题 ··· 8

参考文献 ·· 8

第2章　半导体的特性 ··· 10

2.1　引言 ··· 10

2.2　晶体结构和取向 ·· 10

2.3　禁带宽度 ··· 12

2.4　允许能态的占有几率 ··· 12

2.5　电子和空穴 ·· 14

2.6　电子和空穴的动力学 ··· 14

2.7　允许态的能量密度 ·· 16

2.8　电子和空穴的密度 ·· 16

2.9　Ⅳ族半导体的键模型 ··· 17

2.10　Ⅲ族和Ⅴ族掺杂剂 ·· 18

2.11　载流子浓度 ··· 19

2.12　掺杂半导体中费米能级的位置 ·· 20

2.13　其他类型杂质的影响 ·· 21

2.14　载流子的传输 ··· 21

2.14.1　漂移 ··· 21

2.14.2　扩散 ··· 23

2.15　小结 ·· 24

习题 ··· 24

　　参考文献 …………………………………………………………………………… 25

第 3 章　产生、复合及器件物理学的基本方程……………………………………… 26

　3.1　引言…………………………………………………………………………… 26
　3.2　光与半导体的相互作用……………………………………………………… 26
　3.3　光的吸收……………………………………………………………………… 27
　　3.3.1　直接带隙半导体…………………………………………………………… 27
　　3.3.2　间接带隙半导体…………………………………………………………… 28
　　3.3.3　其他吸收过程……………………………………………………………… 31
　3.4　复合过程……………………………………………………………………… 32
　　3.4.1　从弛豫到平衡……………………………………………………………… 32
　　3.4.2　辐射复合…………………………………………………………………… 32
　　3.4.3　俄歇复合…………………………………………………………………… 33
　　3.4.4　经由陷阱的复合…………………………………………………………… 34
　　3.4.5　表面复合…………………………………………………………………… 35
　3.5　半导体器件物理学的基本方程……………………………………………… 35
　　3.5.1　引言………………………………………………………………………… 35
　　3.5.2　泊松方程…………………………………………………………………… 35
　　3.5.3　电流密度方程……………………………………………………………… 36
　　3.5.4　连续性方程………………………………………………………………… 36
　　3.5.5　方程组……………………………………………………………………… 37
　3.6　小结…………………………………………………………………………… 37
　习题 ……………………………………………………………………………… 38
　参考文献 ………………………………………………………………………… 38

第 4 章　p-n 结二极管…………………………………………………………… 40

　4.1　引言…………………………………………………………………………… 40
　4.2　p-n 结的静电学……………………………………………………………… 40
　4.3　结电容………………………………………………………………………… 43
　4.4　载流子注入…………………………………………………………………… 44
　4.5　准中性区内的扩散流………………………………………………………… 45
　4.6　暗特性………………………………………………………………………… 46
　　4.6.1　准中性区中的少数载流子………………………………………………… 46
　　4.6.2　少数载流子电流…………………………………………………………… 47
　4.7　光照特性……………………………………………………………………… 49
　4.8　太阳能电池的输出参数……………………………………………………… 50
　4.9　有限电池尺寸对 I_0 的影响 ……………………………………………… 51
　4.10　小结………………………………………………………………………… 52
　习题 ……………………………………………………………………………… 53

参考文献 ··· 53

第5章　效率的极限、损失和测量 ······································ 54

5.1　引言 ·· 54

5.2　效率的极限 ·· 54

   5.2.1　概要 ··· 54

   5.2.2　短路电流 ··· 54

   5.2.3　开路电压和效率 ··· 54

   5.2.4　黑体电池的效率极限 ······································· 57

5.3　温度的影响 ·· 57

5.4　效率损失 ·· 58

   5.4.1　概要 ··· 58

   5.4.2　短路电流损失 ··· 58

   5.4.3　开路电压损失 ··· 59

   5.4.4　填充因子损失 ··· 60

5.5　效率测量 ·· 62

5.6　小结 ·· 63

习题 ··· 64

参考文献 ··· 64

第6章　标准硅太阳能电池工艺 ·· 66

6.1　引言 ·· 66

6.2　由砂还原为冶金级硅 ·· 67

6.3　冶金级硅提纯为半导体级硅 ······································ 68

6.4　半导体级多晶硅转变为单晶硅片 ·································· 69

6.5　单晶硅片制成太阳能电池 ·· 70

6.6　太阳能电池封装成太阳能电池组件 ································ 71

   6.6.1　组件结构 ··· 71

   6.6.2　电池的工作温度 ··· 72

   6.6.3　组件的耐久性 ··· 73

   6.6.4　组件电路设计 ··· 74

6.7　能量收支结算 ·· 75

6.8　小结 ·· 76

习题 ··· 76

参考文献 ··· 76

第7章　硅电池工艺的改进 ·· 78

7.1　引言 ·· 78

　　7.2　太阳能电池级硅 ··· 78

　　7.3　硅片 ··· 79

　　　　7.3.1　硅片的要求 ·· 79

　　　　7.3.2　铸锭工艺 ·· 79

　　　　7.3.3　带状硅 ·· 80

　　7.4　电池的制造和互联 ··· 82

　　7.5　候选工厂的分析 ··· 84

　　7.6　小结 ··· 87

　　习题 ··· 87

　　参考文献 ··· 87

第8章　硅太阳能电池的设计 ··· 90

　　8.1　引言 ··· 90

　　8.2　主要考量 ··· 90

　　　　8.2.1　光生载流子的收集几率 ·· 90

　　　　8.2.2　结深 ·· 93

　　　　8.2.3　顶层的横向电阻 ·· 94

　　8.3　衬底的掺杂 ··· 95

　　8.4　背面场 ··· 97

　　8.5　顶层的限制 ··· 97

　　　　8.5.1　死层 ·· 97

　　　　8.5.2　高掺杂效应 ·· 98

　　　　8.5.3　对饱和电流密度的影响 ·· 99

　　8.6　上电极的设计 ··· 99

　　8.7　光学设计 ··· 104

　　　　8.7.1　减反射膜 ·· 104

　　　　8.7.2　绒面 ·· 106

　　8.8　光谱响应 ··· 107

　　8.9　小结 ··· 108

　　习题 ··· 108

　　参考文献 ··· 109

第9章　其他器件结构 ··· 110

　　9.1　引言 ··· 110

　　9.2　同质结 ··· 110

　　9.3　半导体异质结 ··· 111

　　9.4　金属-半导体异质结 ·· 113

　　9.5　实用的低电阻接触 ··· 114

　　9.6　MIS 太阳能电池 ·· 114

9.7　光电化学电池 ··· 117

　　9.7.1　半导体-液体异质结 ······························ 117

　　9.7.2　电化学光伏电池 ···································· 117

　　9.7.3　光电解电池 ··· 118

9.8　小结 ··· 118

习题 ·· 118

参考文献 ·· 119

第 10 章　其他半导体 ·· 121

10.1　引言 ·· 121

10.2　多晶硅(pc-Si) ·· 121

10.3　非晶硅(a-Si) ··· 122

10.4　砷化镓太阳能电池 ·· 124

　　10.4.1　GaAs 的特性 ····································· 124

　　10.4.2　GaAs 同质结 ····································· 125

　　10.4.3　$Ga_{1-x}Al_xAs$/GaAs 异质面电池 ·············· 125

　　10.4.4　AlAs/GaAs 异质结 ······························ 125

10.5　Cu_2S/CdS 太阳能电池 ·································· 126

　　10.5.1　电池结构 ··· 126

　　10.5.2　工作特性 ··· 127

　　10.5.3　Cu_2S/CdS 电池的优缺点 ······················ 128

10.6　小结 ·· 129

习题 ·· 129

参考文献 ·· 129

第 11 章　聚光型系统 ·· 132

11.1　引言 ·· 132

11.2　理想聚光器 ·· 132

11.3　固定式和定期调整式聚光器 ································ 133

11.4　跟踪式聚光器 ·· 134

11.5　聚光电池的设计 ·· 136

11.6　超高效率系统 ·· 138

　　11.6.1　概要 ·· 138

　　11.6.2　多带隙电池 ·· 138

　　11.6.3　热光伏转换 ·· 141

11.7　小结 ·· 142

习题 ·· 142

参考文献 ·· 142

第 12 章　光伏系统的组成与应用 ………………………………………………………… 144

　12.1　引言 …………………………………………………………………………………… 144

　12.2　能量的储存 …………………………………………………………………………… 144

　　12.2.1　电化学电池 ……………………………………………………………………… 144

　　12.2.2　大容量储能方法 ………………………………………………………………… 145

　12.3　功率调节装置 ………………………………………………………………………… 146

　12.4　光伏应用 ……………………………………………………………………………… 147

　12.5　小结 …………………………………………………………………………………… 147

　习题 …………………………………………………………………………………………… 148

　参考文献 ……………………………………………………………………………………… 148

第 13 章　独立光伏系统的设计 …………………………………………………………… 149

　13.1　引言 …………………………………………………………………………………… 149

　13.2　太阳能电池组件的性能 ……………………………………………………………… 149

　13.3　蓄电池性能 …………………………………………………………………………… 150

　　13.3.1　性能要求 ………………………………………………………………………… 150

　　13.3.2　铅-酸蓄电池组 ………………………………………………………………… 150

　　13.3.3　镍-镉蓄电池组 ………………………………………………………………… 152

　13.4　功率控制 ……………………………………………………………………………… 152

　13.5　系统规模的制定 ……………………………………………………………………… 154

　13.6　光伏水泵 ……………………………………………………………………………… 159

　13.7　小结 …………………………………………………………………………………… 160

　习题 …………………………………………………………………………………………… 160

　参考文献 ……………………………………………………………………………………… 160

第 14 章　住宅用和集中型光伏电力系统 ………………………………………………… 161

　14.1　引言 …………………………………………………………………………………… 161

　14.2　住宅用系统 …………………………………………………………………………… 161

　　14.2.1　储能方式的选择 ………………………………………………………………… 161

　　14.2.2　组件的安装 ……………………………………………………………………… 162

　　14.2.3　供热 ……………………………………………………………………………… 163

　　14.2.4　系统的布局 ……………………………………………………………………… 164

　　14.2.5　示范项目 ………………………………………………………………………… 165

　14.3　集中型发电站 ………………………………………………………………………… 166

　　14.3.1　一般考虑 ………………………………………………………………………… 166

　　14.3.2　运转模式 ………………………………………………………………………… 167

　　14.3.3　卫星太阳能电站 ………………………………………………………………… 169

　14.4　小结 …………………………………………………………………………………… 169

参考文献··· 170

附录 A　物理常数··· 172

附录 B　硅的部分特性(300K 时)··· 173

附录 C　符号一览表··· 174

索引··· 177

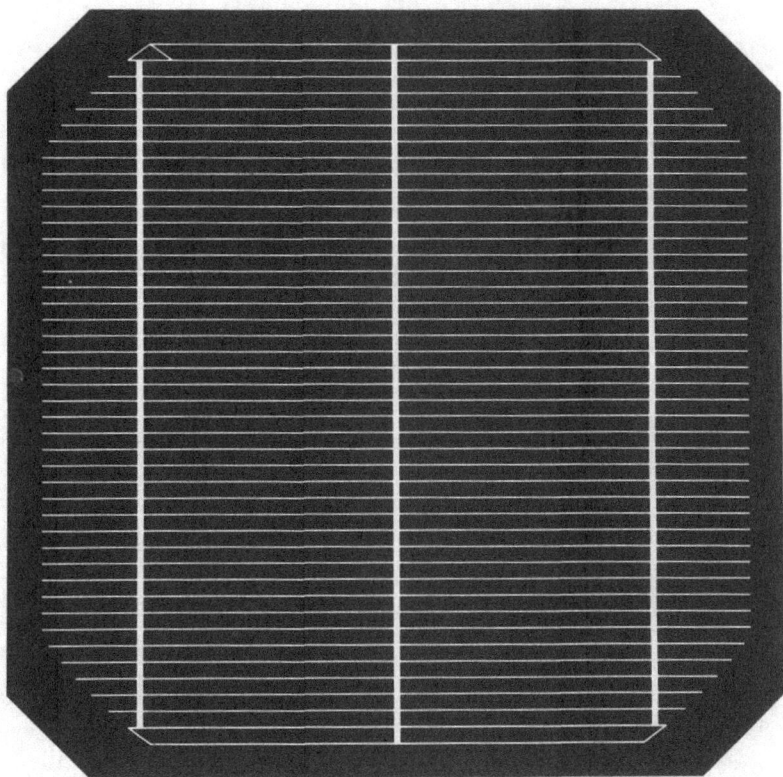

以上为以半导体硅晶圆制造的太阳能电池。其边长约 10cm,厚度只有几分之一毫米。在光照下,此电池会将入射光的光子能量转换成电能。电池正面与背面的金属电极连接至电力负载。在明亮的阳光下,当输出电压为 0.5V 时,电池能够向负载提供高达 3A 的电流(电池照片由摩托罗拉公司提供)。

第1章 太阳能电池和太阳光

1.1 引言

太阳能电池利用半导体材料的电子特性,把阳光直接转换为电能。在以下几章里,将从太阳能电池工作的基本物理原理出发,研究这个微妙的能量转换过程。然后以此为基础,推导了定量表示能量转换关系的数学公式。接着,叙述了目前商用的、以半导体硅为主体材料的太阳能电池的生产工艺和该工艺的改进,以及可能显著降低成本的其他工艺。最后将讨论太阳能电池系统的设计,涵盖的范围从用于边远地区的小型电源到将来可能应用的住宅用电和集中型电站[①]。

本章首先将简要地回顾太阳能电池的发展历史,同时将介绍太阳及其辐射的特性。

1.2 太阳能电池发展概况

太阳能电池的工作原理基于光伏效应。1839 年贝克勒尔(Becquerel)首先提出了这一效应的存在,他观察到浸在电解液中的电极之间有光致电压。1876 年,在硒的全固态系统中也观察到了类似现象。随后,研发了以硒和氧化亚铜为材料的光电池。虽然 1941 年就有了关于硅电池的报道,但直到 1954 年才出现了现代硅电池的先驱产品。因为它是第一个能以适当效率将光能转为电能的光伏器件,所以它的出现标志着太阳能电池研发工作的重大进展。早在 1958 年,这种电池就用作宇宙飞船的电源。到 20 世纪 60 年代初,供空间应用的电池的设计已经成熟。此后十多年,太阳能电池主要用于空间技术。关于这个阶段更详细的情况请见参考文献[1.1]。

20 世纪 70 年代初,硅电池的发展经历了一个革新阶段,能量转换效率得到了显著的提升。大约与此同时,人们对太阳能电池的地面应用的兴趣被再度唤起。到 70 年代末,地面用太阳能电池的数量已超过了空间应用的数量。成本也随着产量的增加而明显下降。80 年代初,出现了一些新的工艺,这些工艺通过试生产进行评估,这为之后十年进一步降低成本奠定了基础。随着成本的不断降低,这种通过光伏效应利用太阳能的方法,其商业应用范围会越来越广阔。

1.3 阳光的物理来源

来自太阳的辐射能对地球上的生命是必不可少的。它决定了地球表面的温度,而且提供了地球表面和大气层中自然过程的全部能量。

---

① 目前太阳能住宅用电和集中型发电站已经实现。(译注)

太阳实质上是一个由其中心发生的核聚变反应所加热的气体球。热物体发出电磁辐射，其波长或光谱分布由该物体的温度所决定。完全的吸收体，即"黑体"所发出的辐射的光谱分布由普朗克辐射定律决定[1,2]。如图 1.1 所示，这个定律指出，当物体被加热时，不仅所发出的电磁辐射总能量增加，而且发射的峰值波长也变短。对此，我们可以从日常经验中获得验证。当金属被加热时，随着温度升高，其颜色由红变黄，这就是一个例证。

据估计，太阳中心附近的温度高达 20 000 000K。然而，这并不是决定太阳电磁辐射的温度。来自太阳深处的强烈辐射大部分被太阳表面附近的负氢离子层所吸收。这些离子对很大波长范围的辐射起着连续吸收体的作用。这个负氢离子层积聚的热量引起了对流，通过对流，将能量传过光阻挡层（见图 1.2）。能量一旦传过光阻挡层的大部分，就重新被辐射到较易透射的外层气体中。这个将对流传热转为辐射传热的界限明显的层就称为光球层。光球层的温度比太阳内部的温度低得多，但仍高达 6 000K。光球层的辐射光谱基本上是连续的电磁辐射光谱，它和在此温度下预期的黑体辐射光谱很接近。

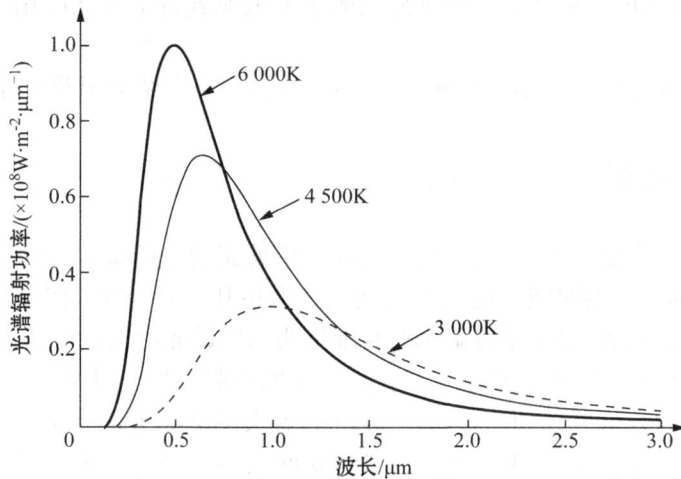

图 1.1　不同黑体温度的普朗克黑体辐射分布

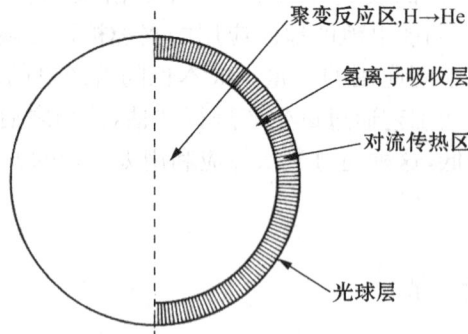

图 1.2　太阳的主要特征

1.4　太 阳 常 数

在地球大气层之外,地球-太阳平均距离处,垂直于太阳光方向的单位面积上的辐射功率基本上为一常数。这个辐射强度称为太阳常数,或称此辐射为大气光学质量为零(AM0)的辐射。

目前,在光伏工作中采用的太阳常数值是 $1.353 kW/m^2$[①]。这个数值是由装在气球、高空飞机和宇宙飞船上的仪器的测量值加权平均而确定的[1,3]。从图 1.3 最上面的两条曲线可以看出,AM0 的辐射光谱分布不同于理想黑体的光谱分布。这是由于太阳大气层对不同波长的辐射有不同的透射率等一些影响造成的。目前采用的分布值请见参考文献[1.3]中的表格。了解太阳光能量的精确分布对于太阳能电池有关的工作相当重要,因为不同的电池对于不同波长的光具有不同的响应。

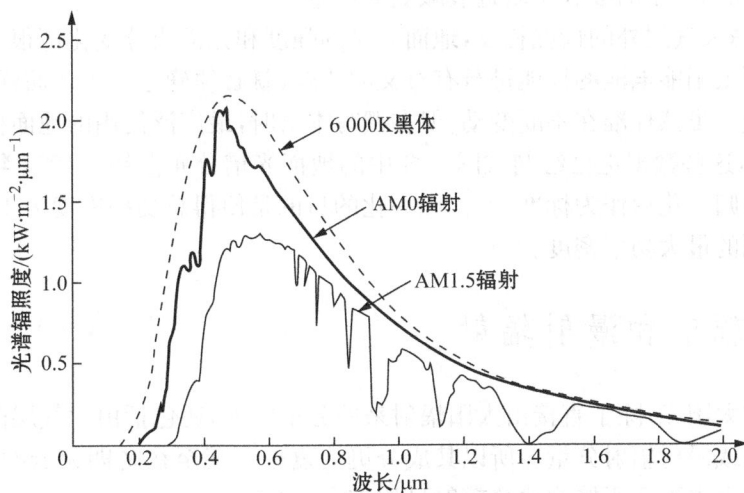

图 1.3　阳光的光谱分布

(图中显示了 AM0 和 AM1.5 辐射的光谱分布,同时还显示了假设太阳是
6 000K 的黑体时所预计的太阳辐射的光谱分布。)

1.5　地 球 表 面 的 日 照 强 度

阳光穿过地球大气层时至少衰减了 30%。造成衰减的原因是[1.4]:

(1)瑞利散射或大气中的分子引起的散射。这种散射对所有波长的太阳光都有衰减作用,但对短波长的光衰减最大。

(2)悬浮微粒和灰尘引起的散射。

(3)大气及其组成气体,特别是氧气、臭氧、水蒸气和二氧化碳的吸收。

图 1.3 中最下方的曲线显示了到达地球表面的阳光的典型光谱分布,同时显示出与大气

---

① 国际上现已改为 $1.3661 kW/m^2$。(译注)

分子吸收有关的吸收带。

阳光衰减的程度变化很大。晴天时,决定总入射功率的最重要参数是光线通过大气层的路程。太阳在头顶正上方时,路程最短。实际路程和此最短路程之比称为大气光学质量(Optical Air Mass, 简称 AM)。太阳在头顶正上方时,大气光学质量为1,这时的辐射称为大气光学质量 1(AM1)的辐射。当太阳和头顶正上方成一个角度 θ 时,大气光学质量由下式得出:

$$AM = \frac{1}{\cos\theta} \tag{1.1}$$

因此,当太阳与头顶正上方成 60°角时,辐射为 AM2 辐射。估算大气光学质量最简单的方法是测量高度为 h 的竖直物体投射的阴影长度 s。于是,

$$AM = \sqrt{1 + \left(\frac{s}{h}\right)^2} \tag{1.2}$$

在其他大气变量不变的情况下,随着大气光学质量的增加,到达地球的能量在所有波段都会发生衰减,在图 1.3 中的吸收带附近衰减更为严重。

因此,与地球大气层外的情况相反,地面阳光的强度和光谱成分变化都很大。为了对不同地点测得的不同太阳能电池的性能进行有意义的比较,就必须确定一个地面标准,然后参照这个标准进行测量。虽然标准在不断变动,但在撰写本书时,最广泛使用的地面标准是表 1.1 中的 AM1.5 分布,这些数据也已绘制成图 1.3 中的地面光谱分布曲线。1977 年美国政府的光伏计划将此分布归一化后作为标准[1,5]。归一化的目的是使得总功率密度为 $1\mathrm{kW/m^2}$,即接近地球表面接收到的最大功率密度。

1.6   直接辐射和漫射辐射

到达地面的太阳光,除了直接由太阳辐射来的分量之外,还包括由大气层散射引起的相当可观的间接辐射或漫射辐射分量。所以其成分更为复杂。甚至在晴朗无云的天气,白天漫射辐射分量也可能占水平面所接收的总辐射量的 10%~20%。

在阳光不足的天气,水平面上的漫射辐射分量所占的百分比通常要增加。根据所观察到的数据[1,6],可以得出下述统计趋势。对于日照特别少的天气,大部分辐射是漫射辐射。一般来说,如果一天中接收到的总辐射量低于一年相同时间的晴天所接收到的总辐射量的三分之一,那么,这种日子里接收到的辐射中大部分是漫射辐射。而介于晴天和阴天之间的天气,接收到的辐射约为晴天的一半,通常所接收到的辐射中有 50% 是漫射辐射。坏天气不仅使世界上一些地区只能收到少量的太阳辐射能,而且其中相当一部分是漫射辐射。

漫射阳光的光谱成分通常不同于直射阳光的光谱成分。一般而言,漫射阳光中含有更丰富的较短波长的光或"蓝"波长的光,这使太阳能电池系统接收到光的光谱成分产生了进一步的变化。当采用水平面上测得的辐射数据来计算倾斜面上的辐射时,来自天空不同方向的漫射辐射分布的不确定性也给计算引入了一些误差。尽管围绕太阳的空际是产生漫射辐射的最主要来源,通常仍假设漫射光是各向同性的(在所有方向都是均匀的)。

聚光式光伏系统只能在一定角度内接收太阳光。为了利用太阳光的直接辐射分量,系统必须随时跟踪太阳,与此同时,漫射辐射分量就大多被浪费了。这就在一定程度上削弱了这种跟踪系统总是垂直于太阳直射光线,从而能接收到最大功率密度的优势。

表 1.1　太阳光谱——大气光学质量 AM 1.5[*]

波长/μm	AM1.5 /W·m⁻²·μm⁻¹	波长/μm	AM1.5 /W·m⁻²·μm⁻¹	波长/μm	AM1.5 /W·m⁻²·μm⁻¹	波长/μm	AM1.5 /W·m⁻²·μm⁻¹	波长/μm	AM1.5 /W·m⁻²·μm⁻¹
0.295	0	0.595	1262.61	0.870	843.02	1.276	344.11	2.388	31.93
0.305	1.32	0.605	1261.79	0.875	835.10	1.288	345.69	2.415	28.10
0.315	20.96	0.615	1255.43	0.8875	817.12	1.314	284.24	2.453	24.96
0.325	113.48	0.625	1240.19	0.900	807.83	1.335	175.28	2.494	15.82
0.335	182.23	0.635	1243.79	0.9075	793.87	1.384	2.42	2.537	2.59
0.345	234.43	0.645	1233.96	0.915	778.97	1.432	30.06		
0.355	286.01	0.655	1188.32	0.925	217.12	1.457	67.14		
0.365	355.88	0.665	1228.40	0.930	163.72	1.472	59.89		
0.375	386.80	0.675	1210.08	0.940	249.12	1.542	240.85		
0.385	381.78	0.685	1200.72	0.950	231.30	1.572	226.14		
0.395	492.18	0.695	1181.24	0.955	255.61	1.599	220.46		
0.405	571.72	0.6983	973.53	0.965	279.69	1.608	211.76		
0.415	822.45	0.799	1173.31	0.975	529.64	1.626	211.26		
0.425	842.26	0.710	1152.70	0.986	496.64	1.644	201.85		
0.435	890.55	0.720	1133.83	1.018	585.03	1.650	199.68		
0.445	1077.07	0.7277	974.30	1.082	486.20	1.676	180.50		
0.455	1162.43	0.730	1110.93	1.094	448.74	1.732	161.59		
0.465	1180.61	0.740	1086.44	1.098	486.72	1.782	136.65		
0.475	1212.72	0.750	1070.44	1.101	500.57	1.862	2.01		
0.485	1180.43	0.7621	733.08	1.128	100.86	1.955	39.43		
0.495	1253.83	0.770	1036.01	1.131	116.87	2.008	72.58		
0.505	1242.28	0.780	1018.42	1.137	108.68	2.014	80.01		
0.515	1211.01	0.790	1003.58	1.144	155.44	2.057	72.57		
0.525	1244.87	0.800	988.11	1.147	139.19	2.124	70.29		
0.535	1299.51	0.8059	860.28	1.178	374.29	2.156	64.76		
0.545	1273.47	0.825	932.74	1.189	383.37	2.201	68.29		
0.555	1276.14	0.830	923.87	1.193	424.85	2.266	62.52		
0.565	1277.74	0.835	914.95	1.222	382.57	2.320	57.03		
0.575	1292.51	0.8465	407.11	1.236	383.81	2.338	53.57		
0.585	1284.55	0.860	857.46	1.264	323.88	2.356	50.01		

[*]　总功率密度＝832 W/m²

1.7 太阳的视运动

地球每天绕虚设的地轴自转一周。地球的自转平面相对于地球绕太阳公转的轨道平面有固定的夹角,这个夹角称作黄赤交角(23°27′)。由于上述关系,太阳相对于地球上某一固定点的观察者作视运动的详细情况也许还不为大部分读者所熟悉。

图 1.4 显示了太阳对于一个处于北纬 35°的观察者的视运动。在任意给定的一天,太阳视运动的轨道平面和观察者站立的垂直方向所成角度,等于其所在地点的纬度值。在春、秋分的时候(3 月 21 日和 9 月 23 日),太阳从正东升起,由正西落下。因此,在春分和秋分这两天,太阳在正午的高度等于 90°减去纬度。夏至和冬至(对北半球分别是 6 月 21 日和 12 月 22 日,而南半球则相反),正午的太阳高度正好比二分点增加或减少黄赤交角(23°27′)。

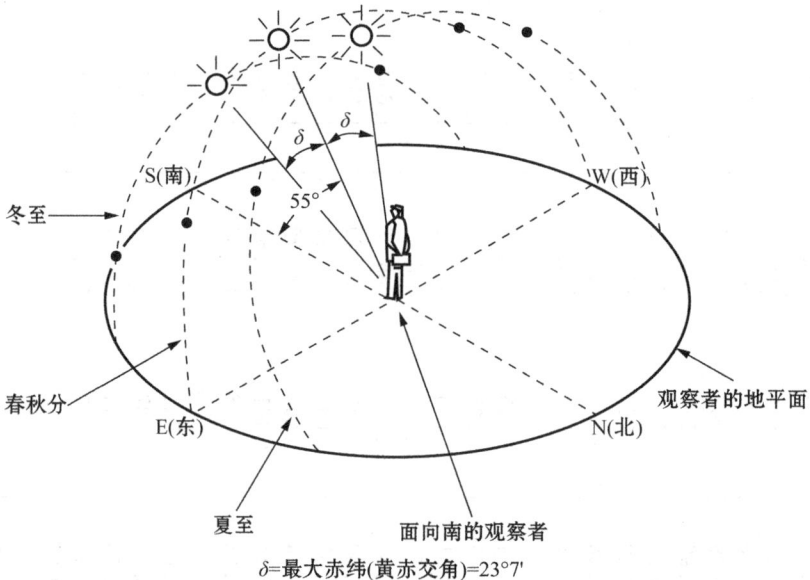

图 1.4 太阳相对于一个北纬 35°固定点的观察者的视运动
(图中示出在二分点、夏至和冬至的太阳路径,还示出太阳在这几天正午的位置。黑点表示正午前后 3 小时的太阳位置。)

1.8 日照数据

在设计光伏系统时,最理想的情况是掌握有该系统安装地日照情况的详细记录。不仅需要直射和漫射光的数据,而且相应的环境温度和风速及风向的数据也是值得利用的。尽管世界各地已有许多监测站正对这些参数进行监测,但目前从经济上考虑,光伏系统在边远地区使用比较有利,然而边远地区未必能得到这些数据。

在给定地点,有效日照不仅取决于如纬度、高度、气候类别和主要植被等大体地理特征,而且也取决于安装地点具体的地理特征。太阳日照分布图尽管未能考虑各地的具体地理特征,但仍然具有参考价值。这些图通常是将实测而得的日照数据与遍布世界各地的日照时间监测

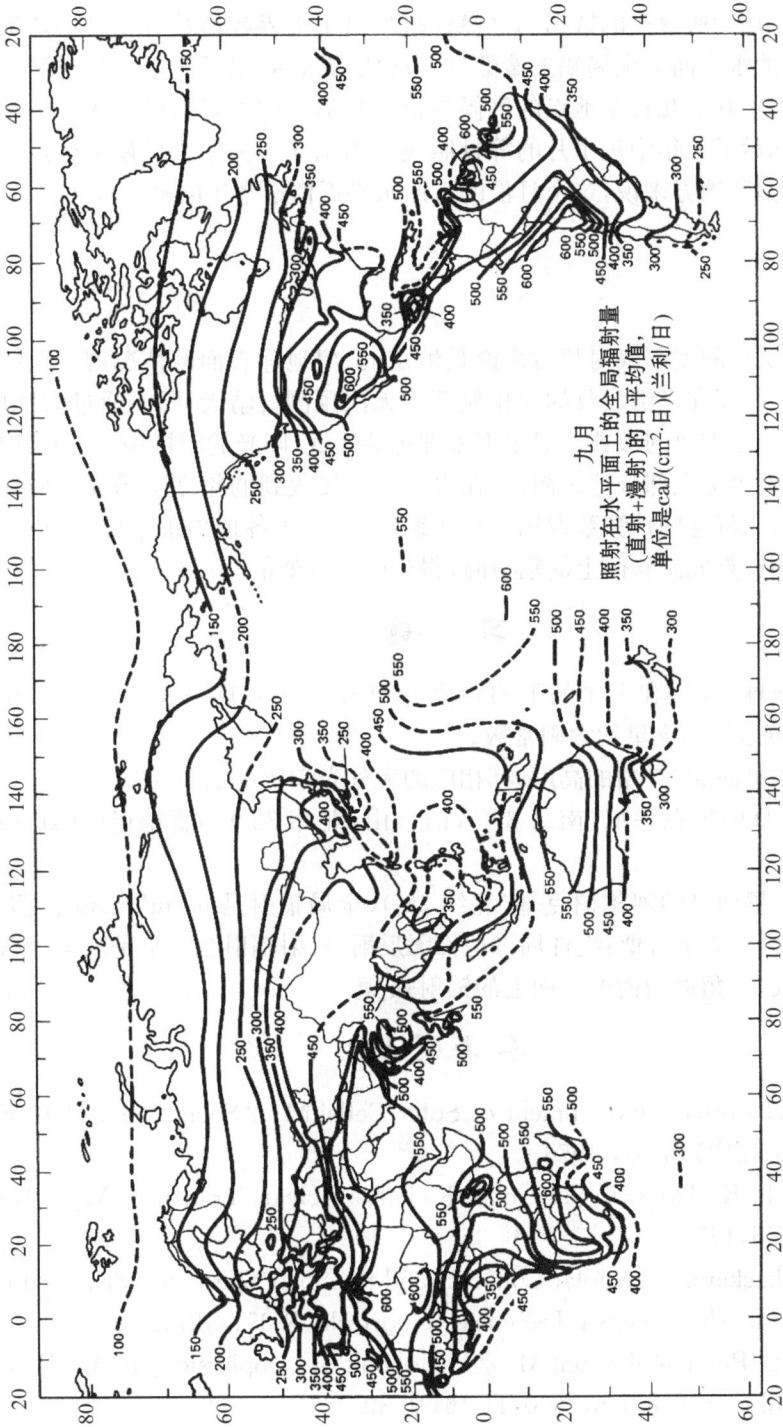

图1.5 九月份的全球太阳能分布图

(等日线值是以兰利(Langley)为单位,照射到水平面上的全局辐射量的日平均值。1兰利等于1cal/cm²。换算成MJ/m²要乘以0.0418。其他月份的数据见参考文献[1.7]。)

换算成W/m²要乘以0.0116。九月份太阳能的分布大致表示出该地区的年平均日辐射量。

网估算的数据相综合而绘制成的。

最常使用的数据是水平面上全局辐射(Global Radiation，或称"总辐射")的日平均值。一般都采用参考资料[1.7]所提供的数据。这篇资料列出了世界各地数百个日照监测站所测得的一年之中每个月的水平面上全局辐射量的日平均值；并且列出了通过日照时间记录推算得到的数据，这里考虑了其他几百个地点的气候与植被数据。这些资料已编入了一系列的世界地图中，这些地图标示了一年中每个月的等日照线。图1.5中标出了昼夜平分点月份(九月)的等日照线。对大多数地方来说，这个月份的日照水平近似于全年的平均水准。

1.9　小结

虽然地球大气层外的太阳辐射相对来说是恒定的，但地球表面的情况就复杂些。地面太阳辐射的可利用率、强度和光谱成分的变化显著且无法预测。晴天，阳光通过大气层的路程，即大气光学质量是一个重要的参数。对于不太理想的天气，阳光的间接辐射，即漫射辐射部分尤为重要。虽然对世界上大部分地区而言，在水平面上接收到的年度全局辐射量都可以取得合理估算值。然而，当将这些估算数据用于具体地点时，由于各地地理条件有很大差异，可能会引入误差，所以在换算成倾斜面上的辐射时，得到的是近似值。

习　　题

1.1　已知太阳到地球、水星和火星的平均距离分别为 1.50×10^{11} m，5.8×10^{10} m 和 22.8×10^{12} m，请估算水星和火星的太阳常数。

1.2　太阳在相对水平面成 $30°$ 角的高度，其相应的大气光学质量是多少？

1.3　计算 6 月 21 日中午在悉尼(南纬 $34°$)，旧金山(北纬 $38°$)和新德里(北纬 $29°$)的太阳高度。

1.4　夏至中午在新墨西哥的阿尔伯克基(北纬 $35°$)，全局辐射是 60 mW/cm^2。假定 30% 是漫射辐射，并且取如下近似：组件周围地面无反射，漫射辐射在天空是均匀分布的。试估算与水平面成 $45°$ 角面向南的平面上的辐射强度。

参 考 文 献

[1.1]　M. Wolf. Historical Development of Solar Cells[M] // Solar Cells, ed. C. E. Backus. New York：IEEE Press, 1976.

[1.2]　R. Siegel, J. R. Howell. Thermal Radiation Heat Transfer [M]. New York：McGraw-Hill, 1972.

[1.3]　M. P. Thekackara. The Solar Constant and the Solar Spectrum Measured from a Research Aircraft[R]. NASA Technical Report No. R-351, 1970.

[1.4]　P. R. Gast. Rolar Radiation[M] // Handbook of Geophysics, ed. C. F. Campen et al. New York：Macmillan, 1960：14-16, 16-30.

[1.5]　Terrestrial Photovoltaic Measurement Procedures [R]. Report ERDA/NASA/1022~77/16, June 1977.

[1.6]　B. Y. Liu, R. C. Jordan. The Interrelationship and Characteristic Distribution of

Direct，Diffuse and Total Solar Radiation[J]∥Solar Energy 4，July 1960：1-19.

[1.7]　G. O. G. Löf，J. A. Duffie，C. O. Smith. World Distribution of Solar Energy
[R]. Report No. 21，Solar Energy Laboratory，University of Wisconsin，July 1966.

第2章　半导体的特性

2.1　引言

在第 1 章中概述了阳光的特性,本章将审视太阳能光伏转换中的另一个重要角色——半导体材料的特性。

本章的目的并不是从基本原理出发严格地论述半导体的特性,而是着重叙述那些对于太阳能电池的设计和运作非常重要的半导体性质。因此,本章对已经熟悉半导体性质的读者可作为一个简捷的复习,而对于对半导体知识不甚了解的读者,本章提供了足够的资料,可作为帮助理解以后各章内容的基础。为加深理解,后一类读者可以选择更加深入讨论半导体性质的专著作为参考[2.1~2.4]。

2.2　晶体结构和取向

本书所谈到的大部分光伏材料都属于晶体,起码在微观上是如此。理想晶体的特征是组成晶体的原子有规则地做周期性的排列,可由小构造单元重叠成整个晶体。最小的这种重复单元称为"原胞"。这种原胞包含有重现晶体中原子位置所需的全部参数,但它们常具有比较特殊的形状。因此,采用较大的单位晶胞(简称单胞)讨论较为方便,单胞也包含以上的参数,但形状较简单。例如,图 2.1(a)表示面心立方原子排列的单胞,而图 2.1(b)则表示相应的原胞。用来定义单胞外型的三条轴是正交的,而原胞则不然。单胞棱的长度称为晶格常数。

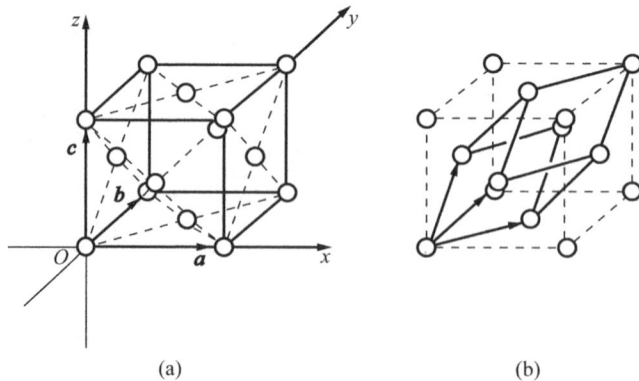

(a)　　　　　　　　　(b)

图 2.1

(a)面心立方原子排列的单胞。选择这样的单胞以便其三条棱是正交的,矢量 *a*、*b* 和 *c* 是
每个方向上的单位矢量　(b) 相同原子排列的原胞

晶体内平面的取向可利用密勒指数系统，以单胞结构来表示。如图 2.1(a)所示，用沿单胞的三条棱所作的三个矢量作为坐标系的坐标轴，设想待定方位的平面通过坐标系原点，然后考虑平行于这个平面且通过坐标轴上原子的下一个平面。图 2.2 显示了一个例子，在此例中，沿每个轴的截距是离原点为 1、3 和 2 个原子间隔，取倒数得出 1、1/3 和 1/2。具有相同比例的最小整数是 6、2 和 3。因此，该平面用密勒指数表示为(623)平面。负截距可用在相应的数上方加一横线表示(例如-2可写成$\bar{2}$)。

晶体内的方向用矢量表示，并可按比例缩放，因此可用 $h\boldsymbol{a}+k\boldsymbol{b}+l\boldsymbol{c}$ 的形式来表示。这里 $\boldsymbol{a}$、$\boldsymbol{b}$ 和 $\boldsymbol{c}$ 是沿着如图 2.1(a)所示的坐标系的各个轴的单位矢量，h、k 和 l 是整数。因此，这个方向用$[hkl]$方向来描述，用方括号表示方向，以区别于密勒指数。注意：对于立方单胞来说，$[hkl]$方向垂直于(hkl)平面。

最后，在晶体结构内部存在着等值的平面。例如，对于图 2.1(a)的面心立方晶格来说，(100)、(010)和(001)平面的区别只与原点的选择有关。一组相应的等效平面的集合称为{100}集合，在此情况下，使用大括号。

图 2.3(a)示出在光伏太阳能技术中，许多重要半导体材料的原子排列，包括硅(Si)、砷化镓(GaAs)和硫化镉(CdS)三种晶体的排列。后两种是晶体结构中含有一种以上原子的化合物半导体，这种排列通常称为金刚石晶格或闪锌矿晶格(对于如 GaAs 之类的化合物半导体)。如图所示，这种晶体的单胞是立方体。图 2.3(b)～(d)显示了从所选方向观察到的原子排列。这些图更加说明了原子在不同方向排列的重大差别，这种方向性的差异对太阳能电池的研发工作而言是非常重要的(可以习题 2.2 为例)。

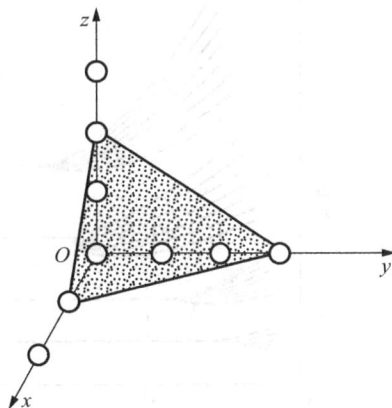

图 2.2 用密勒指数(623)描述的晶体平面

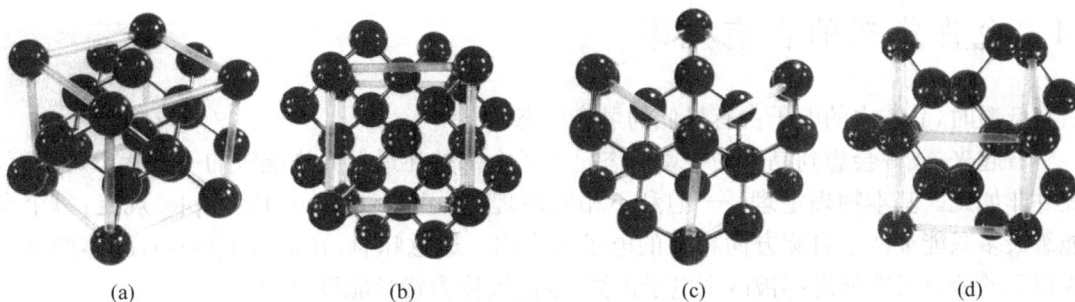

图 2.3
(a) 金刚石晶格模型(太阳能电池技术中多种重要半导体的原子结构)，图中还显示了晶胞的外部轮廓
(b) 从 [100] 方向观察同一结构 (c) 从[111]方向观察 (d) 从[110]方向观察

2.3 禁带宽度

在真空中的电子所能得到的能量值基本是连续的,但在晶体中的情况就可能截然不同了。

孤立原子中电子的能级是彼此分离的,当几个原子比较紧密地集合在一起时,原来的能级就形成允许的能量带,如图 2.4 所示。当原子如在晶体中那样有秩序地排列时,彼此之间存在一个平衡的原子间距。图 2.4(a)表示晶体的一种情况,此时,在原子平衡间距 d 处,晶体具有被禁带所隔开的电子允带(相当于原子能级)。图 2.4(b)表示另一种情况,在不同晶体材料的平衡间距 d 处,能带互相重叠,实际上得到一个连续的允带。

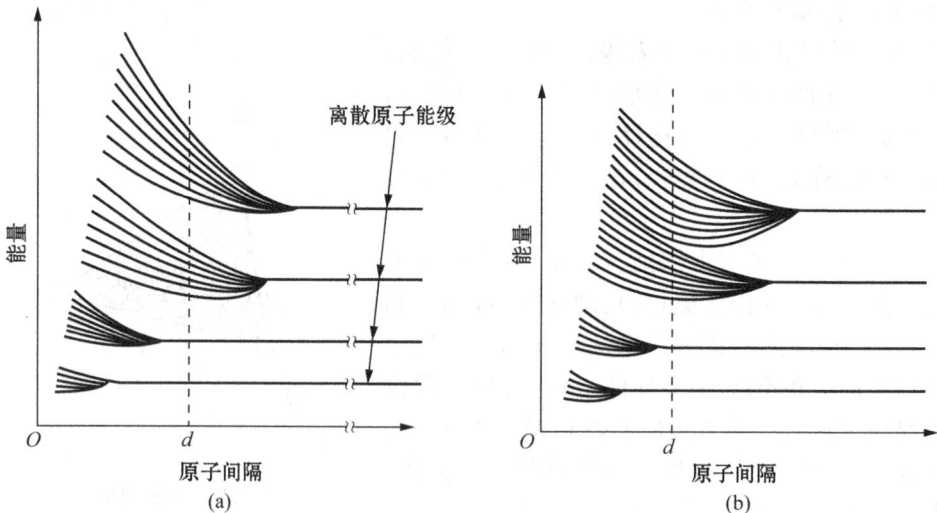

图 2.4 许多相同的原子集合成晶体时,独立原子中分离的电子允许能级如何形成允带的示意图
(a) 在晶体中原子的特征间隔 d 处存在着被禁带隔开的电子允许能带
(b) 在 d 处最上面的能带发生重叠

2.4 允许能态的占有几率

在低温时,晶体内的电子占有最低的可能能态。

乍看起来,或许会想到晶体的平衡状态是电子全都处在最低允许能级的一种状态。然而,情况并非如此。基本物理定理——泡利不相容原理(Pauli Exclusion Principle)规定:每个允许能级最多只能被两个自旋方向相反的电子所占据。这意味着,在低温下(0K),晶体的某一能级以下的所有可能能态都被两个电子占据,该能级称为费米能级(E_F)。

随着温度的升高,一些电子得到超过费米能级的能量。对此更一般的情况,考虑到泡利不相容原理的限制,任一给定能级 E 的一个所允许的电子能态的占有几率可以根据统计规律计算[2.1~2.4],其结果是由下式给出的费米-狄拉克分布函数(Fermi-Dirac Distribution) $f(E)$,即

$$f(E) = \frac{1}{1 + e^{(E-E_F)/(kT)}} \tag{2.1}$$

其中，k 是波耳兹曼常数，T 是热力学温度。该函数的关系曲线绘于图 2.5 中。正如所料，接近于 0K 时，能量低于 E_F，$f(E)$ 基本上是 1，能量高于 E_F，$f(E)$ 为零。随着温度的升高，分布逐渐变得不那么集中，能量高于 E_F 的能态具有一定的占有几率，能量低于 E_F 的能态具有一定的空位几率。

现在可以用电子能带结构来描述金属、绝缘体和半导体之间的差别。金属的电子能带结构是 E_F 位于允带之内（见图 2.6），其原因可能是：如果能带结构是如图 2.4(a) 所示，那么可用的电子不足以填满现有能带，或者换一种说法是存在着重叠能带。如图 2.4(b) 所示，绝缘体有一个被电子完全占满的较低能带，并且此能带与相邻的、低温下没有电子的较高能带之间存在一个很大的间隙。从之前的讨论中可获知，E_F 必定位于禁带之中（见图 2.6）。

图 2.5　费米-狄拉克分布函数
（费米能级 E_F 之上的能态的电子占据几率较低，而之下的能态则几乎全被占据。）

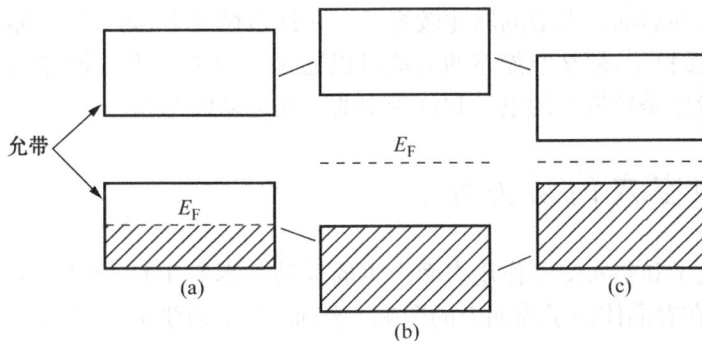

无电子存在的能带显然不能对晶体内的电流流动有任何贡献。令人惊讶的是，被电子完全充满的能带也同样如此。为了对电流有所贡献，电子必须从外加电场中吸取能量。在一个完全填满的能带中这是不可能的，因为附近没有空着的允许能级可让受激电子跃迁到它上面。因此，绝缘体不导电，而金属具有大量的此类能级，故而能够导电。

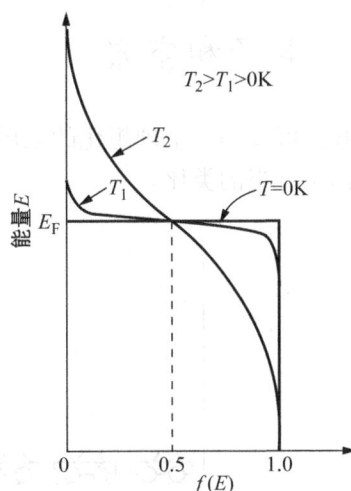

图 2.6　允许能态被电子占据的方式
（a）在金属中　（b）在绝缘体中　（c）在半导体中

半导体只不过是一种具有窄带隙的绝缘体。在低温下，它不能导电。在较高温度下，费米-狄拉克函数不那么集中，使得原来完全被填满的能带（价带）中的某些能级现在是空的，而邻近的最高能带（导带）中的一些能级被占据，导带中的电子因附近有许多未被占据的能态，故可对电流作出贡献；因为现在在价带中存在着未被占据的能级，所以价带中的电子也对电流作出贡献。

2.5　电子和空穴

我们可以用一个理想化的双层停车场(见图2.7)来对半导体中电流流动过程作一个十分简单而又恰当的类比。

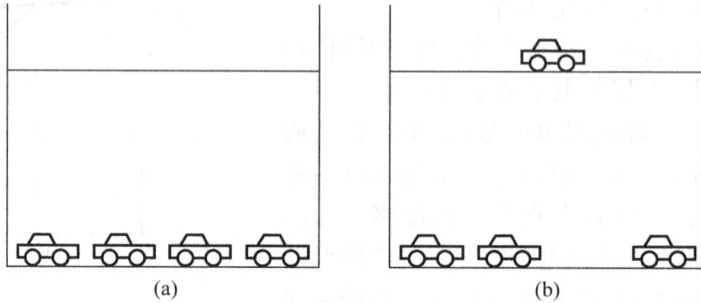

图 2.7　用"停车场"简单类比半导体中导电过程
(a) 不可能移动　(b) 上下两层都可能移动

首先考虑如图2.7(a)所示的情况,此时停车场的底层完全被汽车占满,而顶层完全空着,因此没有任何可供汽车移动的余地。如果一辆汽车如图2.7(b)所示那样从第一层移动到第二层,那么第二层的汽车就能任意自由移动。这辆汽车相当于半导体内导带中的电子。现在,在底层将存在一个空位,附近的汽车就可以移动到这个空位而留下一个新的空位。因此,现在汽车同样也可以在底层移动。这种移动相当于电子在价带中的运动。我们可以不将底层的运动视作是多辆汽车运动的结果,而可以比较简单地描述成单个空位的运动。与此类似,在晶体中用价带中空能态的运动来考虑问题比较容易。在许多情况下,如果把空能态看成是称作"空穴"的带正电的物质粒子,那么空能态的运动可以通过一般准则进行较好的预测。因此,半导体内的电流可以看作是导带中的电子和价带中的空穴运动的总和。

2.6　电子和空穴的动力学

半导体内的电子和空穴受到作用力而产生的运动与真空中粒子的运动有所不同,除一般外力以外,总是存在着晶体原子周期力的影响。然而,量子力学的计算结果表明,在本书讨论的大部分情况下,将描述真空中粒子的概念稍加修正就可用于半导体中的电子和空穴之上。

例如,对于晶体导带内的电子,牛顿定律变成

$$F = m_e^* a = \frac{\mathrm{d}p}{\mathrm{d}t}$$　(2.2)

其中,F 是外加作用力;m_e^* 是电子的"有效"质量,它包括了晶格原子的周期力的影响;p 称为晶体动量,它与真空中的动量相似。

对自由电子而言,能量和动量存在一个二次函数的关系,即

$$E = \frac{p^2}{2m}$$　(2.3)

对于半导体中的载流子,情况可能更为复杂一些。在一些半导体中,类似的定律适合于导

带中能量接近于最小能量(E_c)的电子,即有

$$E - E_c = \frac{p^2}{2m_e^*} \tag{2.4}$$

类似的关系式适用于价带中能量接近最大值(E_v)的空穴,即有

$$E_v - E = \frac{p^2}{2m_h^*} \tag{2.5}$$

图 2.8 示出了上述关系。这样的半导体称为直接带隙半导体,其中包括在科技应用上非常重要的化合物半导体砷化镓(GaAs)。

在另一些半导体中,导带的最小值可以是晶体动量的有限值,并服从下面关系式:

$$E - E_c = \frac{(p - p_0)^2}{2m_e^*} \tag{2.6}$$

对于价带,存在一个相似的关系式:

$$E_v - E = \frac{(p - p'_0)^2}{2m_h^*} \tag{2.7}$$

如果 $p_0 = p'_0$,则半导体具有直接带隙。然而,如果 $p_0 \neq p'_0$,则带隙被称为间接带隙。最普通的元素半导体 Ge 和 Si 都是间接带隙材料。两者都是 $p'_0 = 0$,而 p_0 为某一有限值。该情况如图 2.9 所示。

请注意,在半导体器件中,表示能量关系时,一般都是画出能量与距离的关系(如图 2.8 和 2.9 所示),并不区分直接和间接带隙半导体。

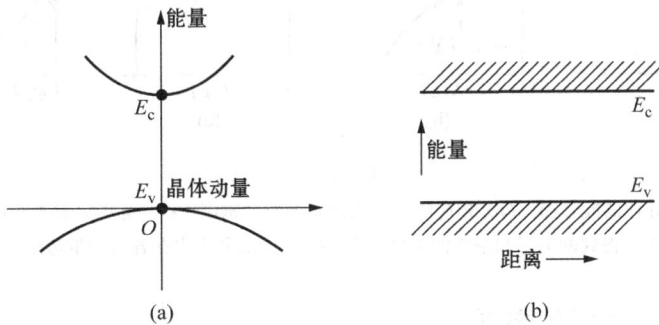

图 2.8

(a) 直接带隙半导体导带中的电子和价带中的空穴在接近带边处的能量-晶体动量关系

(b) 半导体中允许能量的空间表示

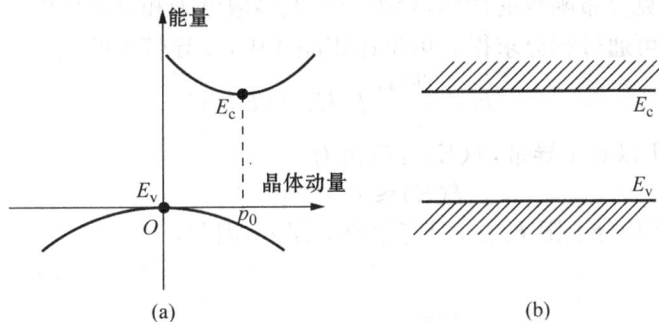

图 2.9　间接带隙半导体在接近带边处的能量——晶体动量关系及能带的空间表示

2.7　允许态的能量密度

单位体积半导体中,在禁带的能量范围内其态密度显然为零,而在允带内就不是零,这就引出了有关究竟有多少电子状态分布在允带内的问题。

答案可以相当简单地获得[2.1~2.4],至少对于靠近允带边缘的能量是如此。在允带边缘,可将载流子看成类似于自由载流子。对于靠近导带边(在无各向异性的情况下)的能量 E,单位体积、单位能量的允许状态数 $N(E)$ 由下式得出:

$$N(E) = \frac{8\sqrt{2}\pi m_e^{*\,3/2}}{h^3}(E - E_c)^{1/2} \tag{2.8}$$

其中,h 是普朗克常数。对于靠近价带边的能量,存在类似的表达式。这些允许状态的分布如图 2.10(b)所示。

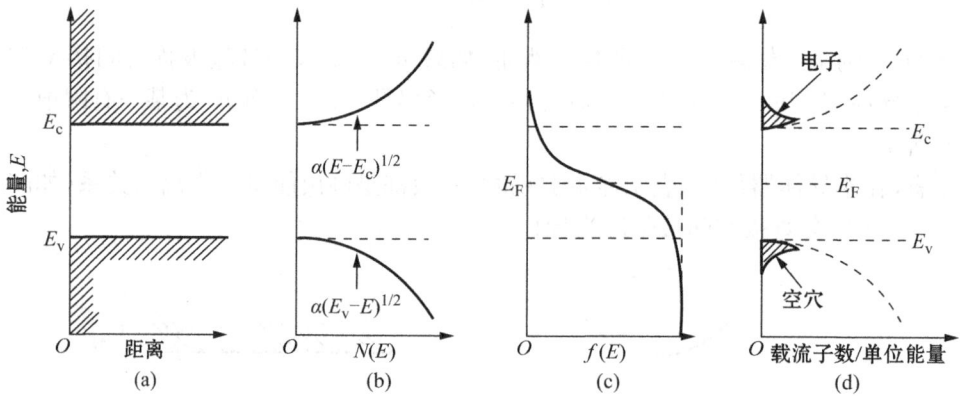

图 2.10

(a) 半导体的能带图　(b) 相应的电子允许态的能量密度　(c) 这些状态的占有几率
(d) 所得到的电子和空穴的能量分布(注意:大部分集中在各自的带边附近)

2.8　电子和空穴的密度

知道了允许状态的密度[式(2.8)]和这些状态的占有几率[式(2.1)],就可以计算电子和空穴的实际能量分布,其结果如图 2.10 所示。

由于费米-狄拉克分布函数的性质,导带中的大多数电子和价带中的空穴都聚集在带边附近,每个带中的总数可通过积分求得。单位体积晶体中,在导带内的电子数 n 由下式得出,即

$$n = \int_{E_c}^{E_{c\,\max}} f(E)N(E)\,\mathrm{d}E \tag{2.9}$$

因为 $E_c - E_F \gg kT$,所以对于导带,$f(E)$ 可简化为

$$f(E) \approx \mathrm{e}^{-(E-E_F)/(kT)} \tag{2.10}$$

并且用无穷大来代替积分上限 $E_{c\,\max}$,只有很小的误差,因此,

$$n = \int_{E_c}^{\infty} \frac{8\sqrt{2}\pi m_e^{*\,3/2}}{h^3}(E - E_c)^{\frac{1}{2}}\,\mathrm{e}^{(E_F-E)/(kT)}\,\mathrm{d}E$$

$$= \frac{8\sqrt{2}\pi}{h^3} m_e^{*\frac{3}{2}} e^{E_F/(kT)} \int_{E_c}^{\infty} (E-E_c)^{\frac{1}{2}} e^{-E/(kT)} dE \tag{2.11}$$

把积分变量变为 $x=(E-E_c)/(kT)$，则

$$n = \frac{8\sqrt{2}\pi}{h^3} (m_e^* kT)^{\frac{3}{2}} e^{(E_F-E_c)/(kT)} \int_0^{\infty} x^{\frac{1}{2}} e^{-x} dx \tag{2.12}$$

式中，积分是标准型积分，并等于 $\sqrt{\pi}/2$。因此，

$$n = 2\left(\frac{2\pi m_e^* kT}{h^2}\right)^{\frac{3}{2}} e^{(E_F-E_c)/(kT)} \tag{2.13}$$

$$\boxed{n = N_C e^{(E_F-E_c)/(kT)}} \tag{2.14}$$

这里，对于固定的 T，N_C 是常数，通称为导带内的有效态密度，可通过比较式(2.13)和(2.14)来确定。同样，单位体积晶体中在价带内的空穴总数

$$\boxed{p = N_V e^{(E_v-E_F)/(kT)}} \tag{2.15}$$

价带内的有效态密度 N_V 可用同样的方法确定。

对于无表面的、纯净而完美的半导体的理想情况，n 等于 p，因为导带中的每一个电子都在价带中留下一个空位即空穴。因此，

$$n = p = n_i \tag{2.16}$$

$$np = n_i^2 = N_C N_V e^{(E_v-E_c)/(kT)}$$
$$= N_C N_V e^{-E_g/(kT)} \tag{2.17}$$

其中，n_i 通称为"本征浓度"，E_g 是导带和价带之间的禁带宽度。从式(2.16)也可看出

$$N_C e^{(E_F-E_c)/(kT)} = N_V e^{(E_v-E_F)/(kT)} \tag{2.18}$$

于是得到

$$E_F = \frac{E_c + E_v}{2} + \frac{kT}{2} \ln\left(\frac{N_V}{N_C}\right) \tag{2.19}$$

因此，在纯净、完美的半导体中，费米能级位于带隙中央附近，它偏离带隙中央的程度取决于导带和价带的有效态密度的差。

2.9　IV 族半导体的键模型

为了讨论化学元素周期表中IV族的这类半导体，可从另一种角度来看一些比较重要的半导体特性。虽然下面的"键模型"描述方式并不普遍适用于所有半导体材料，但它能以简单的方式介绍杂质对半导体电子学特性的影响。

图 2.3 显示了周期表IV族半导体的特有晶格结构。图 2.11(a)是硅晶格的二维示意图。每个硅原子都以共价键与四个相邻的原子连接，每个共价键需要两个电子。硅有四个价电子，于是，每个共价键共用一个来自中心原子的电子和一个来自相邻原子的电子。

在图 2.11(a)所示的情况下，半导体不能导电。然而，在较高温度下，共价键的某些电子可获得足以脱离键的能量，如图 2.11(b)所示。在这种情况之下，释放出的电子可以在整个晶体内自由地运动，并可对电流作出贡献。位于断裂键附近的共价键的电子也可能向留下的空

位移动,同时留下另一个断裂键,该过程也对电流流动作出贡献。

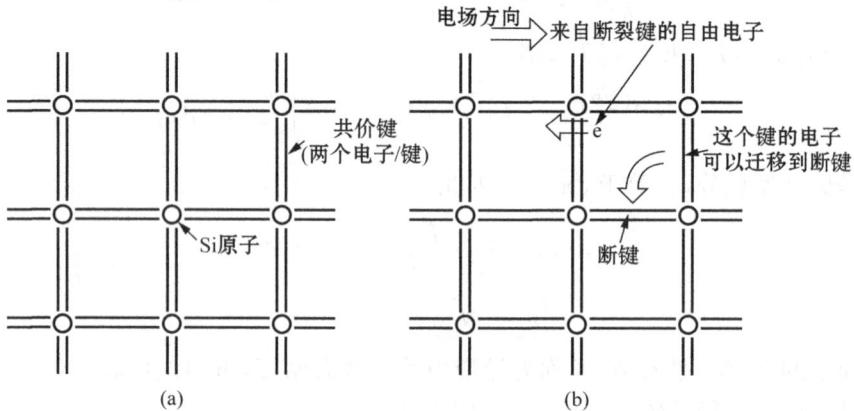

图 2.11　硅晶体晶格示意图
(a) 没有断裂的共价键　(b) 有一个断裂的共价键,被释放
电子的运动及邻近键电子向留下的空位的运动

回到前面几节的说法,从共价键放出的电子可被认为是在导带中,而与共价键连在一起的那些电子是在价带中。一个断裂键可被视为价带中的一个空穴。因此,从共价键释放一个电子所需的最小能量等于半导体的禁带宽度。

键模型对于讨论硅中杂质对硅的电子学特性的影响特别有用。下一节将叙述称为掺杂剂的专用杂质的影响。

2.10　Ⅲ族和Ⅴ族掺杂剂

杂质原子可通过两种方式掺入晶体结构:它们可以挤在基质晶体原子间的位置上,这种情况下杂质被称为间隙杂质;另一种方式是,它们可以替换基质晶体的原子,保持晶体结构中有规律的原子排列,在这种情况下,它们被称作替位杂质。

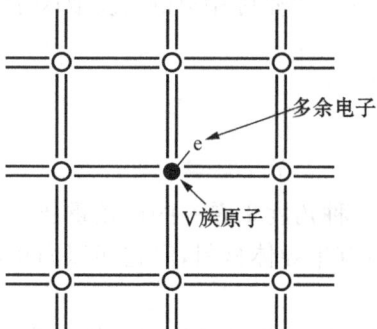

图 2.12　一个Ⅴ族原子替代了一个硅原子的部分硅晶格

周期表中Ⅲ族和Ⅴ族原子在硅中充当替位杂质,图2.12 显示了一个Ⅴ族杂质(如磷)替换了一个硅原子的部分晶格。四个价电子与周围的硅原子组成共价键,但第五个却处于不同的情况,它不在共价键内,因此不在价带内。对于图中所表示的情况,该电子被Ⅴ族原子所束缚,所以不能穿过晶格自由运动,因此它也不在导带内。

可以预测,与束缚在共价键内的自由电子相比,释放这个多余电子只需较小的能量。

实际上情况正是这样。注意到与束缚于氢原子的电子的相似性,可粗略地估算出所需能量。在氢原子的情况下,电离能(释放电子所需能量)的公式是

$$E_i = \frac{m_0 q^4}{8\varepsilon_0^2 h^2} = 13.6 \text{ eV} \tag{2.20}$$

其中，m_0 是电子的静止质量，q 是电子电荷，ε_0 是真空的介电常数。多余的电子绕 V 族原子运动，该原子带有一个未被中和的正电荷。因此，这种情况下的电离能公式与氢原子是一样的。由于氢原子外层电子的轨道半径比原子间的距离大得多，因此式（2.20）中的 ε_0 可用硅的介电常数（$11.7\varepsilon_0$）来代替。因为轨道电子要受到硅晶格的周期作用力，所以电子的质量也要用有效质量（对硅来说，$m_0^*/m_0=0.2$）来代替，释放多余电子所需能量

$$E'_i \approx \frac{13.6 \times 0.2}{11.7^2} \approx 0.02 \text{ eV} \tag{2.21}$$

这要比硅的带隙能量 1.1 eV 小得多。自由电子位于导带中，因此，束缚于 V 族原子的多余电子，其能量位于低于导带底的能量为 E' 的地方，如图 2.13(a) 所示。注意：这就在"禁止的"能隙中安插了一个允许的能级。

　　与此类似，Ⅲ 族杂质没有足够的价电子来满足四个共价键，这就造成一个束缚于 Ⅲ 族原子的空穴。释放空穴所需的能量与式（2.21）所给出的相同。因此，一个 Ⅲ 族原子在禁带中接近价带顶的地方引入了一个电子允许能级，如图 2.13(b) 所示。

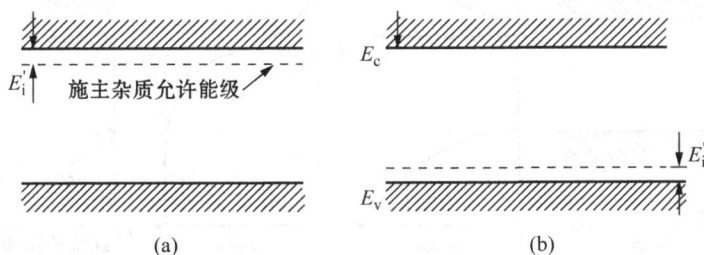

图 2.13
(a) V 族替位杂质在禁带中引入的允许能级　(b) Ⅲ 族杂质的对应能态

2.11　载流子浓度

　　因为从 V 族原子释放多余电子所需的能量很小，可以预料，在室温下，大多数多余电子都获得了这个能量。因此，大部分多余电子离开了 V 族原子，留下带净正电荷的原子，这些电子可穿过晶体自由地运动。因为 V 族原子向导带贡献出电子，所以被称为"施主"。关于已获得所需小能量的电子数目的较定量的概念可由图 2.14 得到。费米-狄拉克分布函数的形式表明：施主能级的占有几率小[①]，这意味着，大多数电子都离开施主位置进入导带。

　　在此情况下，导带中的电子和价带中的空穴总数可由如下半导体中的电中性条件得到，即

$$p - n + N_D^+ = 0 \tag{2.22}$$

其中，p 是价带中的空穴浓度，n 是导带电子浓度，N_D^+ 是电离施主（即电子脱离时留下的正电荷）的浓度。从式（2.17）得到另一个重要的关系式：

　　① 实际上，决定施主能级被占几率的统计理论与决定允带内的能级被占几率的统计理论是稍有不同的。施主能级一旦被任一个"自旋"电子占据，中心施主原子上的有效正电荷就被中和，于是就不存在允许被反向自旋的第二个电子占据的引力。其结果得到一个与费米-狄拉克函数稍有不同的占有几率表达式。此差别在本书中并不是十分重要。（译注）

$$np = n_i^2 \qquad (2.23)$$

与前面讨论的纯半导体的情况相比,这是一个更一般的关系式。将式(2.14)、(2.15)和(2.22)连同费米-狄拉克分布函数一起求解,可得出一般情况下的 n、p、N_D^+ 的精确值。然而,对于本书所提及的大多数情况,下面将给出一种近似的但简单得多的解法,这种解法得到的结果具有足够的精度。

由于绝大多数施主都将电离,因此 N_D^+ 约等于总的施主浓度 N_D。由式(2.22)可看出,n 将大于 p。实际上,当 N_D 增大时,n 比 p 大得多。因此,近似解是

$$N_D^+ \approx N_D$$
$$n \approx N_D \qquad (2.24)$$
$$p \approx \frac{n_i^2}{N_D} \ll n$$

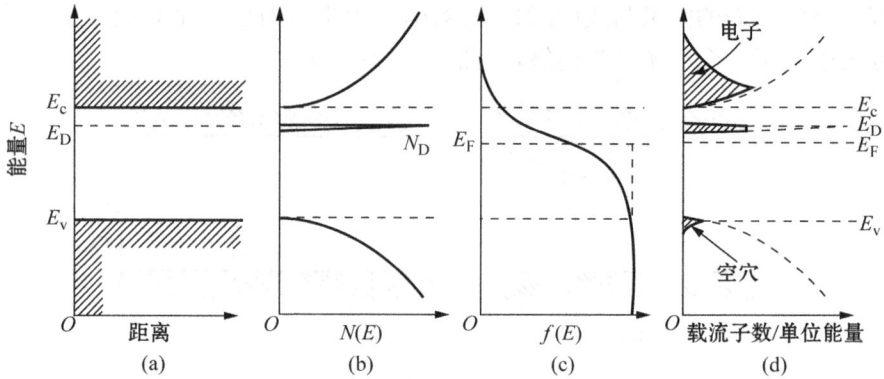

图 2.14

(a) 掺有单位体积浓度为 N_D 的V族替位杂质的IV族半导体的能带图
(b) 相应的允许态的能量密度   (c) 这些能态的占有几率
(d) 所得到的电子与空穴的能量分布(图中所示的是较高温度下的情况。
在中等温度下,施主态的电子占有几率比图示的还要小些。)

当掺有III族杂质时,有类似的情况发生,这些杂质很容易把多余的一个空穴让给价带,也就是相当于从价带接受一个电子,因此称它们为"受主"。一个电离了的受主有一个净负电荷,因此

$$p - n - N_A^- = 0 \qquad (2.25)$$

其中,N_A^- 是电离受主浓度。

这种情况下的近似解是

$$N_A^- \approx N_A$$
$$p \approx N_A \qquad (2.26)$$
$$n \approx \frac{n_i^2}{N_A} \ll p$$

2.12　掺杂半导体中费米能级的位置

将已推导出的电子和空穴浓度公式(2.14)和(2.15)应用到比纯半导体更一般的情况。对

于掺有施主杂质的材料（通称 n 型材料），这些方程变为

$$n = N_D = N_C e^{(E_F - E_c)/kT} \tag{2.27}$$

或等效为

$$E_F - E_c = kT\ln\left(\frac{N_D}{N_C}\right) \tag{2.28}$$

同样地，对于掺有受主杂质的材料（p 型半导体），有

$$p = N_A = N_v e^{(E_v - E_F)/kT} \tag{2.29}$$

$$E_v - E_F = kT\ln\left(\frac{N_A}{N_V}\right) \tag{2.30}$$

随着半导体材料掺杂程度的加重，费米能级 E_F 离开带隙中央，而接近导带（n 型材料）或价带（p 型材料），如图 2.15 所示。

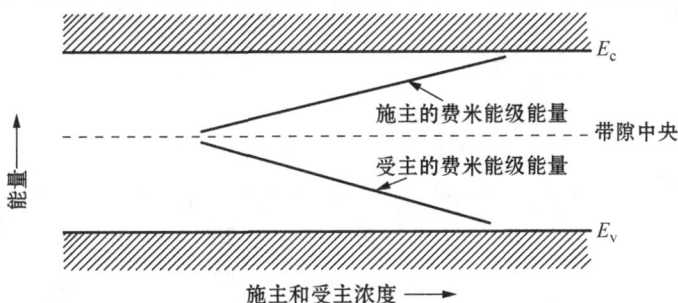

图 2.15　费米能级的能量与施主和受主浓度的关系

2.13　其他类型杂质的影响

尽管对硅中Ⅲ、Ⅴ族以外杂质的实际影响已有了充分的了解，但从理论上探讨其特性的研究却开展得很少。

正如Ⅲ、Ⅴ族杂质在硅禁带中产生一个允许能级一样，一般杂质也是如此。图 2.16 显示了一系列杂质在硅和化合物半导体 GaAs 中产生的允许能级。如图所示，某些杂质造成多重能级，晶体缺陷同样在禁带中引入允许能级。

杂质，特别是那些在带隙中央附近产生能级的杂质，通常使半导体器件的性能变差。因此，制造半导体器件的原材料中杂质浓度要低于工艺所允许的限度（通常低于十亿分之一）。

2.14　载流子的传输

2.14.1　漂移

在外加电场 ξ 的影响下，一个随机运动的自由电子在与电场相反的方向上有一个加速度 $a = q\xi/m$，在此方向上，它的速度随时间不断地增加。晶体内的电子处于一种不同的情况，它运动时的质量不同于自由电子的质量，电子也不会长久持续地加速，最终将与晶体原子、杂质原子或晶体结构缺陷相碰撞。这种碰撞将造成电子的无规则（或称"随机"）运动。换句话说，

Li　Sb　P　As　Bi　　　　　　　　　Ni　　　S　Mn　　　Ag　Pt　Hg

$\overline{0.033}$ $\overline{0.039}$ $\overline{0.044}$ $\overline{0.049}$ $\overline{0.069}$　　　　　　　$\underline{0.18}$

$\underline{0.35}$ A　$\underline{0.37}$　　$\underline{0.33}$ $\underline{0.37}$ $\underline{0.33}$

Si　带隙中央 —— $\underline{0.54}$ A　$\underline{0.55}$ D　$\underline{0.53}$

$\overline{0.55}$　$\overline{0.52}$

$\underline{0.39}$　$\underline{0.37}$　$\underline{0.35}$ D　$\underline{0.40}$ D　　$\underline{0.34}$　$\underline{0.36}$

$\overline{0.31}$

$\underline{0.26}$　$\underline{0.24}$　$\underline{0.22}$

$\underline{0.045}$ $\underline{0.057}$ $\underline{0.065}$ $\underline{0.16}$　　　　　　　　　$\underline{0.03}$

B　Al　Ga　In　Tl　Co　Zn　Cu　Au　Fe　　　O

Te　　　　　　　Si　　　Ge　　　　　Sn　　　　O　Se

$\underline{0.003}$　　　　　$\underline{0.002}$　Shallow level　　Shallow level　　$\underline{0.005}$

GaAs　带隙中央 ——

$\underline{0.70}$ D　$\underline{0.63}$ D

$\underline{0.52}$　$\underline{0.51}$　$\underline{0.53}$ D

$\underline{0.37}$　$\underline{0.24}$

$\underline{0.16}$ $\underline{0.21}$

$\underline{0.096}$　$\underline{0.143}$ $\underline{0.15}$

$\underline{0.012}$ $\underline{0.019}$ $\underline{0.021}$ $\underline{0.023}$ $\underline{0.024}$　$\underline{0.026}$　$\underline{0.08}$　$\underline{0.023}$ $\underline{0.023}$

Mg　C　Cd　Li　Zn　Mn　Co　Ni　Si　Ge　Fe　Cr　Li　Cu

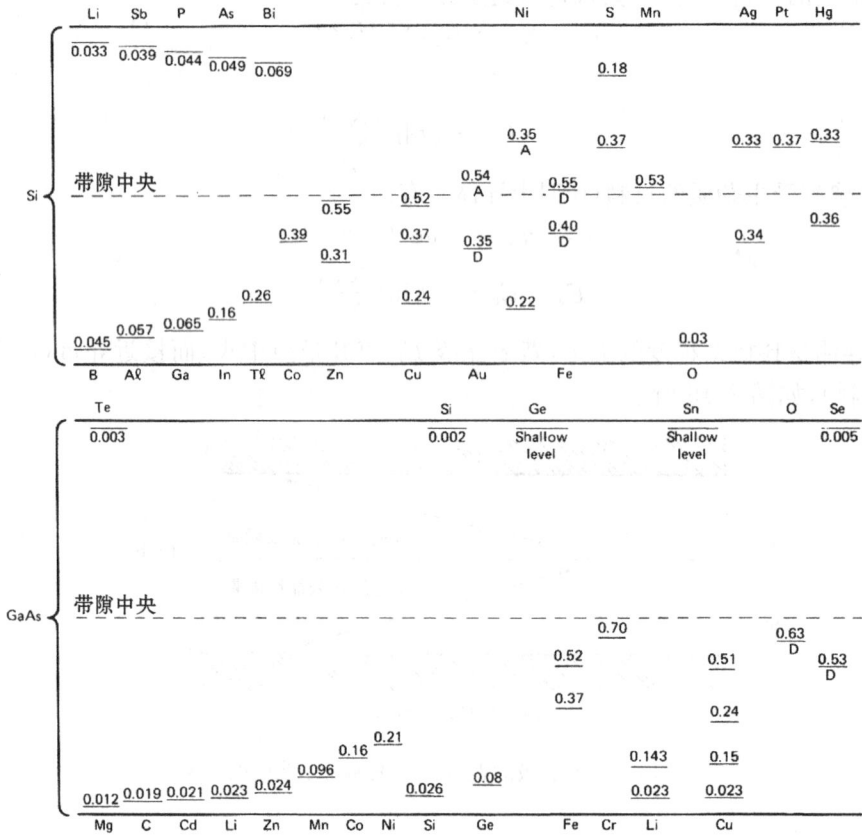

图 2.16　Si 和 GaAs 中的各种杂质在禁带内的能级

（A 表示一个受主能级，D 表示一个施主能级。）

根据 S. M. Sze 与 J. Irwin ，*Solid State Electronics* 11(1968)，599

电子从外加电场得到的附加速度将会降低。两次碰撞之间的"平均"时间称为弛豫时间（Relaxation Time）t_r，它由电子无规则热速度来决定。此速度通常要比电场给予的速度大得多。在两次碰撞之间由电场所引起的电子的平均速度的增量称为漂移速度。导带内电子的漂移速度由下式得出（如果 t_r 是由所有电子的平均速度求得，则需去掉系数 1/2）：

$$v_{\mathrm{d}} = \frac{1}{2}at = \frac{1}{2}\frac{qt_{\mathrm{r}}}{m_{\mathrm{e}}^*}\xi \tag{2.31}$$

电子载流子的迁移率定义为

$$\mu_{\mathrm{e}} = \frac{v_{\mathrm{d}}}{\xi} = \frac{qt_{\mathrm{r}}}{m_{\mathrm{e}}^*} \tag{2.32}$$

导带电子的对应的电流密度将是

$$J_{\mathrm{e}} = qnv_{\mathrm{d}} = q\mu_{\mathrm{e}}n\xi \tag{2.33}$$

对于价带内的空穴，其类似公式为

$$J_{\mathrm{h}} = q\mu_{\mathrm{h}}p\xi \tag{2.34}$$

总电流就是这两部分的和，因此，半导体的电导率

$$\sigma = \frac{1}{\rho} = \frac{J}{\xi} = q\mu_e n + q\mu_h p \tag{2.35}$$

其中,ρ 是电阻率。

虽然式(2.32)的推导略有简化,但它使我们对于载流子的迁移率 μ_n 和 μ_p 随掺质的浓度、温度和电场强度的变化有了一个较为直观的理解。

对于结晶质量很好的纯度较高的半导体来说,载流子由于基材晶体原子碰撞而使其速度变得紊乱。然而,电离的掺杂原子是非常有效的散射体,因为它们带有净电荷。因此,随着半导体掺杂浓度的增高,两次碰撞间的平均时间以及迁移率都将降低。对于高质量的硅,载流子迁移率与掺杂程度 N(单位为 cm^{-3})的相互关系的经验表达式是[2.5]

$$\mu_e = 65 + \frac{1\,265}{1 + (N/8.5 \times 10^{16})^{0.72}}(cm^2/V \cdot s) \tag{2.36}$$
$$\mu_h = 47.7 + \frac{447.3}{1 + (N/6.3 \times 10^{16})^{0.76}}(cm^2/V \cdot s)$$

同理,非刻意掺杂的杂质及晶格缺陷将进一步降低迁移率。

当温度升高时,基体原子的振动更剧烈,使这些原子变为更大的"靶",进而降低了两次碰撞间的平均时间及迁移率。重掺杂时,这个影响变得不太显著,因为此时已电离的掺质是有效载流子的散射体。

电场强度的提高最终将使载流子的漂移速度增加到可与无规则热速度相抗衡。因此,电子的总速度最终将随着电场强度的增加而增加,减小了碰撞之间的时间以及迁移率。

2.14.2 扩散

除了漂移运动以外,半导体中的载流子也可以由于扩散而流动。当粒子(如气体分子)浓度过高时,若不受到限制,它们就会自己分散,这是大家都熟悉的一个物理现象。此现象的基本原因是这些粒子的无规则热运动。

粒子通量与浓度梯度的负值成正比(见图 2.17)。因为电流与荷电粒子通量成正比,所以对应于电子一维浓度梯度的电流密度是

$$J_e = qD_e \frac{dn}{dx} \tag{2.37}$$

其中,D_e 是电子的扩散常数。同样,对于空穴,有

$$J_h = -qD_h \frac{dp}{dx} \tag{2.38}$$

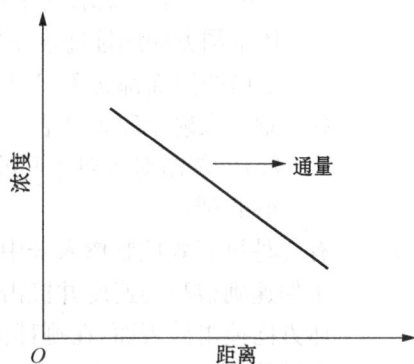

图 2.17 存在浓度梯度时,
载流子的扩散流

注意:式(2.37)和(2.38)之间符号不同是由于所涉及的电荷类型相反。从根本上讲,漂移和扩散两个过程是相互关联的,因而迁移率和扩散常数并不是两个独立的参数,两者通过爱因斯坦关系互相关联,即

$$D_e = \frac{kT}{q}\mu_e \quad \text{和} \quad D_h = \frac{kT}{q}\mu_h \tag{2.39}$$

kT/q 是在与太阳能电池有关的关系式中经常出现的参数,它具有电压的量纲,室温时为 26mV,是一个值得记住的数值。

2.15   小结

本章的重点如下:半导体的电子结构是,完全被电子占有的允带(价带)与邻近的没有电子的允带(导带)之间由一个禁带隔开;半导体中的电流是由导带内的电子运动和价带内的空位或空穴的有效运动所共同形成;在大多情况下,如果可用"有效质量"来描述晶体内基体原子周期力的影响,那么导带内电子和价带内空穴可以认为是自由粒子;大多数导带电子都具有接近导带边的能量,而大部分价带空穴都具有接近价带边的能量。

根据导带内电子的能量和它们的晶体动量之间的关系,半导体可分为直接带隙型和间接带隙型两种。

被称作掺杂剂的专用杂质掺进半导体时,可以控制半导体导带内电子和价带内空穴的相对浓度。当存在合适的扰动时,这些能带内的载流子可以通过漂移和扩散两种方式流动。

在第 3 章中叙述了当存在光扰动时半导体内所发生的另外一些电子运动过程。根据本章和下一章所讨论的基本机制,可以总结出一个自洽方程组,这个方程组将在以后的一些章节中用于建立太阳能电池的设计原则。

习   题

2.1   对于具有立方单胞的晶体,在晶胞图上指出下列晶面:(a)(100);(b)(010);(c)(110);(d)(111)。

2.2   (a) 通过选择性地腐蚀电池表面以减小反射损失,可以改善硅太阳能电池的性能。图 7.6 是一个原来取向平行于(100)面,现在经过化学腐蚀的硅晶体表面。由于在晶体不同方向腐蚀速度不同,结果露出如图所示的许多方形底面的金字塔。已知金字塔的侧面都属于{111}等效面集合,求金字塔相对面之间的夹角。

(b) 垂直入射至原来硅表面的光,其中的一部分 R 被反射(R 是反射率,为小于 1 的分数)。忽略对入射角和波长的依赖关系,证明经选择性腐蚀后被反射部分减小到略小于 R^2。

2.3   有一种可有效控制掺入硅中的杂质数量的方法,称为离子注入技术。将所需的杂质离子加速到很高的速度并撞击硅表面。如果离子以平行于图 2.3(b)~(d)所示的各个晶体方向撞击硅表面,在哪种情况下离子穿入硅中的距离最大?

2.4   半导体中一个允许电子占有的状态位于费米能级上面 0.4 eV 能量处。问在 300K 的热平衡条件下,该状态被电子占有的几率是多少?

2.5   假设电子和空穴的有效质量等于自由电子质量,计算在 300K 时硅的导带和价带中的有效态密度。假设带隙为 1.1eV,求此温度下硅中的本征浓度。

2.6   (a) 硅用磷均匀掺杂,其掺杂浓度为 10^{22} 个磷原子/m^3。假设所有这些施主杂质都被电离,估算在 300K 的热平衡条件下此材料中的电子和空穴浓度。并由所得的浓度,计算材料中费米能级相对于导带边的位置。

(b) 已知磷的施主能级低于导带边 0.45 eV,计算该能级被电子占有的几率,并进而检验所有施主都被电离的假设(用 $N_C = 3 \times 10^{25} m^{-3}$,$N_V = 10^{25} m^{-3}$ 和 $n_i = 1.5 \times 10^{10} m^{-3}$)。

2.7　利用有关硅中电子和空穴迁移率的公式(2.36)，估算习题 2.6 中所述硅样品的电阻率。

2.8　估算轻掺杂硅导带中的电子与基体晶体原子两次碰撞之间的平均时间。

2.9　一个 10^4 V/m 的电场加在掺有 10^{22} 个施主$/m^3$ 的 300K 的硅样品上，已知热速度是 10^5 m/s，比较导带电子的漂移速度和热速度。问在多大电场强度下两者才大致相等。

2.10　在 300K 的硅晶体内某部分，电场强度为零，导带电子的浓度在 1μm 距离内从 $10^{22}/m^2$ 变到 $10^{21}/m^2$。设电子浓度的变化是线性的，求对应的电流强度。

参考文献

[2.1]　V. Azaroff，J. J. Broohy. Electronic Processes in Materials[M]. New York：McGraw-Hill，1963.

[2.2]　A. van der Ziel. Solid State Physical Electronics[M]. 3rd ed. Englewood Cliffs，N. J.：Prentice-Hall，1976.

[2.3]　S. Wang. Solid-State Electronics[M]. New York：McGraw-Hill，1966.

[2.4]　W. Shockley. Electrons and Holes in Semiconductors[M]. New York：Van Nostrand Rheinhold，1950.

[2.5]　D. M. Caughey，R. E. Thomas. Carrier Mobilities in Silicon Empirically Related to Doping and Field[C]//Proceedings of the IEEE 55. 1967：2192-2193.

第3章 产生、复合及器件
物理学的基本方程

3.1 引言

在第1、2章中已经概述了阳光和半导体的有关性质,本章将研究太阳能光伏器件中上述两个基本要素之间的相互作用。

接着将叙述半导体材料中过量载流子的产生和复合的概念以及所涉及的物理机制。最后,所讨论的有关半导体性质的内容,将被归纳为一个可描述大多数半导体器件(包括太阳能电池)理想特性的基本方程组。

3.2 光与半导体的相互作用

图3.1显示了一束单色光垂直入射到半导体平面部位的情况。入射光的一部分(R)被反射,而其余部分(T)则透射到半导体中。

透射光因其能量将电子由被占据的低能态激发到未被占据的较高能态而被半导体吸收。由于半导体的价带(其中存在大量的被占据能态)与导带(其中有大部分未被占据的能态)之间被禁带隔开,所以,当组成光线的光子的能量大于半导体禁带间隙 E_g 时,吸收才可能发生。

吸光材料的折射率 $\hat{n}_c$ 是一个复数,此折射率可写为 $\hat{n}_c = \hat{n} - i\hat{k}$。式中,$\hat{k}$ 称为消光系数。对硅而言,这个复数的实虚两部分随入射光波长的变化见图3.2。在垂直入射的情况下,光的反射率由下式确定[3.1~3.2],即

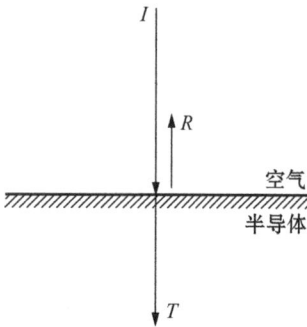

图 3.1 单色光入射到半导体上

$$R = \frac{(\hat{n}-1)^2 + \hat{k}^2}{(\hat{n}+1)^2 + \hat{k}^2} \tag{3.1}$$

将硅的相应数值代入式(3.1),所得到的结果表明,对太阳能电池工作有用的所有波长,30%以上的入射光将被反射掉。从制造高效率太阳能电池的观点来看,这显然是不理想的。为了尽可能减小这个数值,在太阳能电池的制造过程中将采用减反射膜以及其他技术(见习题2.2)。

透射光穿过半导体时会衰减。对给定的波长,光的吸收率与光强(光子通量)成正比。这个普通的物理现象使单色光穿过半导体时强度按指数衰减,其数学表达式为

$$g(x) = g(x_0)e^{-\alpha(x-x_0)} \tag{3.2}$$

其中,α 是波长的函数,通称为吸收系数。这个参数在太阳能电池设计中尤其重要,因为它确定了给定波长的光,在进入电池表面多深的距离处可以被吸收掉。

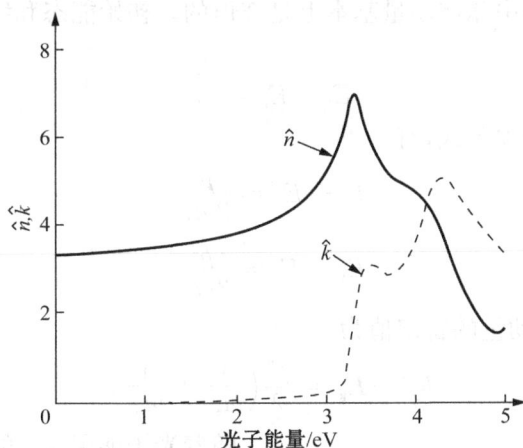

图 3.2　硅折射率的实部和虚部(绝对值)

根据 H. R. Phillip 与 E. A. Taft, *Physical Review* 120(1960), 37-38

吸收系数 α 与消光系数 $\hat{k}$ 有关。当用在 x 方向以速度 v 传播的频率为 f 的平面波来描述光时, 相关的电场强度是[3.2]

$$\xi = \xi_0 \exp\left[\mathrm{i}2\pi f\left(t - \left(\frac{x}{v}\right)\right)\right] \tag{3.3}$$

光在半导体中的速度 v 与光在真空中的速度 c 的关系为

$$v = \frac{c}{n_c} \tag{3.4}$$

因此,

$$\frac{1}{v} = \frac{\hat{n}}{c} - \frac{\mathrm{i}\hat{k}}{c} \tag{3.5}$$

将式(3.5)代入式(3.3), 得

$$\xi = \xi_0 \exp(\mathrm{i}2\pi ft) \exp\left(-\frac{\mathrm{i}2\pi f \hat{n} x}{c}\right) \exp\left(-\frac{2\pi f \hat{k} x}{c}\right) \tag{3.6}$$

式(3.6)中的最后一项是一个衰减因子。电磁波的功率随电场强度平方的增大而衰减。比较式(3.2)和将式(3.6)平方后的最后一项, 可得到下列关系:

$$\alpha = \frac{4\pi f \hat{k}}{c} \tag{3.7}$$

3.3　光的吸收

3.3.1　直接带隙半导体

本征吸收是指由于将电子从价带激发到导带, 同时在价带留下空位所引起的光子的消失或吸收。在这种跃迁过程中, 能量和动量均必须守恒。光子具有相当大的能量(hf), 但只有小的动量(h/λ)。

直接带隙半导体吸收过程的形式如图 3.3(能量-动量示意图)所示。因为光子的动量比

晶体的小,因此,跃迁过程中晶体动量基本上是守恒的。初始能态和终止能态之间的能量差等于原始光子的能量,即

$$E_f - E_i = hf \qquad (3.8)$$

按第 2 章所述的二次函数关系式,有

$$E_f - E_c = \frac{p^2}{2m_e^*} \qquad (3.9)$$

$$E_v - E_i = \frac{p^2}{2m_h^*}$$

因此,跃迁发生时的晶体动量的特定值为

$$hf - E_g = \frac{p^2}{2}\left(\frac{1}{m_e^*} + \frac{1}{m_h^*}\right) \qquad (3.10)$$

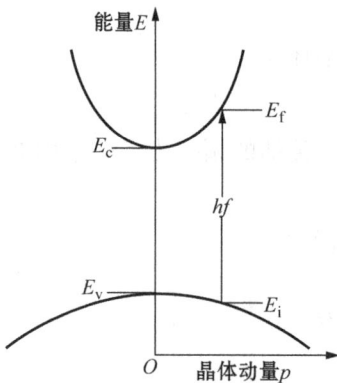

随着光子能量 hf 的增加,跃迁发生时晶体的动量值增大(见图 3.3),初始能态和终止能态与带边能量之差也增加。吸收的几率不仅取决于处在初始能态的电子密度,而且也取决于终止能量的空态密度。因为离带边越远这两个密度越大,所以,在光子能量大于 E_g 时,吸收系数随光子能量的增大而迅速增大是不足为奇的。简单的理论处理可得到下列结果[3.2]:

$$\alpha(hf) \approx A^*(hf - E_g)^{\frac{1}{2}} \qquad (3.11)$$

式中,当 α 用 cm^{-1} 表示,hf 和 E_g 用电子伏特(eV)表示时,A^* 是一个常数,其值为 2×10^4。对直接带隙半导体 GaAs,这个表达式的计算结果与实验结果的比较列于图 3.4 中。在吸收系数较高的区域,两种结果相当一致。

图 3.3 直接带隙半导体的能量-晶体动量图
(图中显示了通过将电子从价带激发到导带所引起的光子吸收过程。)

由于入射光穿透半导体 $1/\alpha$ 距离时,光强将降低到其初始值的 $1/e$。式(3.11)表明:光子能量大于 E_g 的太阳光,进入直接带隙半导体仅几微米深的距离就被吸收了。

3.3.2　间接带隙半导体

在间接带隙半导体中,导带的最低能量与价带的最高能量对应不同的晶体动量值(见图 3.5),为使 3.3.1 节中叙述的电子从价带直接跃迁到导带的过程得以进行,光子能量需要比禁带间隙大很多。

然而,通过一种不仅包括光子和电子,而且还包括第三粒子即声子的两级过程(二阶段过程),跃迁可在能量较低的情况下发生。正如光可以被认为具有波粒二象性一样,构成晶体结构的原子在其平衡位置附近的振动也可认为有波粒二象性。声子就是晶格振动的量子或基本粒子。与光子相反,声子有较低的能量,但具有较高的动量。

注意一下声子和声音之间的关系,这种差别便可得到解释。声音靠晶格原子振动在固体中传播。固体中光速和声速的较大差别与相应的基本粒子的能量和动量之比的差别有关。

正如图 3.5 的能量-动量示意图表明的那样,在有适当能量光子的情形下,通过发射或吸

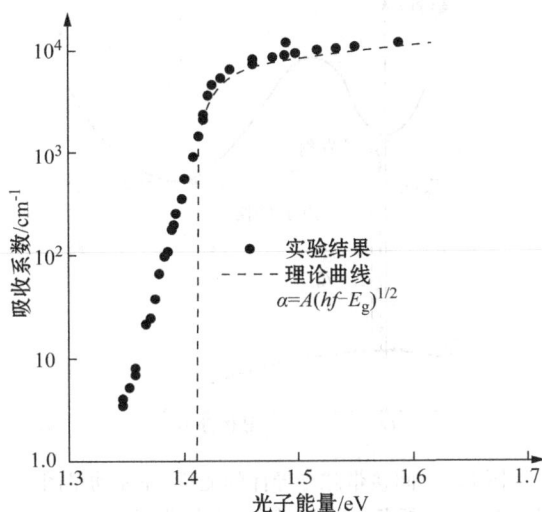

图 3.4　GaAs 的吸收系数与光子能量的关系
(根据 T. S. Moss 和 T. D. F. Hawkins, *Infrared Physics* 1, (1961) 111.)

收所需动量的声子,电子能从价带的最高能量跃迁到导带的最低能量。因此,将一个电子从价带激发到导带所需的最小光子能量是

$$hf = E_g - E_p \tag{3.12}$$

式中,E_p 是具有所需动量的被吸收声子的能量。

　　由于间接带隙吸收过程需要另外的"粒子",所以此过程的光吸收几率比直接带隙的小得多,因此,此时吸收系数低,光进入半导体相当距离才被吸收掉。对吸收系数进行理论分析可得如下结果[3.2],对包括声子吸收的跃迁过程,有

$$\alpha_a(hf) = \frac{A(hf - E_g + E_p)^2}{\exp(E_p/kT) - 1} \tag{3.13}$$

对于包括声子发射的跃迁过程,有

$$\alpha_e(hf) = \frac{A(hf - E_g - E_p)^2}{1 - \exp(-E_p/kT)} \tag{3.14}$$

在 $hf > E_g + E_p$ 的情况下,因为声子发射和声子吸收都是可能的,于是吸收系数

$$\alpha(hf) = \alpha_a(hf) + \alpha_e(hf) \tag{3.15}$$

　　图 3.6 显示了在不同温度下硅的吸收系数随入射光波长的变化情况。波长大于 $0.5\mu m$ 的弱吸收区对应间接带隙过程;波长低于 $0.4\mu m$ 时,吸收系数迅速地增大,可以认为这是直接带隙吸收引起的。在 $20\sim500K$ 温度范围内,光子能量在 $1.1\sim4.0eV$ 区间。已找到一个包括式(3.11)、(3.13)和(3.14)中诸项的经验公式,它能精确地描述这些实验结果。此经验公式[3.3]为

$$\alpha(hf, T) = \sum_{\substack{i=1,2 \\ j=1,2}} A_{ij} \left\{ \frac{[hf - E_{gj}(T) + E_{pi}]^2}{\exp[(E_{pi}/(kT)] - 1} + \frac{[hf - E_{gj}(T) - E_{pi}]^2}{1 - \exp[-E_{pi}/(kT)]} \right\} +$$

$$A_d [hf - E_{gd}(T)]^{\frac{1}{2}} \tag{3.16}$$

式中,常数 A_{ij}、E_{gj} 和 E_{pi} 的值已在表 3.1 中给出。

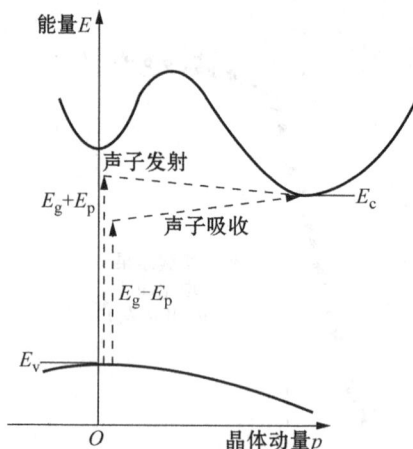

图 3.5　间接带隙半导体的能量-晶体动量图
（图中显示了包括声子发射或声子吸收的光子两级吸收过程。）

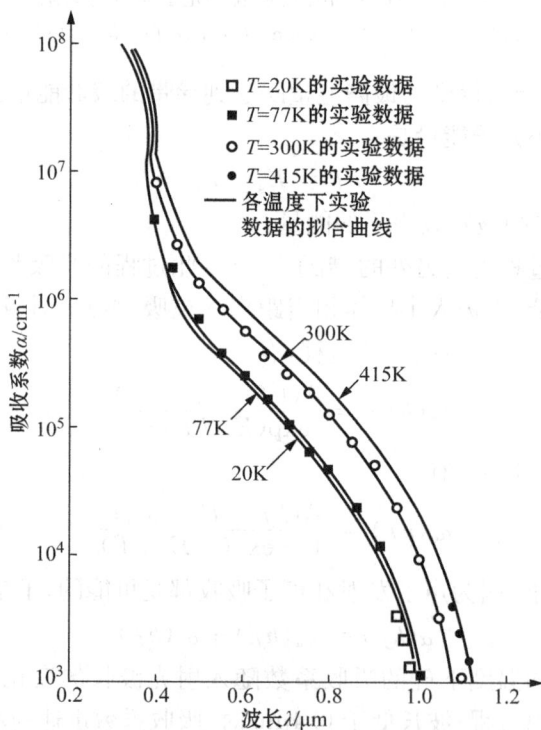

图 3.6　不同温度下硅的吸收系数与入射光波长的关系[3.3]

表 3.1　硅吸收系数经验公式的常数值

参数	数值
$E_{g1}(0)^*$	1.1557 eV
$E_{g2}(0)^*$	2.5 eV
$E_{gd}(0)^*$	3.2 eV

参数	数值
E_{p1}	1.872×10^{-2} eV
E_{p2}	5.773×10^{-2} eV
A_{11}	1.777×10^3 cm^{-1}/eV^2
A_{12}	3.980×10^4 cm^{-1}/eV^2
A_{21}	1.292×10^3 cm^{-1}/eV^2
A_{22}	2.895×10^4 cm^{-1}/eV^2
A_d	1.052×10^6 cm^{-1}/eV$^{1/2}$

* $E_g(T) = E_g(0) - [\beta T^2/(T+\gamma)]$，其中 $\beta = 7.021 \times 10^{-4}$ eV/K，$\gamma = 1\,108$ K

资料来源：参考文献[3.3]

3.3.3 其他吸收过程

光在半导体中的吸收并不仅止于至今讨论的过程。已经指出，如果光子具有足够高的能量，通过激发电子并使之穿过硅等间接带隙半导体的直接禁带间隙，吸收就能够发生。同样，如图 3.7(a)所示，在直接带隙半导体中，也能发生包括声子发射或声子吸收的两级吸收过程。这个过程与 3.3.1 节中所讨论的更为强烈的直接吸收过程同时发生。

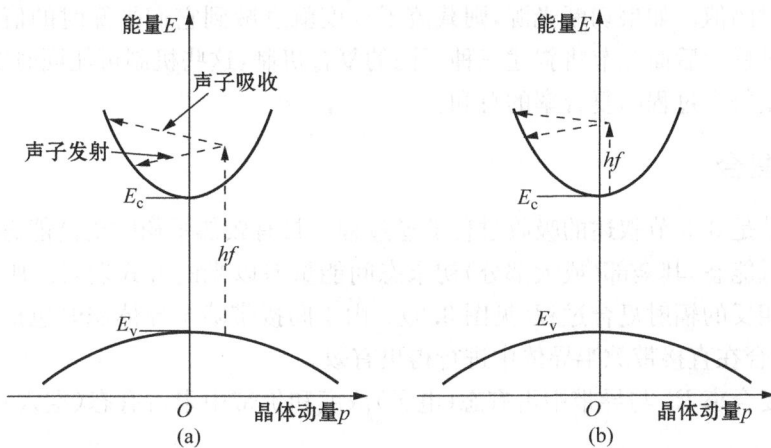

图 3.7

(a) 直接带隙半导体中的光子两级吸收过程

(b) 导带中的自由载流子吸收过程，此过程不产生电子-空穴对

与此类似，如图 3.7(b)所示，在伴有声子发射或声子吸收的情况下，光子能将载流子激发到各自能带的较高能级，这个过程相对较弱。不过可以预料，当载流子浓度高时，在长波部分激发过程最强。虽然这种过程在太阳能电池工作中并不重要，但它证明了确实存在不产生电子-空穴对的吸收过程。

如图 3.8 所示，通过载流子在半导体允带和禁带中的杂质能级之间的受激跃迁也能造成

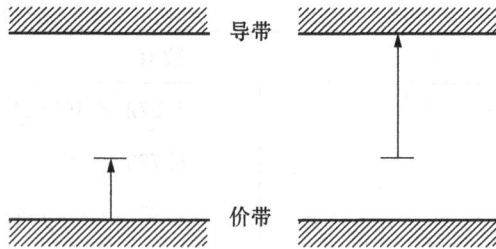

图 3.8　载流子由允带激发到禁带中能级的光吸收过程

光的吸收。

最后,简要地提一下在太阳能电池中可能会产生次级效应的两个过程。在存在强电场的情况下,例如在太阳能电池的某些区域中,会出现弗兰茨-凯耳戴士(Franz-Keldysh)效应[3.2]。这个效应使吸收边缘移动到较低能量处,其效果如同减小了带隙宽度。高掺杂浓度也影响吸收边缘,在这样的浓度下,带隙宽度也会减小。

3.4　复合过程

3.4.1　从弛豫到平衡

适当波长的光照射在半导体上会产生电子-空穴对。因此,光照射时材料中的载流子浓度将超过无光照时的值。如果切断光源,则载流子浓度就衰减到它们平衡时的值。这种衰减过程通称为复合过程。后面几节将叙述三种不同的复合机制,这些机制可能同时发生,在这种情况下复合率就是每个过程的复合率的总和。

3.4.2　辐射复合

辐射复合就是 3.3 节叙述的吸收过程的逆过程。具有较热平衡时更高能态的电子有可能跃迁到空的较低能态,其全部(或大部分)初末态间能量差以光的方式发射。所有已考虑到的吸收机制都有相反的辐射复合过程(见图 3.9)。由于间接带隙半导体需要包括声子的两级过程,所以辐射复合在直接带隙半导体中进行得更有效。

总的辐射复合率 R_R 与导带中占有态(电子)浓度和价带中未占有态(空穴)浓度的乘积成正比,即

$$R_R = Bnp \tag{3.17}$$

式中,B 对给定的半导体来说是一个常数。由于光吸收和这种复合过程之间的关系,由半导体的吸收系数能够计算出 B[3.2]。

热平衡时,即 $np = n_i^2$ 时,复合率由数目相等但过程相反的产生率所平衡。在不存在由外部激励源产生载流子对的情况下,与式(3.17)相对应的净复合率 U_R 由总的复合率减去热平衡时的产生率得到,即

$$U_R = B(np - n_i^2) \tag{3.18}$$

对任何复合机制,都可定义有关载流子的寿命 τ_e(对电子)和 τ_h(对空穴),它们分别为

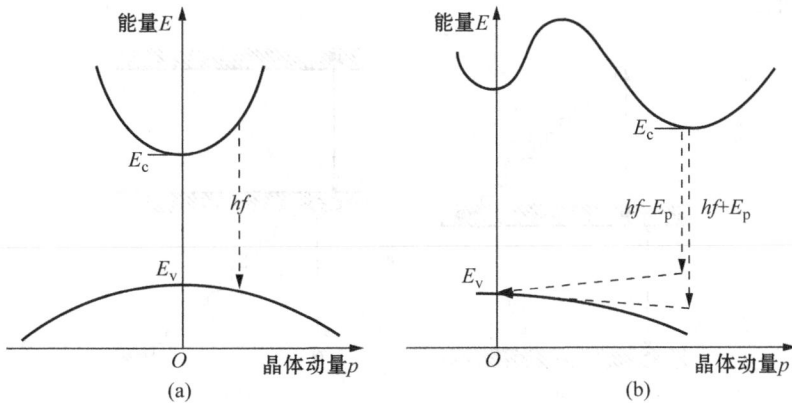

图 3.9 半导体中的辐射复合

(a) 直接带隙 (b) 间接带隙

$$\tau_e = \frac{\Delta n}{U}$$ (3.19)

$$\tau_h = \frac{\Delta p}{U}$$

式中,U 为净复合率,Δn 和 Δp 是对应的载流子相对于其热平衡值 n_0 和 p_0 的扰动。

对 $\Delta n = \Delta p$ 的辐射复合机制而言,由式(3.18)确定的特征寿命是[3.2]

$$\tau = \frac{n_0 p_0}{B n_i^2 (n_0 + p_0)}$$ (3.20)

硅的 B 值约为 $2 \times 10^{-15} \, \mathrm{cm}^3/\mathrm{s}$[3.2]。

正如预期,直接带隙材料的辐射复合寿命比间接带隙材料的小得多。利用 GaAs 及其合金为材料的商用半导体激光器和发光二极管就是以辐射复合过程作为基础的。但对硅而言,其他复合机制较辐射复合重要得多。

3.4.3 俄歇复合

在俄歇(Auger)效应中,电子与空穴复合时,将多余的能量传给第二个电子(无论在导带中或者在价带中)而不是发射光。图 3.10 显示了这个过程。然后,第二个电子通过发射声子弛豫回到它初始所在的能级。俄歇复合就是更为熟知的碰撞电离效应的逆过程。在碰撞电离的过程中,高能电子与原子碰撞,打开了一个键并产生了一个电子-空穴对。对具有充足的电子和空穴的材料来说,与俄歇过程有关的特征寿命 τ 分别是[3.2]

$$\frac{1}{\tau} = Cnp + Dn^2$$

和 (3.21)

$$\frac{1}{\tau} = Cnp + Dp^2$$

在这两种情况下,式(3.21)右边的第一项描述少数载流子能带的电子激发,第二项描述多数载流子能带的电子激发。由于第二项的影响,高掺杂材料中俄歇复合尤其显著。对于高品质的硅而言,掺杂浓度大于 $10^{17} \, \mathrm{cm}^{-3}$ 时,俄歇复合处于支配地位。图 3.11 显示了高品质硅的寿命随掺杂浓度增加而变化的实验结果。结果表明,在高掺杂的情况下,由于俄歇复合,硅的寿命将急剧减小。

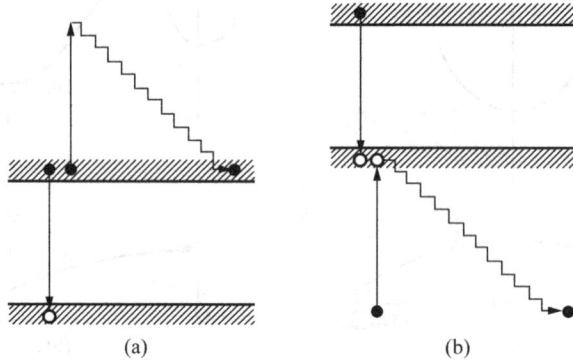

图 3.10　俄歇复合过程

(a) 多余的能量传给导带中的电子　(b) 多余的能量传给价带中的电子

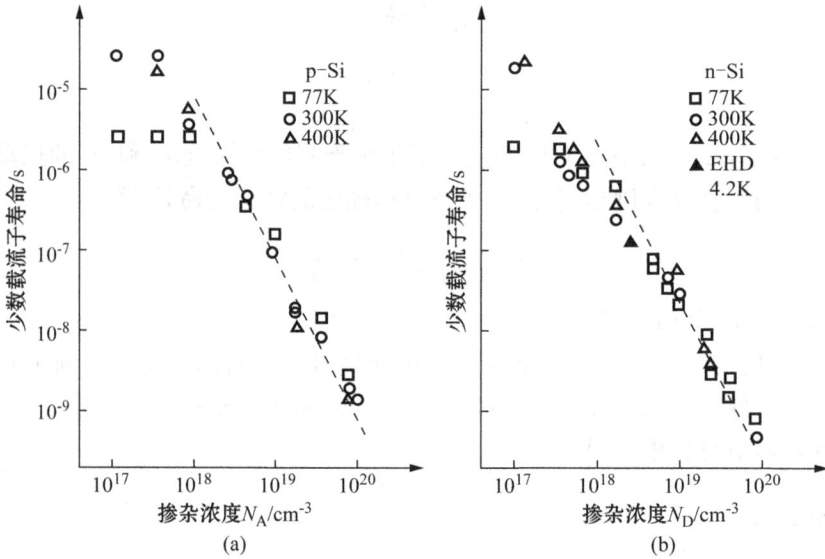

图 3.11　高质量硅中复合寿命的实验结果

(虚线代表理论预计的平方关系曲线)

(a) p-型硅　(b) n-型硅

[根据 J. Dziewior 和 W. Schmid, *Applied Physics Letters* 31(1977)346-348]。

3.4.4　经由陷阱的复合

在第二章已经指出,半导体中的杂质和缺陷会在禁带间隙中产生允许能级。这些缺陷能级引起一种很有效的两级复合过程。如图 3.12(a)所示,在此过程中,电子从导带能级弛豫到缺陷能级,然后再弛豫到价带,结果与一个空穴复合。

对此过程的动力学分析是简单而冗长的[3.4]。其结果是,通过陷阱的净复合-产生率 U_T 可写为

$$U_T = \frac{np - n_i^2}{\tau_{h0}(n + n_1) + \tau_{e0}(p + p_1)} \tag{3.22}$$

式中,τ_{h0} 和 τ_{e0} 是寿命参数,其大小取决于陷阱缺陷的体密度;n_1 和 p_1 是分析过程中产生的参数,此分析过程还引入一个复合率与陷阱能级 E_t 的关系式:

$$n_1 = N_C \exp\left(\frac{E_t - E_c}{kT}\right) \tag{3.23}$$

$$n_1 p_1 = n_i^2 \tag{3.24}$$

式(3.23)在形式上与用费米能级表示电子浓度的公式(2.14)和(2.15)很相似。如果 τ_{e0} 和 τ_{h0} 数量级相同,不难证明,当 $n_1 \approx p_1$ 时,U 达到其峰值。当缺陷能级位于禁带间隙中央附近时,就出现这种情况。因此,在带隙中央引入能级的杂质是有效的复合中心。

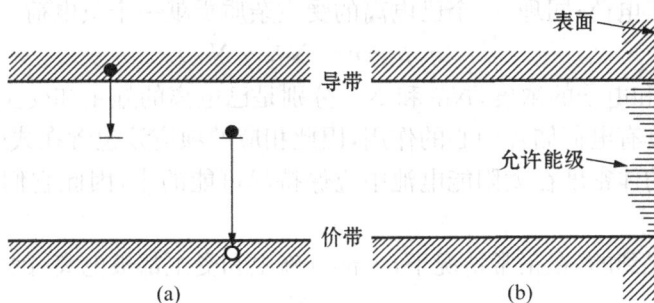

图 3.12
(a) 通过半导体禁带中陷阱能级的两级复合过程
(b) 在半导体表面位于禁带中的表面态

3.4.5 表面复合

表面可以说是晶体结构缺陷相当严重的地方。如图 3.12(b)所示,在表面处存在许多能量位于禁带中的允许能态。因此,根据 3.4.4 节所叙述的机制,在表面处,复合很容易发生。对单能级表面态而言,每单位面积的净复合率 U_A 具有与式(3.22)类似的形式,即

$$U_A = \frac{S_{e0} S_{h0} (np - n_i^2)}{S_{e0}(n + n_1) + S_{h0}(p + p_1)} \tag{3.25}$$

式中,S_{e0} 和 S_{h0} 是表面复合速度。位于带隙中央附近的表面态能级也是最有效的复合中心。

3.5 半导体器件物理学的基本方程

3.5.1 引言

在前面几节中已经概述了半导体的有关特性,这些内容现在将被归纳为一组能描述半导体器件工作原理的基本方程。这些方程的解能够确定包括太阳能电池在内的大部分半导体器件的理想特性。忽略其余二维空间的变化,方程组将写成一维的形式。它们的三维形式与一维形式是相似的,其中的区别只是三维形式用对矢量(电场,电流密度)的散度算符和对标量(浓度,势能)的梯度算符来代替空间微商。

3.5.2 泊松方程

这个方程组的第一方程也许在静电学中就已经有所接触了。这第一个方程就是泊松

(Poisson)方程,它是麦克斯韦尔(Maxwell)方程组中的一个方程[3.5],描述了电场散度与空间电荷密度 ρ 之间的关系。在一维情况下,其形式为

$$\frac{\mathrm{d}\xi}{\mathrm{d}x} = \frac{\rho}{\varepsilon} \tag{3.26}$$

式中,ε 是材料的介电常数。此方程是高斯定律的微分形式。高斯定律对我们来说可能更熟悉些。

在此不妨来审视半导体中电荷密度的贡献者。导带中的电子贡献一个负电荷,而空穴贡献一个正电荷。一个已电离的施主杂质(即失去其多余的电子)由于不能抵消原子核的多余正电荷因而贡献一个正电荷;同理,一个已电离的受主杂质贡献一个负电荷。因此,

$$\rho = q(p - n + N_\mathrm{D}^+ - N_\mathrm{A}^-) \tag{3.27}$$

式中,p 和 n 是空穴和电子的浓度,N_D^+ 和 N_A^- 分别是已电离的施主和受主的浓度。非刻意掺杂的杂质和缺陷也具有电荷储存中心的作用,因此相应的项应该包含在式(3.27)中。然而,由于这种杂质和缺陷的体密度在太阳能电池中应保持尽可能的小,因此它们对电荷的贡献相对来讲是很小的。

如第 2 章中所提到的,在正常情况下,大部分施主和受主都被电离,因此

$$N_\mathrm{D}^+ \approx N_\mathrm{D}$$
$$N_\mathrm{A}^- \approx N_\mathrm{A} \tag{3.28}$$

式中,N_D 和 N_A 为施主和受主杂质的总浓度。

3.5.3 电流密度方程

在第 2 章中已经看出,电子和空穴通过漂移和扩散过程可对电流作出贡献。因此,电子和空穴的总电流密度 J_e 和 J_h 的表达式可写成

$$J_\mathrm{e} = q\mu_\mathrm{e} n\xi + qD_\mathrm{e}\frac{\mathrm{d}n}{\mathrm{d}x}$$
$$J_\mathrm{h} = q\mu_\mathrm{h} p\xi - qD_\mathrm{h}\frac{\mathrm{d}p}{\mathrm{d}x} \tag{3.29}$$

迁移率和扩散常数之间的关系,由爱因斯坦关系式 $D_\mathrm{e} = (kT/q)\mu_\mathrm{e}$,$D_\mathrm{h} = (kT/q)\mu_\mathrm{h}$ 决定。

3.5.4 连续性方程

方程组最后的一个方程是"簿记(bookkeeping)"型方程,此方程仅考虑系统中电子和空穴数目并保证电流的连续性。

参看图 3.13 中长为 δx、横截面积为 A 的单位体积,可以说这个体积中电子的净增加率等于电子流入的速率减去电子流出的速率,加上该体积中电子的产生率,减去电子的复合率。而电子的流入速率和流出速率与单位体积所对应的进出面上的电流密度成正比。因此,

$$流入速率 - 流出速率 = \frac{A}{q}\{-J_\mathrm{e}(x) - [-J_\mathrm{e}(x+\delta x)]\}$$
$$= \frac{A}{q}\frac{\mathrm{d}J_\mathrm{e}}{\mathrm{d}x}\delta x \tag{3.30}$$

$$产生率 - 复合率 = A\delta x(G - U) \tag{3.31}$$

上式中,G 是由于外部作用(如光照)所引起的净产生率,U 是净复合率。在稳态情况下,净增

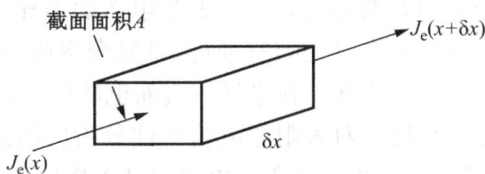

图 3.13 推导电子连续性方程所用的体积单元

加率必须为 0,因此

$$\frac{1}{q}\frac{\mathrm{d}J_e}{\mathrm{d}x} = U - G \tag{3.32}$$

同样,对于空穴而言,有

$$\frac{1}{q}\frac{\mathrm{d}J_h}{\mathrm{d}x} = -(U - G) \tag{3.33}$$

3.5.5　方程组

基本方程组为

$$
\boxed{
\begin{aligned}
&\frac{\mathrm{d}\xi}{\mathrm{d}x} = \frac{q}{\varepsilon}(p - n + N_D - N_A) \\
&J_e = q\mu_e n\xi + qD_e\frac{\mathrm{d}n}{\mathrm{d}x} \\
&J_h = q\mu_h p\xi - qD_h\frac{\mathrm{d}p}{\mathrm{d}x} \\
&\frac{1}{q}\frac{\mathrm{d}J_e}{\mathrm{d}x} = U - G \\
&\frac{1}{q}\frac{\mathrm{d}J_h}{\mathrm{d}x} = -(U - G)
\end{aligned}
}
\tag{3.34}
$$

对于 U 和 G,还需要一些辅助的关系式。这两项的表达式取决于所涉及的具体过程。

式(3.34)形成一组互相关联的非线性微分方程组,因此不可能找到通用的解析解。但可用计算机求出一系列半导体器件结构理想特性的数值解。参考文献[3.6~3.8]介绍了应用计算机求解太阳能电池问题的例子。通过引入一系列考虑周详的近似处理,很容易就可求得这些方程的解,而且对所涉及的物理原理可以获得更透彻的理解。这个方法将在第 4 章中讨论。

3.6　小结

在半导体中,由能量大于禁带宽度的光子所组成的光,能够通过产生电子-空穴对而被吸收。在直接带隙材料中,光很快被吸收。在间接带隙材料中,对于光子能量接近禁带宽度的情况,光的吸收过程还需要发射或吸收一个声子,因此,间接带隙材料对这类能量的光子吸收比较微弱。但是,当光子能量较高时,由于也能使电子直接跃迁,间接带隙材料就变成为对光强烈吸收。

超过平衡状态值的载流子浓度,其复合可通过各种过程发生。辐射复合是光吸收的逆过程,对直接带隙半导体来说,它是一个重要的复合机制。在高掺杂浓度的情况下,俄歇复合是重要的。而对间接带隙半导体和对那些用欠成熟工艺生产的半导体材料来说,由杂质和缺陷引起的陷阱复合是重要的。这些复合过程同时进行,总复合率就是各个复合率的总和。净复合寿命的倒数等于各个寿命的倒数之和。在半导体表面也能特别有效地发生复合。

作为对半导体特性复习的结尾和对太阳能电池特性分析的起点,我们归纳出一组互相关联的微分方程组,这些方程描述了对确定太阳能电池内部工作原理很重要的参量的空间分布。对这些方程求解的方法将在第 4 章讨论。

习　题

3.1　单色光垂直入射到平的硅表面,利用图 3.1,计算下列波长下的反射率:(a)1 000nm;(b) 400nm;(c)300nm。[注意:光子能量 hf 和真空中波长 λ 之间的关系为 $\lambda(\mu m)=1.24/(hf)(eV)$]。

3.2　(a) 光子通量为每秒、每单位面积 N 个光子的单色光入射到半导体表面,其反射率为 R。如果半导体在该波长的吸收系数是 α,求光子通量与光进入半导体之深度 x 的关系式。

　　　(b) 假设每吸收一个光子产生一个电子-空穴对,根据上述参数求出电子-空穴对的产生率 G 与光穿透半导体的深度之间的关系式。

3.3　地面阳光的光子通量约在 700 nm 波长附近达到峰值。利用图 3.4 和 3.6 的数据,试比较在此波长下光子通量在 Si 和 GaAs 中减小到光刚进入半导体时通量的 10% 时的深度。

3.4　考虑一个特殊的半导体样品,通过计算,已知少子(少数载流子)辐射复合寿命为 100 μs,俄歇复合寿命为 50 μs,陷阱过程的寿命为 10 μs。假设不存在其他的有效复合过程,那么该材料的净寿命是多少?

3.5　一个 n 型硅样品经光照射后,电子浓度稳定在 $10^{22}\,m^{-3}$,空穴浓度稳定在 $10^{15}\,m^{-3}$。假设陷阱位于导带边以下的下列各个能级处:(a)0.03 eV;(b)0.3 eV;(c)0.5 eV;(d)0.8 eV;(e)1.0 eV。通过计算以上各种情况下的电子和空穴的复合率,求出陷阱复合效率与陷阱所在能量的关系。假设每种情况所具有的陷阱密度和俘获截面使得 τ_{e0} 和 τ_{h0} 两者都等于 $1\mu s$,并利用数据:$N_C=3\times10^{25}\ m^{-3}$,$n_i=1.5\times10^{16}\ m^{-3}$,及 $kT/q=26$ mV。

3.6　根据半导体的电子特性,说明:为什么当光子能量接近禁带宽度时,吸收系数随光子能量的增加而增大。

参考文献

[3.1]　O S Heavens. Optical Properties of Thin Solid Films [M]. London: Butterworths,1955.

[3.2]　J I Pankove. Optical Processes in Semiconductors[M]. Englewood Cliffs, N. J.: Prentice-Hell,1971.

[3.3]　K Rajkanan, R Singh, J Shewchun. Absorption Coefficient of Silicon for Solar Cell Calculations[J]. Solid-State Electronics,1979,22:793.

[3.4]　C T Sah, R N Noyce, W Shockley. Carrier Generation and Recombination in p-n

Junctions and p-n Junctions Characteristics[J]. Proceedings of the IRE, 1957, 45: 1228.

[3.5]　S M Sze. Physics of Semiconductor Devices[M]. New York : Wiley, 1969.

[3.6]　P M Dunbar, J R Hauser. A Study of Efficieney in Low Resistivity Silicon Solar Cells[J]. Solid-State Electronics,1976,19: 95-102 .

[3.7]　J G Fossum. Computer-Aided Numerical-Analysis of Silicon Solar Cells[J]. Solid-State Electronics , 1976, 19:269-277 .

[3.8]　M A Green, F D King, J Shewchun. Minority Carrier MIS Tunnel Diodes and Their Application to Electron-and Photo-voltaic Energy Conversion[J]. Solid-State Electronics,1974,17:551-561.

第4章　p-n结二极管

4.1　引言

掺有施主杂质的半导体,常温下导带中的电子数比掺杂前多,称为 n 型半导体。掺有受主杂质的半导体称为 p 型半导体。最常见的太阳能电池,其本质是大面积的 p-n 结二极管。这种二极管是由在 n 型区和 p 型区之间制造一个结而形成。本章将分析无光照和有光照时 p-n结的基本性质。

对于光伏能量转换来说,器件的基本要求是半导体结构的电子非对称性。图 4.1(a)表示 p-n 结具有所要求的非对称性。由于 n 区的电子浓度高而空穴浓度低,因此,电子容易流过这种材料而空穴却很难通过。对 p 型材料来说,情况正好相反。当半导体材料受到光照时,材料内产生过剩电子-空穴对。载流子输运性质的固有非对称性促使所产生的电子从 p 区向 n 区流动,而空穴流方向相反。受到光照的 p-n 结在短路时,导线中将有电流流过。本章将指出这种光生电流是叠加到普通二极管整流特性之上的,从而给出如图 4.1(b)所示的可从电池获得功率的工作区。

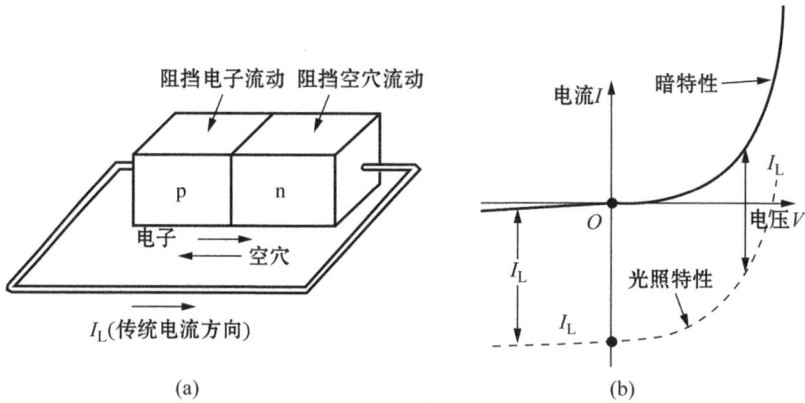

图 4.1

(a) p-n 结二极管的非对称性(结受光照时,非对称特性使得
连接 p 型区和 n 型区的外部导线中有净电流通过)
(b) 该光生电流叠加到二极管的整流电流-电压特性之上,
结果在第四象限形成一个可从器件获取电力的区域

4.2　p-n 结的静电学

假设有如图 4.2 所示的相互孤立的 n 型和 p 型半导体块。如果将两者拼在一起,可以预

料电子将从高浓度区(n 型侧)向低浓度区(p 型侧)流动,空穴的流动与此类似。然而,n 型侧由于失去电子所呈现出的电离施主(正电荷)将造成这个边的电荷不平衡。同样,p 型侧由于失去空穴将呈现负电荷。这些剩余电荷将建立一个阻碍电子和空穴继续自由扩散的电场,最终达到一个平衡状态。

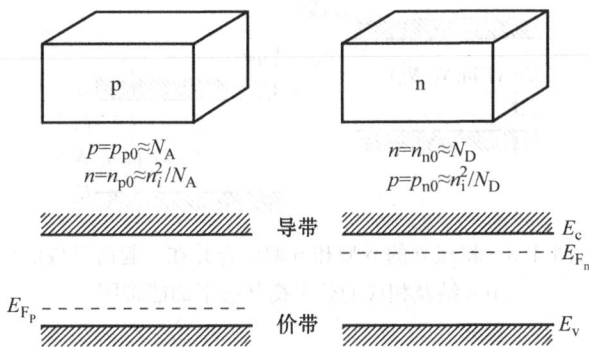

图 4.2   孤立的 p 型和 n 型半导体块及其相应的能带图

通过研究费米能级,可以得到平衡状态的特性。处于热平衡的系统只能有一个费米能级。

可以预料,在离开结足够远的地方,孤立的材料状态将不受扰动影响。参考图 4.3,这意味在结附近必定有一个过渡区,在过渡区中,电势变化为 ψ_0,即

$$q\psi_0 = E_g - E_1 - E_2 \tag{4.1}$$

E_1 和 E_2 的表达式已由式(2.28)和(2.30)给出,也在图 4.3 中显示。因此

$$q\psi = E_g - kT\ln\left(\frac{N_V}{N_A}\right) - kT\ln\left(\frac{N_C}{N_D}\right)$$

$$= E_g - kT\ln\left(\frac{N_C N_V}{N_A N_D}\right) \tag{4.2}$$

而由式(2.17),有

$$n_i^2 = N_C N_V \exp\left(-\frac{E_g}{kT}\right)$$

因此

$$\psi_0 = \frac{kT}{q}\ln\left(\frac{N_A N_D}{n_i^2}\right) \tag{4.3}$$

外加电压 V_a,将使二极管两边的电势差变化 V_a。因此,过渡区两端的电势将变成 $(\psi_0 - V_a)$。

画出对应于图 4.3 的载流子浓度图,这些载流子浓度与费米能级和各自能带之间的能量差呈指数关系。用对数坐标表示的载流子浓度示于图 4.4 中。与图 4.4 相对应的由式(3.27)给出的空间电荷密度 ρ 的分布如图 4.5(a)的虚线所示。耗尽区边缘附近 ρ 的急剧变化导致第一个近似,即耗尽近似。

在这个近似中,器件被划分为两个区域,其一为假设空间电荷密度处处为零的准中性区;其二为假设载流子浓度很小,对空间电荷密度的贡献仅来自电离杂质的耗尽区。这个近似实质上只是使空间电荷分布曲线更为陡峭,正如图 4.5(a)中实线所表示的那样。

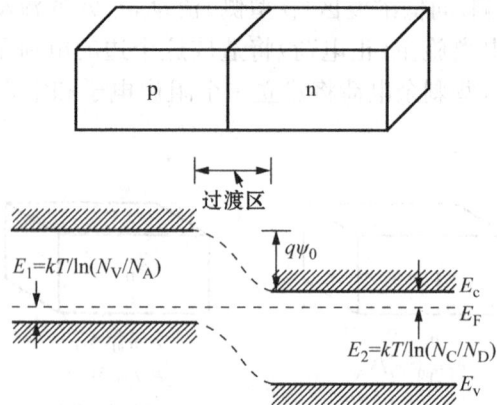

图 4.3　将孤立的 p 型和 n 型区合并在一起所形成的
p-n 结及相应的热平衡状态下的能带图

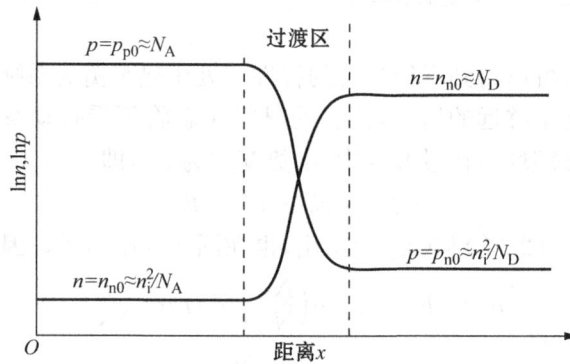

图 4.4　以自然对数坐标表示的对应于图 4.3 的电子和空穴浓度分布
（由于这些浓度与从费米能级到各自能带之间的能量差呈指数关系，所以图 4.3 对应的浓
度分布图用对数坐标表示时，其形状呈线性。）

　　借助于这种近似，要求出耗尽区如图 4.5(b) 和 (c) 所示的电场和电势分布比较简单。只要将空间电荷分布依次积分，并记住电场强度是电势的负梯度即可。耗尽区电场强度最大值 $\xi_{\max}$，耗尽区宽度 W，以及该区在结两边所延伸的距离 l_n 和 l_p，分别可由下列各式表示[4.1]：

$$\xi_{\max} = -\left[\frac{\frac{2q}{\varepsilon}(\psi_0 - V_a)}{\left(\frac{1}{N_A} + \frac{1}{N_D}\right)}\right]^{\frac{1}{2}}$$

$$W = l_n + l_p = \left[\frac{2\varepsilon}{q}(\psi_0 - V_a)\left(\frac{1}{N_A} + \frac{1}{N_D}\right)\right]^{\frac{1}{2}} \tag{4.4}$$

$$l_p = W\frac{N_D}{N_A + N_D}, \quad l_n = W\frac{N_A}{N_A + N_D}$$

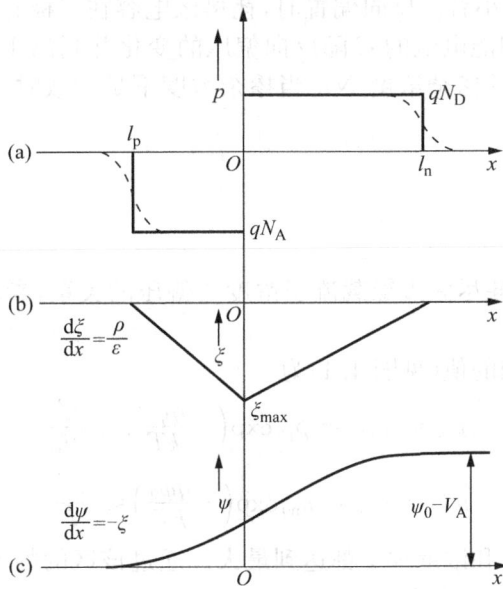

图 4.5

(a) 对应于图 4.4 的空间电荷密度,虚线表示实际分布,实线表示在耗尽近似假设情况下的分布

(b) 相应的电场强度　(c) 相应的电势分布

4.3　结电容

检测 p-n 结二极管中耗尽区的存在和测量其宽度是非常容易的。在耗尽近似中,外加电压的变化会直接引起耗尽区边缘储存电荷的变化,如图 4.6 所示。这与间距为 W 的平行板电容器的情况一样。因此,耗尽区电容 C 是

$$C = \frac{\varepsilon A}{W} \tag{4.5}$$

式中,W 由式(4.4)确定。如果二极管的一边是重掺杂,式(4.5)可简化为

$$\frac{C}{A} = \left[\frac{q\varepsilon N}{2(\psi_0 - V_a)} \right]^{1/2} \tag{4.6}$$

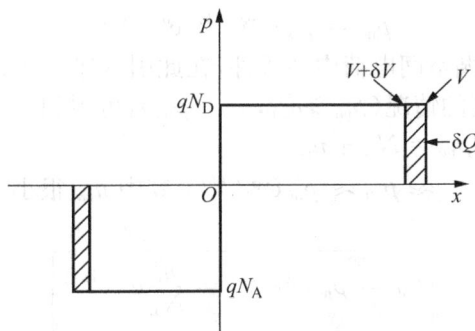

图 4.6　外加电压微量增加时耗尽区储存电荷的变化(耗尽近似)

式中，N 是 N_A 和 N_D 中较小者。反向偏置时，耗尽区电容在二极管总电容中处于支配地位。因此，测量出二极管或太阳能电池的 C 随反向偏压的变化并画出 $1/C^2$ 随 V_a 的变化曲线，就可求出二极管轻掺杂一边的掺杂浓度 N。当掺杂浓度不是常数时，也可以用类似方法[4.2]来计算掺杂浓度的空间变化。

4.4　载流子注入

下面的计算将求出在耗尽区边缘载流子浓度与偏压的关系，参看图 4.7，可找到浓度 n_{pa} 和 p_{nb} 的值。

在零偏置时，已知它们的值（见图 4.4）为

$$p_{nb} = p_{n0} = p_{p0} \exp\left(-\frac{q\psi_0}{kT}\right) \approx \frac{n_i^2}{N_D}$$

$$n_{pa} = n_{p0} = n_{n0} \exp\left(-\frac{q\psi_0}{kT}\right) \approx \frac{n_i^2}{N_A}$$

(4.7)

在耗尽区内，电场强度和浓度梯度都达到最大。通过该区的静电流实际上是漂移和扩散两大项之间的微小差值。对于空穴，有

$$J_h = q\mu_h p\xi - qD_h \frac{\mathrm{d}p}{\mathrm{d}x}$$

(4.8)

无论是漂移项还是扩散项都很大，但是它们的方向相反。零偏置时，两者保持平衡。在中等程度的偏置点，这两项比零偏置时大得多，而净电流是这两项间的微小差值。这导致第二个近似的出现，即在耗尽区内，有

$$q\mu_h p\xi \approx qD_h \frac{\mathrm{d}p}{\mathrm{d}x}$$

(4.9)

利用爱因斯坦关系式使 μ_h 和 D_h 相互关联，可得到

$$\xi \approx \frac{kT}{q} \frac{1}{p} \frac{\mathrm{d}p}{\mathrm{d}x}$$

(4.10)

对式（4.10）两边取负值并分别求积分（在耗尽区范围内），得到

$$\psi_0 - V_a = -\frac{kT}{q} \ln p \Big|_a^b$$

$$= \frac{kT}{q} \ln \frac{p_{pa}}{p_{nb}}$$

(4.11)

整理后得到

$$p_{nb} = p_{pa} e^{-q\psi_0/(kT)} e^{qV_a/(kT)}$$

(4.12)

但是，由于在 a 点应遵循空间电荷中性条件，在此引入第三个近似，即只考虑少数载流子浓度远小于多数载流子浓度的情况（$p_{pa} \gg n_{pa}$, $n_{na} \gg p_{na}$），可得到

$$p_{pa} = N_A + n_{pa}$$

$$\approx p_{p0} \approx p_{n0} e^{q\psi_0/(kT)}, \quad \text{其中 } n_{pa} \text{ 很小}$$

(4.13)

因此

$$p_{nb} = p_{n0} e^{qV_a/(kT)} = \frac{n_i^2}{N_D} e^{qV_a/(kT)}$$

$$n_{pa} = n_{p0} e^{qV_a/(kT)} = \frac{n_i^2}{N_A} e^{qV_a/(kT)}$$

(4.14)

所以,在耗尽区边缘少数载流子浓度随外加电压增加而呈指数增加,由结两边的偏压来控制少数载流子浓度的过程,称为少数载流子注入。

4.5　准中性区内的扩散流

载流子可以通过漂移和扩散两种方式流动。如果半导体材料的均匀掺杂区是准中性的(空间电荷密度近似为零),而且少数载流子流并不很小,那么少数载流子的流动将以扩散方式为主。

证明(反证法):考虑 n 型准中性材料,$n \gg p$,而且少数载流子电流并不很小(即 $J_e \not\gg J_h$,符号 $\not\gg$ 意指"不是远大于")。

则有

$$J_e = q\mu_e n\xi + qD_e \frac{\mathrm{d}n}{\mathrm{d}x}$$

$$J_h = q\mu_h p\xi - qD_h \frac{\mathrm{d}p}{\mathrm{d}x} \tag{4.15}$$

$$p - n + N_D \approx 0 \text{(准中性)}$$

对式(4.15)最后一个方程式求导,注意 N_D 是常数,得到

$$\frac{\mathrm{d}p}{\mathrm{d}x} \approx \frac{\mathrm{d}n}{\mathrm{d}x} \tag{4.16}$$

假设少数载流子电流中漂移成分不能忽略,即

$$\left| q\mu_h p\xi \right| \not\ll \left| qD_h \frac{\mathrm{d}p}{\mathrm{d}x} \right| \tag{4.17}$$

由于 $n \gg p$,利用式(4.17)以及式(4.16),可得

$$\left| q\mu_h n\xi \right| \gg \left| qD_h \frac{\mathrm{d}p}{\mathrm{d}x} \right| \approx \left| qD_h \frac{\mathrm{d}n}{\mathrm{d}x} \right|$$

同样地

$$\left| q\mu_e n\xi \right| \gg \left| qD_e \frac{\mathrm{d}n}{\mathrm{d}x} \right| \tag{4.18}$$

此外,由于 μ_e 和 μ_h 的大小差不多,因此有

$$\left| q\mu_e n\xi \right| \gg \left| qD_e \frac{\mathrm{d}n}{\mathrm{d}x} \right| \tag{4.19}$$

从式(4.17)和式(4.19)可得出结论:

$$J_e \gg J_h$$

这就违背了初始条件之一。因此,式(4.17)的假设是错误的,于是导致了以下结果:

$$\left| q\mu_h p\xi \right| \ll \left| qD_h \frac{\mathrm{d}p}{\mathrm{d}x} \right|$$

准中性区少数载流子的流动以扩散方式为主,如上式所描述。因此,第四个近似是

$$J_h = -qD_h \frac{\mathrm{d}p}{\mathrm{d}x} \text{(n 型准中性区)}$$

$$J_e = qD_e \frac{\mathrm{d}n}{\mathrm{d}x} \text{(p 型准中性区)} \tag{4.20}$$

与多数载流子相比,数量较少的少数载流子可以认为是基本不受电场的影响。在下面章节中,少数载流子与 p-n 结二极管电流之间的关系将逐渐明朗。

4.6　暗特性

4.6.1　准中性区中的少数载流子

总结一下到目前为止的进度。前文已说明了在分析过程中将二极管分成耗尽区和准空间电荷中性区是一个合理的近似;已得知耗尽区边缘的少数载流子浓度与施加到二极管上的电压呈指数关系,其结果示于图 4.7 中;此外,还证明了当准中性区是均匀掺杂而且多数载流子电流很小时,少数载流子主要通过扩散方式流动。因此,就可以对图 4.7 中虚线所示的分布进行计算。

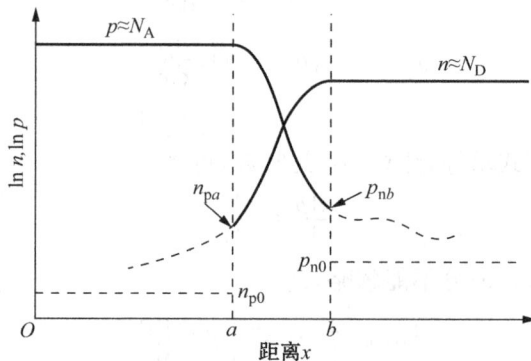

图 4.7　p-n 结加偏压时的载流子浓度分布
(正文中已求出结耗尽区边缘的少数载流子浓度 n_{pa} 和 p_{nb} 的表达式,之后还计算了虚线所示分布的精确形式。)

在二极管的 n 型一侧,有

$$J_{h} = -qD_{h}\frac{\mathrm{d}p}{\mathrm{d}x} \tag{4.21}$$

而根据连续性方程得

$$\frac{1}{q}\frac{\mathrm{d}J_{h}}{\mathrm{d}x} = -(U-G) \tag{4.22}$$

在第 3 章曾给出几种复合机构复合率的明确表达式。由式(3.19)所定义的载流子寿命,在 n 型区的复合率可由下式表示:

$$U = \frac{\Delta p}{\tau_{h}} \tag{4.23}$$

式中,Δp 是过剩的少数载流子空穴的浓度,它等于总浓度 p_{n} 减去平衡浓度 p_{n0}。τ_{h} 是少数载流子的寿命,可以看作是常数,至少在平衡状态时,发生微小扰动的情况下可以如此认为。将以上三个方程联立,得到

$$D_{h}\frac{\mathrm{d}^{2}p_{n}}{\mathrm{d}x^{2}} = \frac{p_{n}-p_{n0}}{\tau_{h}} - G \tag{4.24}$$

无光照时,$G=0$,且 $\mathrm{d}^2 p_{n0}/\mathrm{d}x^2 = 0$。因此,方程(4.24)可简化为

$$\frac{\mathrm{d}^2 \Delta p}{\mathrm{d}x^2} = \frac{\Delta p}{L_h^2} \tag{4.25}$$

式中

$$L_h = \sqrt{D_h \tau_h} \tag{4.26}$$

L_h 具有长度的量纲,称为扩散长度。之后就会了解,在太阳能电池工作中,这是一个十分重要的参数,方程(4.25)的通解是

$$\Delta p = A e^{x/L_h} + B e^{-x/L_h} \tag{4.27}$$

常数 A 和 B 利用以下两个边界条件可以求出:

(1) 在 $x=0$ 处,$p_{xb} = p_{n0} e^{qV/(kT)}$;

(2) 当 $x \to \infty$ 时,p_n 是有限的,因此,$A = 0$。

这些边界条件给出特解:

$$p_n(x) = p_{n0} + p_{n0} \left[e^{qV/(kT)} - 1 \right] e^{-x/L_h} \tag{4.28}$$

同样地

$$n_p(x') = n_{p0} + n_{p0} \left[e^{qV/(kT)} - 1 \right] e^{-x'/L_e} \tag{4.29}$$

式中,x' 的定义见图 4.8(b)。

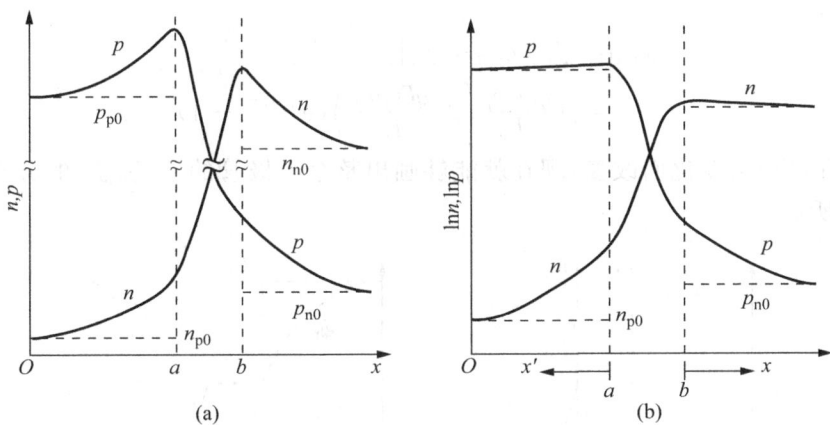

图 4.8

(a) 正向偏置下,整个 p-n 结二极管的载流子浓度分布图(线性坐标)

(b) 相应的半对数坐标图(注意两图中多数载流子部分的差别)

在整个二极管范围内,这些少数载流子浓度的解绘制于图 4.8(a)中。在准中性区,为了保持空间电荷中性,多数载流子浓度的分布必须有相应的变化,正如图 4.8(a)所示。尽管绝对变化相同,但在图 4.8(b)的对数坐标图上多数载流子浓度的相对变化就显得小得多。

4.6.2　少数载流子电流

如果少数载流子分布已知,那么就可以较简单地计算少数载流子的电流。由于在准中性区,电流是扩散电流,在 n 型一侧,有

$$J_h = -q D_h \frac{\mathrm{d}p}{\mathrm{d}x} \tag{4.30}$$

将式(4.28)代入,得到

$$J_{\text{h}}(x) = \frac{qD_{\text{h}}p_{\text{n0}}}{L_{\text{h}}}(e^{qV/(kT)} - 1)e^{-x/L_{\text{h}}} \tag{4.31}$$

同样,在 p 型区,有

$$J_{\text{e}}(x') = \frac{qD_{\text{e}}p_{\text{p0}}}{L_{\text{e}}}(e^{qV/(kT)} - 1)e^{-x'/L_{\text{e}}} \tag{4.32}$$

这些关系式得到的电流分布见图 4.9(a)。为了计算二极管的总电流,必须知道同一点上的电子和空穴的分量。现在,我们来考虑耗尽区的电流,由连续性方程可得到

$$\frac{1}{q}\frac{\text{d}J_{\text{e}}}{\text{d}x} = U - G = -\frac{1}{q}\frac{\text{d}J_{\text{h}}}{\text{d}x} \tag{4.33}$$

因此,通过耗尽区的电流变化量为

$$\delta J_{\text{e}} = |\delta J_{\text{h}}| = q\int_{-w}^{0}(U - G)\text{d}x \tag{4.34}$$

W 通常比 J_{e} 和 J_{h} 的特征衰减长度 L_{e} 和 L_{h} 小得多。这表明图 4.9(a)与实际比例非常不相符。既然 W 很小,那么式(4.34)中的积分可以忽略,因此,$\delta J_{\text{e}} = |\delta J_{\text{h}}| \approx 0$。这样一来,如图 4.9(b)所示的那样,$J_{\text{e}}$ 和 J_{h} 在整个耗尽区基本上是恒定的。如果按比例绘出 W,这第五个近似就显得更加合理。由于在耗尽区各点的 J_{e} 和 J_{h} 都已知,现在就可以求出总电流(J_{total}),因此,

$$\begin{aligned} J_{\text{total}} &= J_{\text{e}}|_{x'=0} + J_{\text{h}}|_{x=0} \\ &= \left(\frac{qD_{\text{e}}n_{\text{p0}}}{L_{\text{e}}} + \frac{qD_{\text{h}}n_{\text{n0}}}{L_{\text{h}}}\right)(e^{qV/(kT)} - 1) \end{aligned} \tag{4.35}$$

由于 J_{total} 是不随位置变化而改变,现在就能够画出整个二极管的 J_{e} 和 J_{h} 的分布曲线,如图 4.9(b)虚线所示。

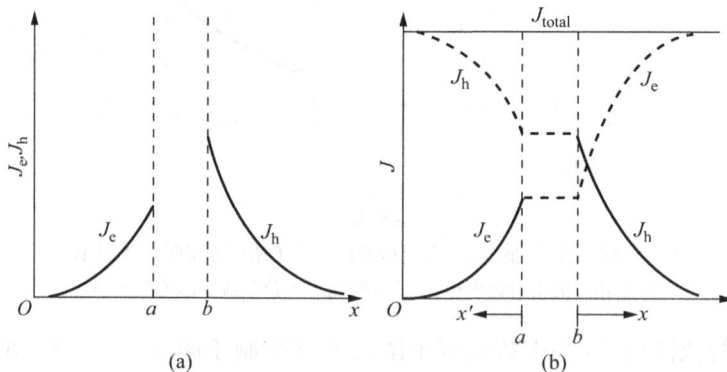

图 4.9
(a) 对应于图 4.8 的 p-n 结二极管的少数载流子电流密度
(b) 在忽略耗尽区中复合的情况下,二极管的少数载流子电流密度、
多数载流子电流密度和总电流密度的分布

分析的结果导出了理想二极管定律:

$$I = I_0(e^{qV/(kT)} - 1) \tag{4.36}$$

对本书而言,比较重要的是所导出的饱和电流密度的表达式:

$$I_0 = A\left(\frac{qD_e n_i^2}{L_e N_A} + \frac{qD_h n_i^2}{L_h N_D}\right) \tag{4.37}$$

其中，A 是二极管的横截面积。

4.7　光照特性

现在不妨来探讨光照时的二极管特性。为了简化，假设所考虑的是理想情况，即假定光照时电子-空穴对的产生率在整个器件中都相同。这相当于电池受能量接近于半导体禁带宽度的光子所组成的长波长的光照射的特殊物理情况。这样的光只能被弱吸收，因而在整个与特性有关的距离内，电子-空穴对的体产生率基本不变。应当强调，这种均匀产生率的情况与太阳能转换的实际情况并不相符。比较实际的情况将在后面几章中用不同的方法进行研究。

问题：当光照所引起的电子-空穴对的体产生率 G 在整个器件都相同时，推导 p-n 结二极管受光照时的理想电流-电压特性。

这种分析非常类似于无光照二极管的分析。为巩固这一内容，建议读者先不看以下的参考答案，独自找出问题的解法。

推导与解答：读者首先应当确信，不管器件是否受到光照，前述第一到第四个近似以及由它们得到的结果都是同样有效的。既然如此，式(4.24)就仍然有效，只是此时 G 不是零而是常数。因此，在 n 型一侧，有

$$\frac{d^2 \Delta p}{dx^2} = \frac{\Delta p}{L_h^2} - \frac{G}{D_h} \tag{4.38}$$

由于 G/D_h 是常数，上式的通解为

$$\Delta p = G\tau_h + Ce^{x/L_h} + De^{-x/L_h} \tag{4.39}$$

边界条件与无光照二极管分析中的保持一致。这就得到特解为

$$p_n(x) = p_{n0} + G\tau_h + \left[p_{n0}(e^{qV/(kT)} - 1) - G\tau_h\right]e^{-x/L_h} \tag{4.40}$$

如图 4.10 所示，对于 $n_p(x')$ 也有类似表达式。

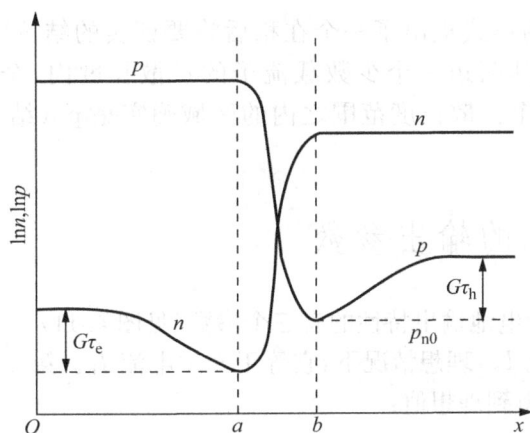

图 4.10　在红外光照射下（假设整个二极管内电子-空穴对的产生率相同）短路时 p-n 结的载流子分布

相应的电流密度为

$$J_h(x) = \frac{q D_h p_{no}}{L_h}(e^{qV/(kT)} - 1)e^{-x/L_h} - qGL_h e^{-x/L_h} \qquad (4.41)$$

对于 $J_e(x')$ 也有类似表达式。

再次忽略耗尽区的复合效应(近似 5),但包括耗尽区的产生效应,这种情况下可得到该区电流密度的变化为

$$|\delta J_e| = |\delta J_h| = qGW \qquad (4.42)$$

因此,按前面所述方法处理,可得出如下电流-电压特性的关系式:

$$I = I_0(e^{qV/(kT)} - 1) - I_L \qquad (4.43)$$

其中,I_0 可由式(4.37)确定,而 I_L 的值为

$$I_L = qAG(L_e + W + L_h) \qquad (4.44)$$

这个结果如图 4.11 所示。请注意,光照下的特性曲线仅仅是将暗特性曲线下移 I_L。因此,就在该图的第四象限形成一个可以从二极管获取电力的区域。

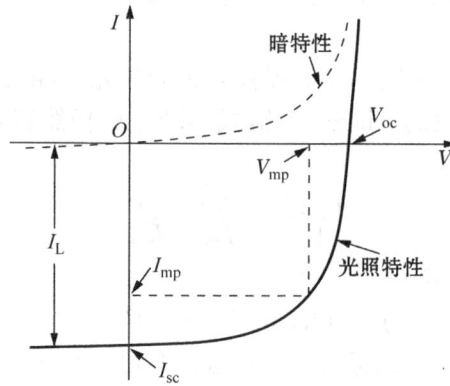

图 4.11   无光照和有光照时 p-n 结二极管的输出特性

请注意,式(4.44)的形式提出了一个在稍后将要证实的结论。光生电流 I_L 的预期值等于在二极管耗尽区及其两边一个少数载流子的扩散长度内,全部光生载流子的贡献。耗尽区和耗尽区两边一个扩散长度范围之内的区域确实是 p-n 结太阳能电池的"有效"收集区。

4.8   太阳能电池的输出参数

通常用来描述太阳能电池输出特性的有三个参数(见图 4.11)。

其中之一是短路电流 I_{sc},理想情况下,它等于光生电流 I_L。第二个参数是开路电压 V_{oc}。令式(4.43)中 $I = 0$,则得到理想值:

$$V_{oc} = \frac{kT}{q}\ln\left(\frac{I_L}{I_0} + 1\right) \qquad (4.45)$$

V_{oc} 由于与 I_0 有关,因而取决于半导体的性质。第四象限中任一工作点的输出功率等于图 4.11 所示的矩形面积。某个特定的工作点 (V_{mp}, I_{mp}) 会使输出功率最大。第三个参数,即

填充因子 FF,定义为

$$FF = \frac{V_{mp}I_{mp}}{V_{oc}I_{sc}} \tag{4.46}$$

它是输出特性曲线"方形"程度的量度,对具有适当效率的电池来说,其值在 $0.7 \sim 0.85$ 范围内。理想情况下,它只是开路电压 V_{oc} 的函数。图 4.12 所示 FF 的理想(最大)值与归一化开路电压 v_{oc} 的关系。v_{oc} 的定义为 $V_{oc}/(kT/q)$。当 $v_{oc}>10$ 时,描述这个关系(精确到四位有效数字)的经验公式为(可参看 5.4.4 节)

$$FF = \frac{v_{oc} - \ln(v_{oc}+0.72)}{v_{oc}+1} \tag{4.47}$$

于是,能量转换效率 η 由下式得到,即

$$\eta = \frac{V_{mp}I_{mp}}{P_{in}} = \frac{V_{oc}I_{sc}FF}{P_{in}} \tag{4.48}$$

式中,P_{in} 是电池上入射光的总功率。商用太阳能电池的能量转换效率通常为 $12\% \sim 14\%$[①]。

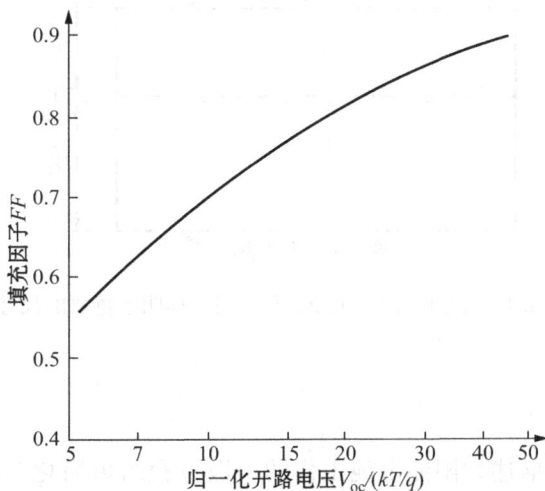

图 4.12　填充因子的理想值与通过热电压 kT/q 归一化的开路电压的关系

4.9　有限电池尺寸对 I_0 的影响

正如式(4.45)指出的那样,二极管饱和电池 I_0 决定了 V_{oc}。在推导有关 I_0 的式(4.37)时,隐含有二极管在结的两边延伸无限远距离的假定。实际的器件并非如此。一个有限大小的太阳能电池如图 4.13 所示。

这就要对饱和电流 I_0 的值进行修正。修正值取决于外露表面的表面复合速度(见 3.4.5 节)。本书所考虑的两种极端情况是:①复合速度很高,接近于无限大;②复合速度很低,接近于零。在前一种情况下,表面过剩少数载流子浓度为零;在后一种情况下,流入表面的少数载

---

① 这是 1982 年的旧数据。2008 年生产的硅太阳能电池的效率一般为 $15\% \sim 18\%$。(译注)

流子电流为零。用这些作为边界条件,就可求出修正的 I_0 表达式(见习题 4.3)。其形式如下[①]:

$$I_0 = A\left(\frac{qD_e n_i^2}{L_e N_A} \cdot F_P + \frac{qD_h n_i^2}{L_h N_D} \cdot F_N\right) \tag{4.49}$$

如果器件 p 型侧的表面具有高复合速度,则 F_P 有如下的形式:

$$F_P = \coth\left(\frac{W_P}{L_e}\right) \tag{4.50}$$

其中 W_P 的定义由图 4.13 给出,如果 n 型一侧的表面也是高复合速度表面,则相应的公式也适用于 F_N。如果此表面是低复合速度表面,那么 F_N 由下式确定:

$$F_N = \tanh\left(\frac{W_N}{L_h}\right) \tag{4.51}$$

如果 p 型区的表面也是低复合速度表面,那么类似的公式也适用于 F_P。

请注意:如果两个表面都具有低的复合速度,I_0 就会达到最小值,因此 V_{oc} 将达到最大值。

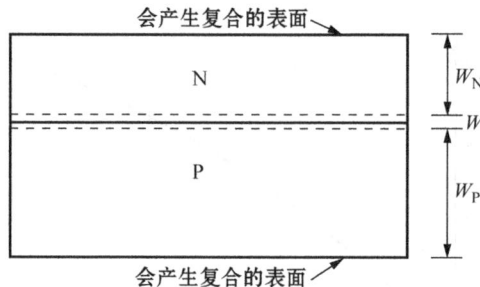

图 4.13　基本太阳能电池图示(图中标明了重要的尺寸)

4.10　小结

通过这一系列近似,描述太阳能电池工作的一般方程组可简化为较易处理的形式。用这种方法求出了太阳能电池暗特性和光照特性的理想形式。

有光照时的特性曲线是将理想的暗电流-电压曲线向下平移,下移的距离等于光生电流的大小。太阳能电池收集光生电流的有效区域是结的耗尽区及耗尽区两边一个少数载流子扩散长度范围内的区域。

用来表征太阳能电池输出特性的参数是短路电流 I_{sc}、开路电压 V_{oc} 以及填充因子 FF。太阳能电池的表面状态必然在一定程度上影响开路电压。在之后的有关章节中将证明,它也会影响短路电流。

---

① F_N 和 F_P 的一般表达式是[4.3]

$$F_N = \frac{S_h\cosh(W_N/L_h) + D_h/L_h\sinh(W_N/L_h)}{D_h/L_h\cosh(W_N/L_h) + S_h\sinh(W_N/L_h)}$$

$$F_P = \frac{S_e\cosh(W_P/L_e) + D_e/L_e\sinh(W_P/L_e)}{D_e/L_e\cosh(W_P/L_e) + S_e\sinh(W_P/L_e)}$$

式中,S_e 和 S_h 是 3.4.5 节中所介绍的各表面的表面复合速度。

习　题

4.1　一均匀掺杂的 p-n 结二极管,p 型边杂质浓度为 $10^{24}/\text{m}^3$,n 型边杂质浓度为 $10^{12}/\text{m}^3$。300K 时,在下列偏置条件下,计算最大电场强度、耗尽区宽度以及单位面积的结电容:(a)零偏置;(b)0.4V 正向偏置;(c)10V 反向偏置。

4.2　4.4 节的推导假设:在准中性区少数载流子浓度比多数载流子浓度低得多。求出保证这个假设仍然有效的最大外加电压的表达式。

4.3　(a) 考虑如图 4.13 所示的有限尺寸的电池。针对背面复合速度很高和很低两种极端情况,推导无光照射时 p 型边电子浓度与外加电压的关系式,在 p 型区的宽度比少数载流子扩散长度小得多的情况下,画出这些分布图并进行比较。

　　(b) 参考所画出的图,如果二极管的其他参数相同,指出哪一种分布对二极管饱和电流贡献最小,亦即在光照情况下能获得最大的开路电压?

4.4　下面是本章分析方法的另一个例子,它不要求很多的数学推导。考虑一个尺寸比相应的少数载流子扩散长度小得多的电池,该电池前后表面的复合速度很高,假定为无限大。在这种情况下,与表面复合相比,忽略体复合将是一个很好的近似(即整个体区复合率 U 可假设为零)。求出当光生电子-空穴对产生率 G 在电池各处都一样时,该二极管的饱和电流密度和短路电流的表达式。

4.5　当电池温度为 300K 时,面积为 100cm^2 的硅太阳能电池在 $100\text{mW}/\text{cm}^2$ 光照下,开路电压为 600mV,短路电流为 3.3A。假设电池工作在理想状况下,问在最大功率点它的能量转换效率是多少?

参考文献

[4.1]　A S Grove. Physics and Technology of Semiconductor Devices[M]. New York：Wiley,1967：158.

[4.2]　Ibid. 169-172.

[4.3]　J P McKelvey. Solid State and Semiconductor Physics[M]. New York ：Harper & Row，1966：422.

第5章 效率的极限、损失和测量

5.1 引言

入射到太阳能电池表面的阳光,在制造电子的半导体材料内产生电子-空穴对。太阳能电池具有不对称的电子学结构,这种结构使所产生的电子-空穴对中的电子和空穴分离,并在连接电池两端的负载上产生电流。本章讨论该过程中能量转换效率的极限以及各种非理想的因素对效率的影响,并叙述光伏器件效率的测量方法。

5.2 效率的极限

5.2.1 概要

在第4章中,我们已用三个参数来表示 p-n 结太阳能电池的特性,它们是开路电压 V_{oc}、短路电流 I_{sc} 和填充因子 FF(见图4.11)。第4章还阐述了填充因子的最大值是 V_{oc} 的函数。因此,后面仅讨论 I_{sc} 和 V_{oc} 的理想极限。

5.2.2 短路电流

计算任何种类材料的太阳能电池短路电流的上限,都是相对容易的。在理想条件下,入射到电池表面能量大于材料禁带宽度的每一个光子,会产生一个流过外电路的电子[①]。因此,为了计算 I_{sc} 的最大值,必须知道阳光的光子通量。这个数值可以根据阳光的能量分布(见第1章)计算得到。将已知波长的能量值除以该波长单个光子的能量(hf 或 hc/λ)即为光子通量。图5.1(a)所示为第1章所述的 AM0 辐射和标准 AM1.5 地面辐射的计算结果。

I_{sc} 的最大值可以通过求光子能量分布的积分得出,积分从短波长进行到刚能在给定半导体中产生电子-空穴对的最长波长[光子能量(以 eV 为单位)与其波长(以 μm 为单位)的关系是 $E(eV) = 1.24/\lambda\ (\mu m)$。硅的禁带宽度约为 1.1 eV,因此,相应的波长 λ 是 $1.13\mu m$]。短路电流密度的上限如图5.1(b)所示。

当禁带宽度减小时,短路电流密度将会增加。这并不足为奇,因为禁带宽度减小使得具有足以产生电子-空穴对能量的光子变多了。

5.2.3 开路电压和效率

限制太阳能电池开路电压的基本因素尚未像短路电流般被清楚地定义。在第4章已经证

---

① 具有几倍于禁带宽度的极高能量的光子可能产生电子-空穴对,这个电子可具有足够的能量,再通过碰撞电离,在导带边上面产生第二个电子-空穴对(见3.4.3节)。但由于阳光中这样的光子并不是很多,所以这种机制在太阳能电池中并不是那么重要。

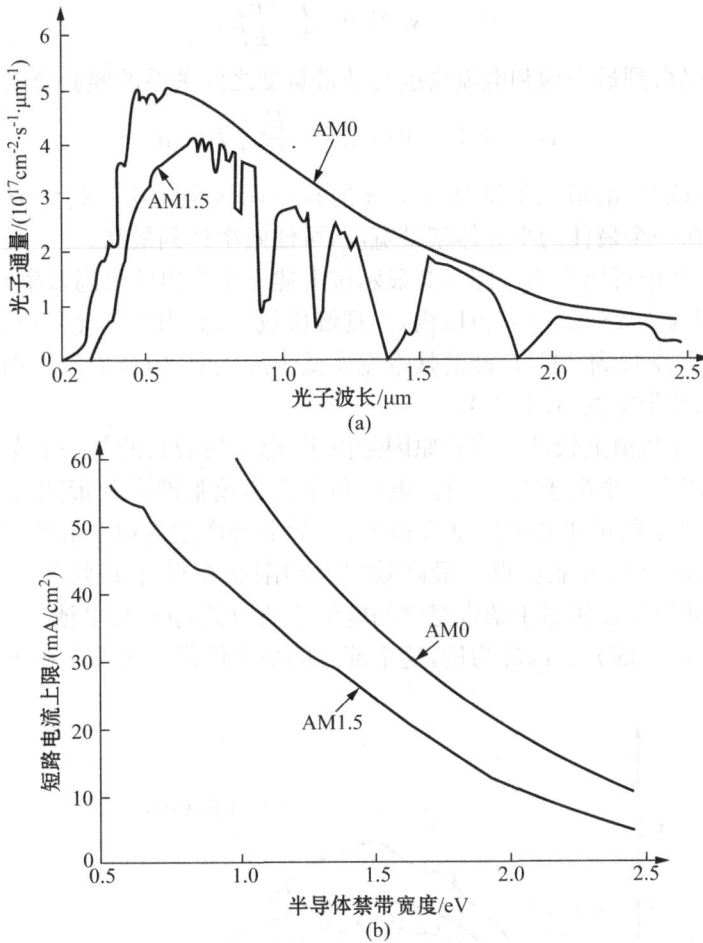

图 5.1

(a) 对应于图 1.3 给出的 AM0 和 AM1.5 能量分布的阳光中的光子通量

(b) 相应的短路电流密度上限与太阳能电池材料禁带宽度的关系

明，对理想的 p-n 结电池，V_{oc} 可表示如下：

$$V_{oc} = \frac{kT}{q}\ln\left(\frac{I_L}{I_0}+1\right) \tag{5.1}$$

式中，I_L 是光生电流；I_0 是二极管的饱和电流，由下式计算：

$$I_0 = A\left(\frac{qD_e n_i^2}{L_e N_A} + \frac{qD_h n_i^2}{L_h N_D}\right) \tag{5.2}$$

为了得到最大的 V_{oc}，I_0 必须尽可能小。计算 V_{oc} 上限（因而也就得到最高效率）的一种方法是为式(5.2)中半导体的每个参数赋予合适的值，而这些值仍必须保持在生产高品质太阳能电池所要求的取值范围内[5.1]。对于硅而言，所得到的最大 V_{oc} 约为 700mV，相应的最高填充因子为 0.84。将此结果和前一节 I_{sc} 的结果结合起来，就可就得最高能量转换效率。

式(5.2)中与半导体材料的选择关系最大的参数是本征载流子浓度的平方 n_i^2。由第 2 章得知，

$$n_i^2 = N_C N_V \exp\left(-\frac{E_g}{kT}\right) \tag{5.3}$$

由式(5.2)可以得到最小饱和电流密度与禁带宽度之间关系的经验公式:

$$I_0 = 1.5 \times 10^5 \exp\left(-\frac{E_g}{kT}\right) \text{A/cm}^2 \tag{5.4}$$

这一关系式保证 V_{oc} 的最大值随禁带宽度的减小而减小。这一趋势与 I_{sc} 的变化趋势相反。由此得出,存在一个最佳的半导体禁带宽度,可使效率达到最高。

这一点从图 5.2 中可以看出。图 5.2 显示按上述方法算出的最高效率与禁带宽度之间的关系。在禁带宽度为 1.4~1.6 eV 范围内,出现峰值效率,而当大气光学质量从 0 增加到 1.5 时,峰值效率从 26% 增加到 29%。硅的禁带宽度低于最佳值,但最大效率仍然比较高。GaAs 具有接近最佳值的禁带宽度(1.4 eV)。

这些最高效率在数值上较低的主要原因是由于:电池所吸收的每一个光子,无论它的能量多么大,最多只能产生一个电子-空穴对。电子和空穴迅速弛豫回到带隙边缘,同时放出声子(见图 5.3)。即使光子能量比禁带宽度大很多,实际上所产生的电子和空穴也只相隔一个禁带宽度。仅这一效应就将可能获得的最高效率大约限制在只有 44%[5.2]。另一个主要原因是,即使所产生的载流子被相当于禁带宽度的电势差所分离,p-n 结电池所能得到的输出电压也仅是这一电势差的一部分。以硅为例,这个部分的最大值是 $0.7/1.1 \approx 60\%$。

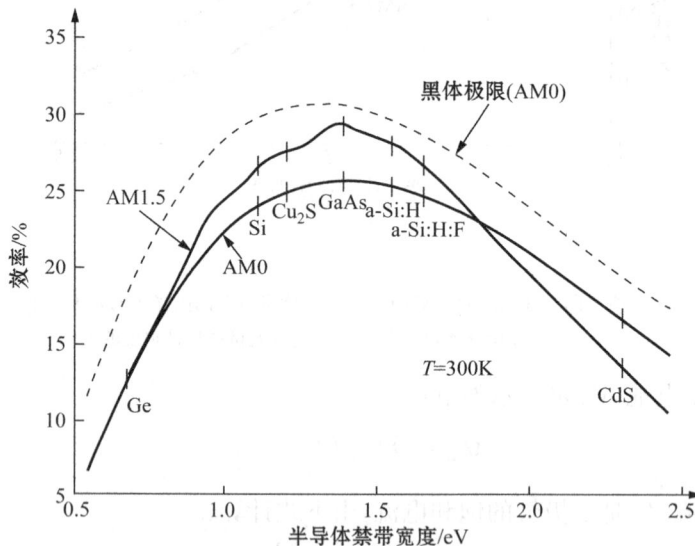

图 5.2   太阳能电池极限效率与电池材料禁带宽度的关系

(实线为 AM0 和 AM1.5 太阳辐射下的半经验极限,虚线为 AM0 太阳辐射下根据热力学所得的黑体太阳能电池的极限。)

以上讨论仅限于单个电池直接暴露在阳光下的情况。以 GaAs 为基础的一类器件,实验中所得到的效率已超过 20%。后面要提到的一些技术有可能进一步提高光伏系统的效率。1978 年刊载于文献[5.3]的一种多层电池系统,其效率高达 28.5%。尽管最高效率值仍然不高,但太阳能电池仍然是当前最有效的光电转换途径。

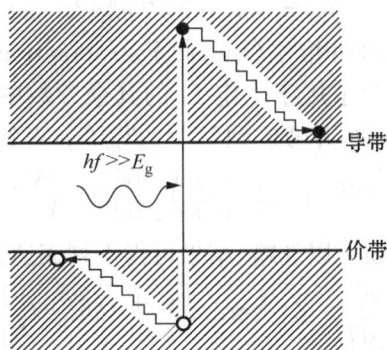

图 5.3　太阳能电池的主要损失机制之一

(高能光子产生的电子-空穴对迅速"热化"或弛豫回到各自的能带边
缘,放出的能量以热的形式耗散掉。)

5.2.4　黑体电池的效率极限

前述计算 V_{oc} 最大值的方法,其局限性在于它是根据经验而来的。尽管如此,在材料制造工艺和(或)太阳能电池设计中要取得比图 5.2 更高效率的可能性很小。为了分析黑体太阳能电池,文献[5.2]提出了一种更基本的方法。这种黑体吸收所有入射到其表面的阳光。这种电池的效率极限至少与非黑体类型的一样高。

黑体发射出具有一定光谱分布的辐射,其光谱分布形状与黑体本身的温度有关(第 1 章)。因此,处于平衡状态的黑体太阳能电池会发射光子。能量大于禁带宽度的光子主要来源于半导体中的辐射复合过程。在热平衡时,这些辐射复合过程被相等的产生过程所平衡。那么,在热平衡状态下,复合率的下限就是每单位时间所发射出来的能量大于禁带宽度的光子总数。在复合率最小的电池中,可以证明复合率随偏压而呈指数上升。这就可以推导出一个与先前讨论过的无光照太阳能电池的理想二极管定律相同的公式,其中的 I_0 等于电子电荷乘以整个电池的平衡复合率。

对硅的情况进行恰当的计算,得到 I_0 的最小值,这个最小值对应的黑体硅太阳能电池的最高开路电压为 850 mV。不同禁带宽度的半导体的计算结果由图 5.2 中虚线表示。对直接光照下的单个电池,所计算出的效率上限达 30% 以上。

5.3　温 度 的 影 响

由于太阳能电池所处的环境温度可能变化很大,所以有必要了解温度对电池性能的影响。

太阳能电池的短路电流与温度之间的关联性并不是很大。短路电流随着温度上升而略有增加。这是由于半导体禁带宽度通常随温度的上升而减小使得光吸收随之增加的缘故。电池的其他参数,即开路电压和填充因子两者都随温度上升而减小。短路电流和开路电压之间的关系是

$$I_{sc} = I_0 (e^{qV_{oc}/kT} - 1) \tag{5.5}$$

当忽略小负数项时,此式可写为

$$I_{sc} = AT^{\gamma} e^{-E_{g0}/kT} e^{qV_{oc}/kT} \tag{5.6}$$

式中,A 与温度无关;E_{g0} 是用线性外推法(Linear Extrapolation)得到的电池所用半导体材料在绝对零度时的禁带宽度;γ 包含了用于确定 I_0 的其余参数中与温度有关的因素,其数值通常在 1～4 范围内。对上式求导数,并考虑到 $V_{g0} = E_{g0}/q$,得到

$$\frac{dI_{sc}}{dT} = A\gamma T^{\gamma-1} e^{q(V_{oc}-V_{g0})/(kT)} + AT^{\gamma}\left(\frac{q}{kT}\right)\left[\frac{dV_{oc}}{dT} - \left(\frac{V_{oc}-V_{g0}}{T}\right)\right]e^{q(V_{oc}-V_{g0})/(kT)} \tag{5.7}$$

与其他更主要项相比,dI_{sc}/dT 项可以忽略,结果可得下列表达式:

$$\boxed{\frac{dV_{oc}}{dT} = -\frac{V_{g0}-V_{oc}+\gamma(kT/q)}{T}} \tag{5.8}$$

这意味着,随温度升高 V_{oc} 近似线性地减小。代入硅太阳能电池有关数值($V_{g0}\sim1.2\text{V}$,$V_{oc}\sim0.6\text{V}$,$\gamma\sim3$,$T=300\text{K}$),得到

$$\frac{dV_{oc}}{dT} = -\frac{1.2-0.6+0.078}{300} \text{(V/℃)}$$
$$= -2.3 \text{(mV/℃)} \tag{5.9}$$

这与实验结果非常一致[①]。因而,温度每升高 1℃,硅太阳能电池的 V_{oc} 将下降 0.4%。理想的填充因子取决于用 kT/q 归一化的 V_{oc} 的值。所以填充因子也随温度的上升而下降。

V_{oc} 的显著变化导致输出功率和效率随着温度的升高而下降。硅太阳能电池的温度每升高 1℃,输出功率将减少 0.4%～0.5%。对禁带宽度较宽的材料来说,这种温度依存性会降低。例如 GaAs 太阳能电池对温度变化的灵敏度仅为硅太阳能电池的一半。

5.4　效率损失

5.4.1　概要

实际的 p-n 结太阳能电池横截面如图 5.4 所示。由于其他各种损失机制的存在,实际器件的效率将远低于所讨论的理想极限值。后面几章将要讨论如何设计太阳能电池,以便达到在下面几节中讨论的各种损失机制之间的最佳折中。

5.4.2　短路电流损失

在太阳能电池中有三种可以称为是"光学"性质的损失。

(1) 在 3.2 节中已提到,裸露的硅表面反射相当大。图 5.4 的减反射膜使这种反射损失减少到约为 10%。

(2) 为了在太阳能电池的 p 型侧和 n 型侧制造电极,通常在电池受光照的一侧制造金属栅线,这会遮掉 5%～15% 的入射光。

(3) 最后,如果电池不够厚,进入电池的一部分具有合适能量的光线将从电池背面直接穿出去。这就确定了半导体材料所需的最小厚度。如图 5.5 中 Si 和 GaAs 的计算结果所显示,间接带隙材料比直接带隙材料需要更大的厚度。

---

① 其主要原因为:方程(5.8)的形式,对于比方程所讨论的更为普遍的情况也是有效的。

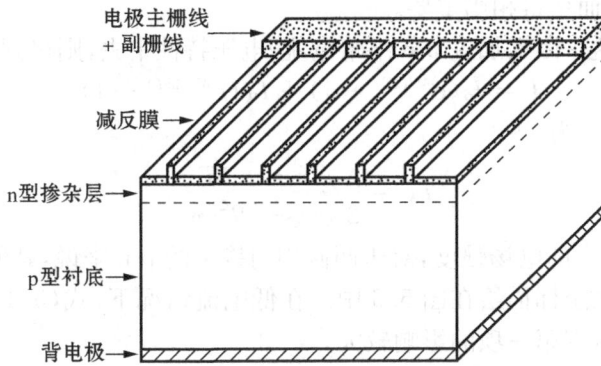

图 5.4　太阳能电池的主要部件

（为了便于说明，电池垂直方向的尺寸和水平方向尺寸相比有所夸大。）

I_{sc} 损失的另一个原因是半导体体内及表面的复合。在第 4 章曾指出，只有在 p-n 结附近产生的电子-空穴对才会对 I_{sc} 作出贡献。在距离结太远处产生的载流子，在它们从产生点移动到器件的电极之前，很有可能已经复合了。

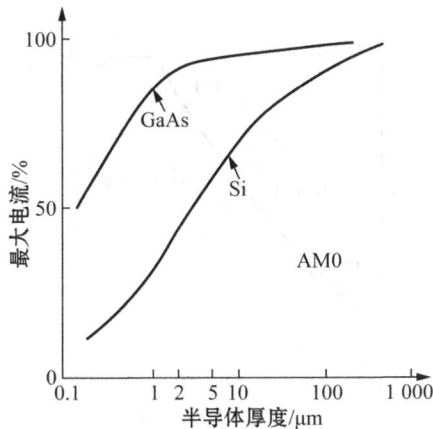

图 5.5　电池厚度对理想太阳能电池所产生的最大短路电流的百分比的影响

（请注意直接带隙半导体（GaAs）和间接带隙半导体（Si）之间的区别）

5.4.3　开路电压损失

决定 V_{oc} 的主要过程是半导体中的复合，这一点在 5.2.4 节通过计算 V_{oc} 的极限已经看出。半导体中的复合率越低，V_{oc} 越高。体内复合和表面复合都是重要的。

可能限制 V_{oc} 的一个重要因素是通过耗尽区中陷阱能级的复合。这种复合机制在耗尽区中特别有效。参考过去描述这个机制的关系式（见第 3 章），可以得到

$$U = \frac{np - n_i^2}{\tau_{h0}(n + n_1) + \tau_{e0}(p + p_1)} \tag{5.10}$$

当 n_1 和 p_1 很小且 n 和 p 也很小时，此复合率有最大值。当耗尽区内陷阱杂质的能级位于带隙中央附近时，这两种条件便可同时成立。由于耗尽区的宽度 W 非常小，因而在第 4 章分析 p-n 结二极管暗特性时，耗尽区的复合可以忽略（近似 5）。但是，在某些情况下，这一区

域的复合率将增大,因而变得相当重要。

将耗尽区的复合这一因素加进 p-n 结暗电流-电压特性中去,则得到

$$I = I_0(e^{qV/(kT)} - 1) + I_W(e^{qV/(2kT)} - 1) \tag{5.11}$$

式中 I_0 的值同前,而 I_W 为[5.4]

$$I_W = \frac{qAn_i\pi}{2} \frac{1}{\sqrt{\tau_{e0}\tau_{h0}}} \frac{kT}{q\xi_{max}} \tag{5.12}$$

其中 ξ_{max} 是 p-n 结中最大的电场强度,对于两侧均匀掺杂的 p-n 来说,其值由式(4.4)确定。

这些特性以半对数坐标描绘在图 5.6 中。在低电流情况下,式(5.11)的第二项的影响较大,而在高电流情况下,则第一项的影响较大。

式(5.11)也可写成下列形式:

$$I = I'_0(e^{qV/(nkT)} - 1) \tag{5.13}$$

其中,n 通常称为理想因子,它随电流变化的情况与 I'_0 一样。由式(5.11)可见,n 值将从低电流时的 2 减小到高电流时的 1[①]。由于光照下的太阳能电池伏-安特性是将图 5.6 中的曲线向下移至第四象限,可见,这个额外的耗尽区复合电流的存在,将会导致 V_{oc} 的降低。

限制 V_{oc} 的其他技术因素在后几章中讨论。

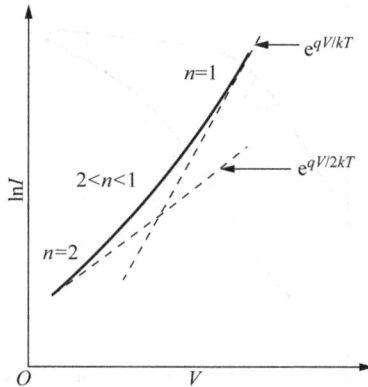

图 5.6　无光照时 p-n 结二极管暗伏-安特性的半对数曲线图
(包括耗尽区复合的影响)

5.4.4　填充因子损失

耗尽区的复合也会降低填充因子。如果前一节所述的二极管理想因子 n 大于 1,则填充因子等于电压为 V_{oc}/n 时,用理想情况(见图 4.12)的公式算得的值。此值低于当 n 等于 1 时所算得的值。

通常情况下定义归一化电压 v_{oc} 为 $V_{oc}/(nkT/q)$,则第 4 章给出的如下填充因子的经验公式仍然有效(当 $V_{oc} > 10$ 时,大约精确到四位有效数字):

$$FF_0 = \frac{v_{oc} - \ln(v_{oc} + 0.72)}{v_{oc} + 1} \tag{5.14}$$

---

① 在电池某些区域,在高电流且当少数载流子浓度接近多数载流子浓度时,n 也可能接近于 2[5.5]。

通常,太阳能电池都存在寄生的串联电阻和分流电阻,如图 5.7 中太阳能电池等效电路所示。这些电阻是由几个物理机制所产生。串联电阻 R_S 的主要来源是:制造电池的半导体材料的体电阻、电极和互联金属的电阻,以及电极和半导体之间的接触电阻。分流电阻 R_{SH} 则由于 p-n 结漏电引起的,其中包括绕过电池边缘的漏电及由于结区存在晶体

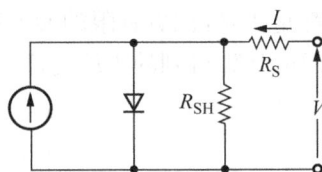

图 5.7 太阳能电池的等效电路

缺陷和外来杂质的沉淀物所引起的内部漏电。如图 5.8 所示,这两种寄生电阻都会起到减小填充因子的作用,很高的 R_S 值和很低的 R_{SH} 值还会分别导致 I_{sc} 和 V_{oc} 的降低。

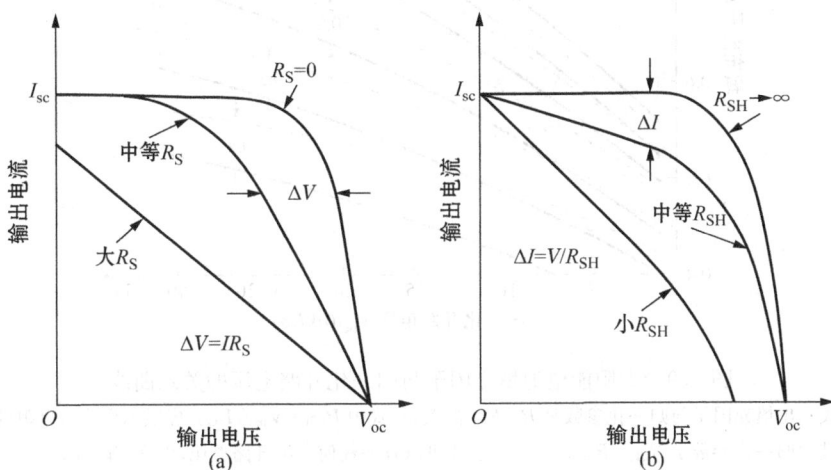

图 5.8 寄生电阻对太阳能电池输出特性的影响
(a) 串联电阻 R_S 的影响　(b) 分流电阻 R_{SH} 的影响

R_S 和 R_{SH} 对填充因子影响的大小可以通过将它们的数值与由下式定义的太阳能电池特征电阻 R_{CH}[5.6] 进行比较而决定:

$$R_{CH} = \frac{V_{oc}}{I_{sc}} \tag{5.15}$$

与这个参量相比,如果 R_S 很小,或者 R_{SH} 很大,那么它们对填充因子就几乎没有影响。如果定义归一化电阻 r_s 为 R_S/R_{CH},当有串联电阻存在时,填充因子的近似表达式可写为(精确数值在图 5.9 中提供)

$$FF = FF_0(1 - r_s) \tag{5.16①}$$

其中 FF_0 是无寄生电阻时的理想填充因子,它可由式(5.14)相当精确地描述。当 $v_{oc} > 10$,$r_s < 0.4$ 时,这个表达式精确到接近两位有效数字。如果定义归一化分流电阻 r_{sh} 为 R_{SH}/R_{CH},同时也采用归一化开路电压 $v_{oc} = V_{oc}/(nkT/q)$,则有关分流电阻影响的相应表达式可写成如下形式(精确数值也在图 5.9 中提供):

$$FF = FF_0 \left\{ 1 - \frac{v_{oc} + 0.7}{v_{oc}} \frac{FF_0}{r_{sh}} \right\} \tag{5.17①}$$

当 $v_{oc} > 10$ 和 $r_{sh} > 2.5$ 时,这个表达式大约可以精确到三位有效数字。当串联电阻和分流电

---

① 式(5.16)、(5.17)均为经验公式。(译注)

阻都重要时,在更有限的参数范围内填充因子的近似表达式是式(5.17),只是式中 FF_0 由式(5.16)计算得到的 FF 代替。

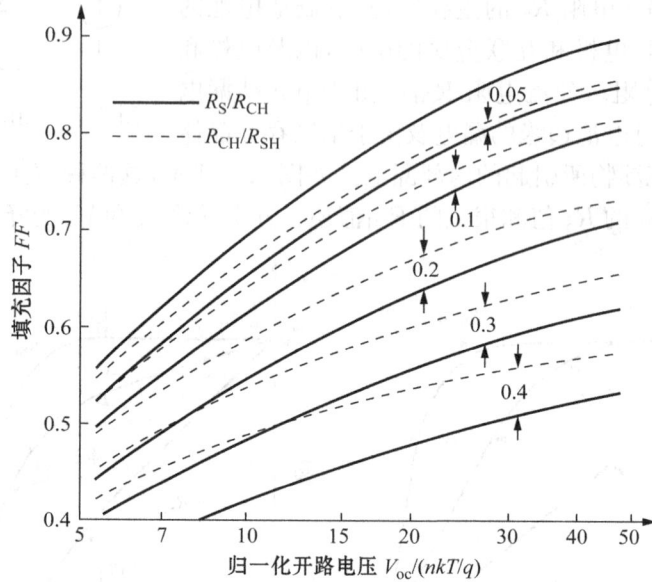

图 5.9   太阳能电池填充因子与归一化开路电压的关系曲线

(实线示出填充因子与归一化参数是 R_S/R_{CH} 的关系,式中 $R_{CH} = V_{oc}/I_{SC}$。虚线示出分流电阻的影响,其中归一化参数是 R_{CH}/R_{SH}。由这些曲线可以查得任何一组开路电压、温度、理想因子以及串联电阻和分流电阻所对应的填充因子。)

5.5　效率测量

通过用辐射强度计测定入射阳光的功率和测量电池在最大功率点产生的电功率的办法来测量太阳能电池的效率,似乎是比较简单的事情。使用这种方法存在的困难是:被测电池的性能在很大程度上取决于阳光的确切光谱成分,而阳光的光谱成分随大气光学质量、水蒸气含量、浑浊度等而变化。由于存在这一困难,加上辐射计刻度的误差(一般约为±5%),使得这种办法很难将不是同一时间、同一地点所测得的电池性能作比较。

另一种方法是采用标定过的参考电池为基准。某测试管理中心在标准光照条件下标定参考电池,然后以这一参考电池为基准,测量待测电池的性能。为了使这个测试方法能够得到准确的结果,必须满足以下两个条件:

(1) 在特定的范围内,参考电池和被测电池对不同波长的光的响应(光谱响应)必须一致。

(2) 在规定的限制范围内,用来作比较测试的光源光谱成分必须接近标准光源的光谱成分。

第一个条件通常要求参考电池和被测电池是由同种半导体材料并用相似的生产工艺制成。在这两个条件都得到满足时,便可以在与标定中心相同的标准光照条件下进行所有的测量。

与上述相类似的方法已用于美国能源部的光伏计划中[5.7]。在这个方法中,测试所参考的标准阳光光谱分布是图 1.3 中的 AM1.5 分布,所建议的测试光源是自然阳光(对云层、大气光学质量和日光强度变化率有一定限制)、配备适当的滤光片的氙灯或 ELH 灯。后者是一种廉价的投影仪钨丝灯,这种灯具有一个对波长灵敏的反射器,它可以让红外光从灯的背面透过,这就增加了输出光束中可见光的比例,因此,输出光束的光谱成分相当接近于阳光的光谱成分。光源必须能在测试平面上射出一条强度均匀的平行光束,而且,在测试过程中光束必须稳定并符合限制规定。

　　测量太阳能电池特性的典型实验装置如 5.10(a) 所示。四点接触法(四探针测试法)使测试电池电压和电流的导线保持相互分离,这就排除了测试导线本身的串联电阻及有关接触电阻的影响。电池放置在温控底座上,测试太阳能电池的标准温度是 25℃ 和 28℃ 两种。利用参考电池,将灯光强度调整到所需的数值,通过改变负载电阻,就可以测得电池的特性。

　　被测电池的光谱响应也可以通过将电池输出与已标定过光谱响应的电池输出直接比较而测得。最简单的方法是使用稳态单色光源,它可以从单色仪或者如图 5.10(b) 所示那样让白光通过窄带光学滤波器获得。由于电池对光强增加的响应并非总是线性的,较好的方法是使用接近于阳光的白光源来偏置被测的电池,在此基础上叠加一个小量的单色光成分(通过斩光器形成交变光强),并测量增加的响应。

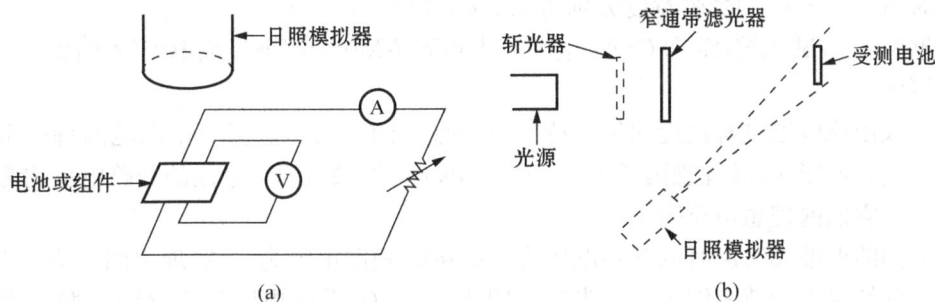

图 5.10
(a) 测试太阳能电池和组件的实验装置　(b) 可用来测量光谱响应的装置
(对于光谱响应呈非线性的电池需要一个偏置光源以及一个经过斩光器的单色光)

5.6　小结

　　当电池材料的禁带宽度在 1.4～1.6 eV 范围内时,太阳能电池能达到的效率上限为 26%～29%。几个因素使得实际太阳能电池的效率稍低于理想效率。其中部分因素与光和电池之间的耦合有关,另一些与半导体的体区内和表面上过度的复合有关,再有一些则是由于寄生电阻的影响。

　　太阳能电池的效率随温度上升而降低,这主要是由于开路电压对温度的灵敏性造成的。

　　测量太阳能电池特性的比较好的实验方法,是采用标定过的参考电池来消除与更直接的测量方法有关的各种变数。

习　题

5.1　(a) 一个太阳能电池受到光强为 20 mW/cm^2，波长为 700 nm 的单色光的均匀照射。如果电池材料的禁带宽度为 1.4 eV，问相应的入射光的光子通量及电池所输出的短路电流上限是多少？

(b) 如果禁带宽度是 2.0 eV，那么，相应的短路电流上限是多少？

5.2　当电流受到表 1.1 中的 AM1.5 入射光照射时，某电池可得到的最大短路电流密度为 40 mA/cm^2。如果 300K 时电池的最大开路电压为 0.5 V，问在此温度下电池效率的上限是多少？

5.3　一电池受到光强为 100 mW/cm^2 的单色光均匀照射。300K 时电池的最小饱和电流密度是 10^{-21} A/cm^2。如果单色光的波长为：(a)450 nm，(b)900 nm，试分别计算在此温度下电池将光转换为电能的效率上限，假设在每一种情况下电子能量都大于材料禁带宽度。(c)解释所计算得出的效率之间的差别。

5.4　计算并画出硅太阳能电池光谱灵敏度（短路电流/入射单色光的功率）上限与波长的关系。

5.5　硅太阳能电池的典型开路电压为 0.6 V，而 GaAs 太阳能电池的约为 1.0 V。在绝对和相对偏置两种情况下，试比较两种电池在 300K 时开路电压与温度的理论关系（绝对零度时 Si 和 GaAs 的禁带宽度分别为 1.2 eV 和 1.57 eV）。

5.6　根据图 5.5，试比较：Si 和 GaAs 电池要求得到 AM0 光照下最大电流输出的 75% 所需要的厚度。

5.7　一个太阳能电池具有接近理想的特性，其理想因子等于 1。另一个电池的特性主要受耗尽区复合的影响，其理想因子为 2。在 300K 时，如果这两个电池的开路电压均为 0.6V，试比较它们的理想填充因子。

5.8　某太阳能电池，300K 时的开路电压为 500 mV，短路电流为 2 A，理想因子为 1.3。求下列各种情况下的填充因子：(a)串联电阻为 0.08 Ω，分流电阻很大；(b)串联电阻可以忽略，分流电阻为 1 Ω；(c)串联电阻为 0.08 Ω，分流电阻为 2 Ω；(d)串联电阻为 0.02 Ω；分流电阻为 1 Ω。

参考文献

[5.1]　H J Hovel. Semiconductors and Semimetals Series[J]. New York : Academic Press, Solar cells, 1975,11.

[5.2]　W Shockley, H J Queisser. Detailed Balance Limit of Efficiency of p-n Junction Solar Cells[J]. Journal of Applied Physics ,1961,32:510-519.

[5.3]　R L Moon, et al. Multigap Solar Cell Requirements and the Performance of AlGaAs and Si Cells in Concentrated Sunlight[C]//13th IEEE Photovoltaica Specialists Conference. Washington, D. C. , 1978: 859-867.

[5.4]　C T Sah, et al. Carrier Generation and Recombination in p-n Junctions...[J]. Proceedings of the IRE 1957,45:1228-1243.

[5.5]　J G Fossum, et al. Physics Underlying the Performance of Back-Surface-Field Solar

Cells[C] // IEEE Transactions on Electron Devices ED-27 1980：785-791.

[5. 6]　M A Green. General Solar Cell Factors...[J]. Solid State Electronics 20，1977：265-266.

[5. 7]　Terrestrial Photovoltaic Measurement Procedures[R] // Report ERDA / NASA / 1022 ～77/16，1977,6.

第6章 标准硅太阳能电池工艺

6.1 引言

自1953年研制出第一批具有一定效率的硅太阳能电池之后,这些电池主要应用于空间飞行器的电力供应。此类系统首先是应用是在1958年的先锋一号(Vanguard I)卫星上。自那时起,为了供给数量不断增加的通信卫星及其他空间飞行器所用的电池,已进行了产量越来越多的小批量生产。对于性能及可靠性的严格要求,促进了电池标准工艺流程的研发,这种工艺实际上在整个20世纪60年代和70年代初期一直保持不变。

自1973年以来,由于对新能源越来越重视,致使一些公司生产专门应用于地面的太阳能电池。表6.1列出了部分太阳能电池制造厂家(译注:这是1980年左右时的旧资料)。最初,地面电池的生产工艺是沿用空间电池的标准工艺。虽然由于地面应用的要求不同,使生产电池的工艺后来有了某些重大的改变。但是,本章要叙述的电池的标准工艺,将为讨论这些工艺变化以及将来可能的改进打下基础。

表6.1 太阳能电池制造厂商(约在1980年)

美 国

应用太阳能公司(Applied Solar Energy Corporation)
15251 East Don Julian Road
City of Industry, CA 91746

太阳能电力公司(Solar Power Corporation)
20 Cabot Road
Woburn, MA 01801

阿科太阳能公司(Arco Solar, Inc.)
20554 Plummer Street
Chatsworth, CA 91311

索拉莱克斯公司(Solarex Corporation)
1335 Piccard Drive
Rockville, MD 20850

摩托罗拉公司(Motorola, Inc.)
太阳能分部
Phoenix, AZ 95008

索莱克国际公司(Solec International, Inc.)
12533 Chadron Avenue
Hawthorne, CA 90250

光子电力公司(Photon Power, Inc.)
10767 Gateway West
El Paso, TX 79935

太阳能公司(Solenergy Corporation)
23 North Avenue
Wakefield, MA 01880

光瓦特国际公司(Photowatt International, Inc.)
21012 Lassen Street
Chatsworth, CA 91311

光谱实验室(Spectrolab, Inc.)
12484 Gladstone Avenue
Sylmar, CA 91342

（续表）

美 国	
SES 公司（SES Incorporated） Tralee Industrial Park Newark，DE 19711	斯拜尔公司（Spire Corporation） Patriots Park Bedford，MA 01730

欧 洲	
AEG 德律风根（AEG Telefunken） 分立元件分部 P. O. Box 1109 7100 Helibronn，W. Germany	RTC 飞利浦集团（Phillips Group） Route de la Delivrande 14000 Caen-Cedex，France

日 本	
日本太阳能公司（Japan Solar Energy Co.） 11-17 Kogahonmachi Fushimiku，Kyoto	夏普公司（Sharp Corp.） 工程分部 2613.1 Ichinomoto Tenri-Shi，Nara
松下电气公司（Matsushita Electric） Kadoma，Osaka	

澳 大 利 亚	印 度
台德兰德能源有限公司（Tideland Energy Pty. Ltd. P. O. Box 519 Brookvale，N. S. W. 2100	中央电子有限公司（Central Electronics Ltd.） Site 4，Industrial Area Sahibabad，U. P. 201005

制造电池的标准工艺可以归纳为以下几个步骤：

(1) 由砂还原成冶金级硅。

(2) 冶金级硅提纯为半导体级硅。

(3) 半导体级硅转变为单晶硅片。

(4) 单晶硅片制成太阳能电池。

(5) 太阳能电池封装为防风雨的太阳能电池组件。

6.2 由砂还原为冶金级硅

硅是地壳中蕴藏量第二丰富的元素。提炼硅的原始材料是 SiO_2，它是砂的主要成分。然而，在目前工业提炼工艺中，采用的是 SiO_2 的结晶态，即石英岩。为了制取硅，石英岩在图 6.1 所示的大型电弧炉中用碳（木屑、焦炭和煤的混合物）按照下列反应方程式还原[6.1]：

$$SiO_2 + 2C \rightarrow Si + 2CO \tag{6.1}$$

硅定期地从炉中倒出，并用氧气或氧-氯混合气体吹之以进一步提纯。然后，倒入浅槽，在槽中凝固，随后被捣碎成块状。

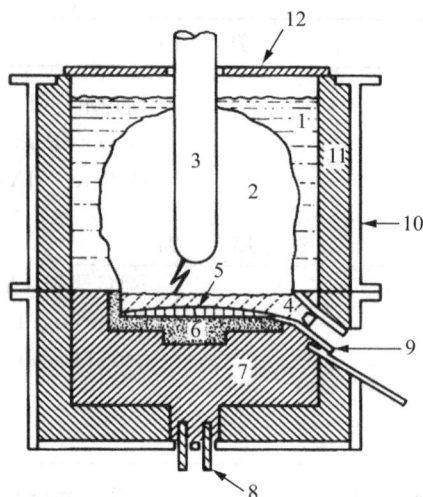

图 6.1 生产冶金级硅的电弧炉的截面图

1—碳和石英岩；2—内腔；3—电极；4—硅；5—碳化硅；6—炉床；7—电极膏；

8—铜电极；9—出料喷口；10—铸铁壁；11—陶瓷；12—石墨盖[6.1]

全世界每年生产约一百万吨左右冶金级硅（MG-Si），主要是用于炼钢和炼铝工业。这种硅的纯度通常为 $98\% \sim 99\%$，由表 6.2 的典型分析结果可看出，其中主要的杂质为铁和铝。还原过程的能量利用率相当高，全部工艺过程所需要的能量类似于提炼铝或钛一类金属所需的能量。材料也相当便宜，冶金级硅产品的很小一部分进一步精炼为半导体级（SeG）硅，供电子工业用。

表 6.2 冶金级硅中典型的杂质浓度

杂质	浓度范围/（$\times 10^{-6}$，原子数）
Al	$1\,500 \sim 4\,000$
B	$40 \sim 80$
Cr	$50 \sim 200$
Fe	$2\,000 \sim 3\,000$
Mn	$70 \sim 100$
Ni	$30 \sim 90$
P	$20 \sim 50$
Ti	$160 \sim 250$
V	$80 \sim 200$

6.3 冶金级硅提纯为半导体级硅

用于太阳能电池以及其他半导体器件的硅，其纯度等级比冶金级更高。提炼半导体级硅的标准方法称为西门子工艺[6.2]。冶金级硅被转变为挥发性的化合物,接着采用分馏的方法将其冷凝并提纯。然后,从这种精炼产品中提取超纯硅。

详细的工艺程序是,用 HCl 把细碎的冶金级硅颗粒变成流体。用铜催化剂加速反应进行:

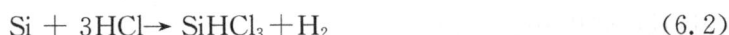

$$Si + 3HCl \rightarrow SiHCl_3 + H_2 \tag{6.2}$$

释放出的气体通过冷凝器,所得到的液体经过多级分馏得到半导体级 $SiHCl_3$(三氯氢硅),这是硅酮(硅胶)工业的原材料。

为了提取半导体级硅,可加热混合气体,使半导体级 $SiHCl_3$ 被 H_2 还原。在此过程中,硅以细晶粒的多晶硅形式沉积到电加热的硅棒上,其反应式为

$$SiHCl_3 + H_2 \rightarrow Si + 3HCl \tag{6.3}$$

后一个步骤不仅需要大量的能量,而且成品率低(~37%)。这就是为什么会出现在 6.7 节所讨论的,生产半导体级硅比生产冶金级硅所需要的能量要大很多的主要原因。在这个转化过程中,成本增加更大。因此,更有效地提纯冶金级硅一直以来是改进工艺的主要目标。

6.4　半导体级多晶硅转变为单晶硅片

对于半导体电子工业来说,硅不仅要非常纯,而且必须是晶体结构中基本上没有缺陷的单晶形式。工业上生产这种材料所用的主要方法是如图 6.2 所示的直拉工艺(Czochralski Process)。在坩埚中,将半导体级多晶硅熔融,同时,加入器件所需的微量掺杂剂。对太阳能电池来说,通常用硼(p 型掺杂剂)进行掺杂。在温度可以精细控制的情况下用籽晶能够从熔融硅中拉出大圆柱形的单晶硅。通常这种方法能够生产直径超过 12.5cm,长度为 1~2m 的晶体。

如 5.4.2 节中所述,硅太阳能电池仅需 $100\mu m$ 左右的厚度就足以吸收阳光中大部分适用的波长。因此,大单晶硅锭应切成尽可能薄的硅片,如图 6.3 所示。用目前的切片工

图 6.2　生产大圆柱形单晶硅锭的直拉工艺示意图

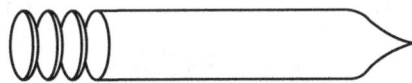

艺[6.3]将前面介绍的大晶体切成比 $300\mu m$ 还薄的硅片并仍保持适当的成品率是较困难的①。在加工过程中,一多半的硅因为切口或切割损失而被浪费。从半导体级硅变成单晶硅片过程中的低成品率是标准工艺的又一薄弱环节。

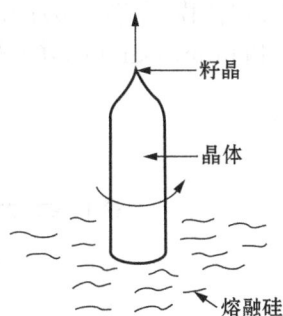

图 6.3　从圆柱形硅锭切片

(参考文献[6.3]对这种切片过程所采用的方法作了叙述和比较。在加工过程中,大约一半的硅锭因为切口或切割损失而被浪费。)

---

①　目前制造切割厚度为 $300\mu m$ 以下的硅片已不再是难题。(译注)

6.5　单晶硅片制成太阳能电池

硅片经腐蚀(为了消除切割过程产生的损伤)并清洗之后,通过高温杂质扩散工艺,可以有控制地向硅片中掺入杂质。

前节中已经提及,在标准太阳能电池工艺中,通常将硼加到直拉工艺的熔料中,从而生产出 p 型硅片。为了制造太阳能电池,必须掺入 n 型杂质,以形成 p-n 结。磷是常用的 n 型杂质。最普通的工艺如图 6.4 所示,载气通过液态三氯氧磷($POCl_3$),混入少量氧后排放到有硅片的加热炉管,如此一来,硅片表面就生成含磷的氧化层。在炉温下(800~900℃),磷从氧化层扩散到硅中。约 20 分钟之后,靠近硅片表面的区域,磷杂质的浓度超过硼杂质,从而制得如图 6.5(a)所示的一层薄的、重掺杂的 n 型区。在往后的工序中,再除去氧化层和电池侧面及背面的结,得到图 6.5(b)所示的结构。

然后,制作出附着于 n 型区和 p 型区表面的金属电极。在标准工艺中,采用真空蒸发工艺来制作此电极。将待沉积的金属在真空室中加热到足够高的温度,使其熔融并蒸发,然后以直线的方式到达并凝结在真空室中较冷的部分(其中包括太阳能电池)。背电极通常覆盖整个背表面,而上电极则需要制成栅线形状。有两种工艺能有效地做出这种栅线图案的电极:一种是采用金属掩模(见图 6.6);另一种方法是在电池上表面先全部沉积金属,接着,用一种称为光刻法(Photolithography)的显影技术将不需要的部分腐蚀掉。

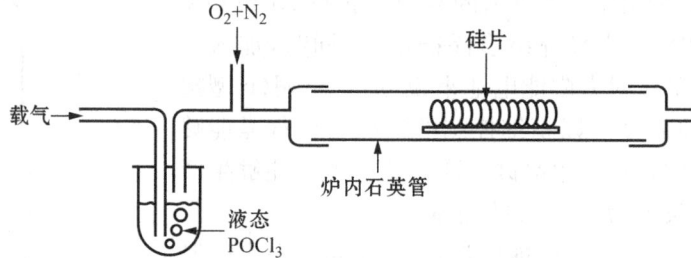

图 6.4　磷扩散技术

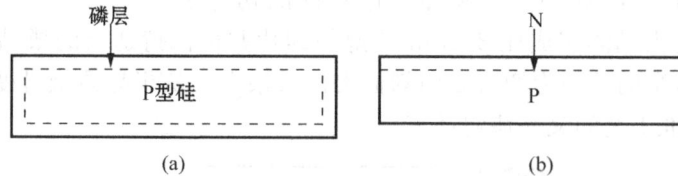

图 6.5　磷杂质分布
(a) 刚扩散之后　(b) 硅片背面和侧面被腐蚀之后

电极通常由三层金属组成。为了使电极与硅有良好的附着力,底层采用薄的钛金属,上层是银,以提供较低的电阻及较好的可焊性。夹在这两层之间的是钯层,它可以防止潮湿气氛下钛和银之间的不良反应。为得到良好附着力和低接触电阻,沉积之后,电极在 500~600℃下烧结。最后,用同样的真空蒸发工艺在电池上表面沉积一层薄的减反射(AR)膜。

从硅片开始到做成地面用太阳能电池,成品率约为 90%。每批硅片大概为 40~100 片,

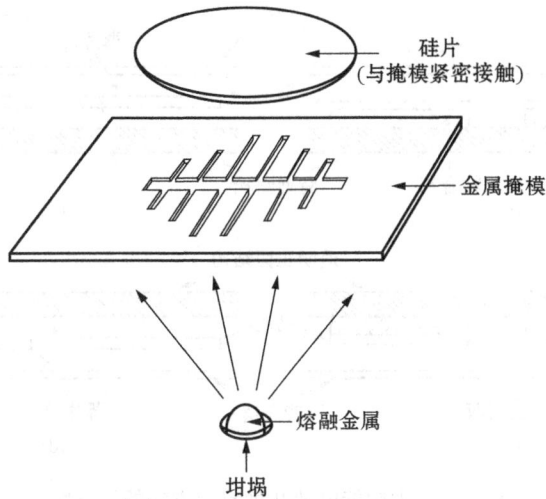

图 6.6　采用真空蒸发工艺和金属掩模来制作顶部金属栅线电极的示意图

在同一时间内进行上述工序,这使得这种生产技术非常劳力密集。此外,真空蒸发设备与其产能相比是相当昂贵的。而且,出于蒸发工艺的特点,结果只有一小部分金属被蒸发到所需要的地方。当采用像银这样的贵重材料时,这种工艺是很浪费的。

6.6　太阳能电池封装成太阳能电池组件

6.6.1　组件结构

　　太阳能电池之所以需要封装不仅仅是为了提供机械上的防护,而且也是为了提供电绝缘及一定程度的化学防护。这种封装为支持易碎的电池及易弯曲的互联条提供了机械刚性,同时也为冰雹、鸟类以及坠落或投掷到组件上的物体所可能引起的机械损伤提供了防护。封装还保护金属电极及互联条免受大气中腐蚀性元素的腐蚀。最后,封装也为电池组合板产生的电压提供电绝缘。某些系统的对地电压可以高达 1500V,封装的耐久性将决定组件的最终工作寿命,理论上,此寿命可达 20 年或更长。

　　系统封装设计必须具备的其他特性还包括:紫外(UV)稳定性;在高低极限温度及热冲击下电池不致因应力而破裂;能抵御沙尘暴所引起的擦伤;自净能力;维持电池低温以将功率损失最小化的能力;成本低廉。

　　组件的设计可以有几种不同方法。其中一个极重要的部分是提供刚性的结构层,这一层如图 6.7 中所示,该层可位于组件的背面或组件正面。电池可直接粘附在这一层上并密封在柔韧的密封胶中,或者密封在由这一层支撑的夹层中。最后一层如果在组件的背面,将起抗潮湿的作用;如果在顶部,就要具备自净特性并能增强耐冲击特性。组件边缘采用某种方式的防潮密封。

　　对于图 6.7(a)和(b)结构层在背面的密封形式来说,背面结构层最常用的材料是受过阳极化处理的铝板、陶瓷化的钢板、环氧树脂板或窗玻璃。如果这一层用硬纸板类的木材混合物可能最为便宜。对于图 6.7(c)和(d)结构层在正面的封装形式来说,选用玻璃作为结构层是

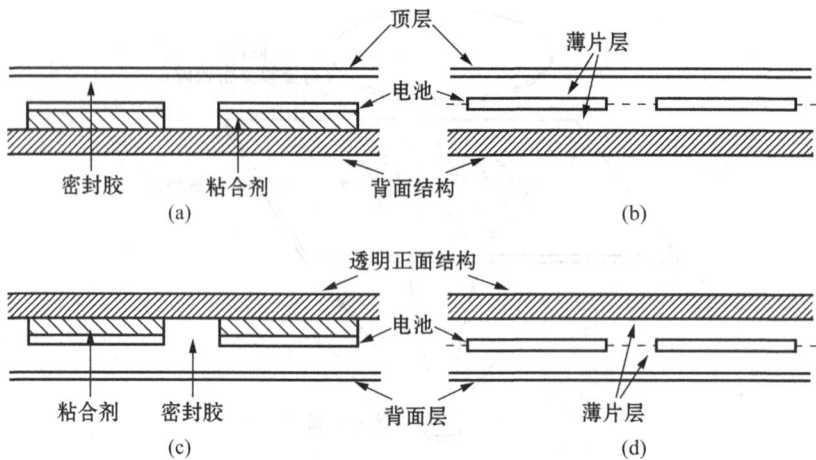

图 6.7　太阳能电池几种封装方法的示意图
(a) 结构层在背面的封装形式　(b) 结构层在背面并具有夹层的封装形式
(c) 结构层在正面的封装形式　(d) 结构层在正面并具有夹层的封装形式

比较合适的。玻璃兼有优良的耐风雨性能、成本低的优点及好的自净特性。为使光容易透过，大部分设计都采用含铁低的钢化玻璃或回火玻璃。硅树脂已广泛地用来作粘合剂和密封材料，它具有良好的紫外稳定性、较低的光吸收特性和为减少组件的热应力所需要的合适弹性。但是，这种材料很贵。在使用夹层的方法中，几个厂家已采用了聚乙烯醇缩丁醛(PVB)和乙烯/醋酸乙烯酯(EVA)来作为相应层的材料。

　　对结构层在背面的形式而言，其顶层赋予组件以自净能力，并在某些组件中起抗湿作用。这一层普遍选用低铁玻璃，也有采用聚丙烯之类的聚合物。由于某些厂家已在着重生产防潮电池，因而放松了对封装的要求。这种结构可采用软硅树脂密封和一层较硬的硅树脂覆盖层以改善自净能力。对结构层在正面的封装形式来说，为了防潮，背面层常选用聚酯树脂或聚氟乙烯。然而，所有的聚合物都或多或少有一点透湿性，为了解决这一问题，可在适当的聚合物层之间嵌入薄的铝箔或不锈钢箔。

　　如果背面层是白色的，则可以利用零深度聚光效应，在一定程度上增加组件的输出[6.4]。照射到组件中电池之间区域的一部分光被背面层散射，并且经由玻璃盖板导向组件的工作区。这就增加了组件的输出，尤其当电池的装配密度较低时效果更为显著。

　　组件设计的另一个重要项目是电池之间的互联条。出于有备无患的考量，在实践中通常采用多重互联条。这种互联条增加了组件对互联失效(由于腐蚀或疲劳)及电池损坏的承受能力。由于温度膨胀系数及扭曲负荷不同，使互联条产生周期性的应力。电池互联通常需要如图 6.8 所示的应力释放环[6.5]。

6.6.2　电池的工作温度

　　不同的组件设计，将使密封在其中的电池在相同的工作环境中具有不同的温度。由于电池性能因温度升高而变差(见 5.3 节)，所以，组件在较低温度工作时，其性能将相对有所提高。

　　与其在相同的温度下比较不同组件的性能，倒不如在不同的温度下去比较性能更合适。在每一种情况中，这个温度就是在典型的工作条件下电池所达到的温度。如果规定了一组标

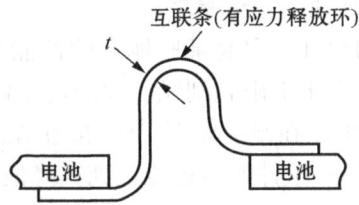

图 6.8　电池间金属互联条的应力释放环

（它用以防止热循环和扭曲负荷的周期应力引起的疲劳。为使效果最佳，互联条厚度
t 应符合文献[6.5]中所讨论的要求。）

准工作条件（日照强度、风速和风向、环境温度、电池电力负载），那么，对每种形式的组件就会有一个特定的温度，即电池额定工作温度（NOCT）。为了用非标准工作条件下的现场数据来计算这种温度，已研究出了经验方法[6.6]。

实地测量数据表明，只要风速不是过快，太阳能电池工作温度与环境温度之差大体上与入射光强成正比。根据经验，安装在露天框架上的组件，在充足的阳光照射下（$100mW/cm^2$），大多数市售组件的电池温度大约高于环境温度 30℃。因此，电池温度的近似表达式可写为

$$T_{电池}(℃) = T_{环境}(℃) + 0.3 \times 阳光强度(mW/cm^2) \tag{6.4}$$

当组件安装于屋顶时，电池的工作温度将更高。

6.6.3　组件的耐久性

因为地面环境中不存在使电池本身"报废"的机制，所以太阳能电池封装的耐久性最终将决定太阳能电池系统的工作寿命。

在实地观察到的组件损失，可以归纳为下面几类：

（1）电池由于热波动，或更直接地由于冰雹引起的过度机械应力所造成的损坏。

（2）金属化区域（电极）受腐蚀。

（3）封装中层与层之间的剥离。

（4）密封材料变色。

（5）灰尘堆积在组件的上表面。

（6）由于应力未能充分释放，引起互联条的损坏。

随着实际经验的不断积累，组件设计的不断改进，组件寿命有可能提高到 20 年以上。新组件设计的加速老化试验，通常通过使该组件受到下列几种类型的处理来进行：

（1）热循环；

（2）高湿度；

（3）长时间紫外线照射；

（4）周期性的压力负载。

这些过程通常会加速组件的损坏，其他可能要进行的鉴定试验包括：

（1）冲击实验；

（2）耐磨损试验；

（3）自净特性；

（4）柔韧性（在弯曲表面上安装的试验）。

（5）电绝缘性能（特别是在加速老化试验之后）。

虽然尘土堆积对有软表面的组件会引起某些地方的性能严重下降[6.7]，但是，对以玻璃为表面的组件这并不是主要问题。由于下雨和刮风引起的自净作用将使灰尘造成的功率损失低于10％。有文献指出，因为电池可以在漫射光下工作，即使在故意用大量的灰尘覆盖，使得仅能够识别组件中个别电池的情况下，组件输出也能达到其峰值功率的相当大百分比[6.8]。

6.6.4　组件电路设计

太阳能电池组件内电池互联电路的状况，对组件的实际性能和工作寿命具有重大的影响。

当太阳能电池互联在一起时，由于这些单体电池工作特性的失配（或称失谐），使组件的输出功率小于各个电池的最大输出功率之总和。这个差别即失配损失在电池串联时是最为显著的。

对于串联电池组件中特性最差的电池而言，较其功率损失更严重的是过热造成的损害。图 6.9 显示了串联电池组中电流输出最低的电池的输出特性，同时也显示出了其余好电池的联合输出特性。当组件短路时，组件中这两部分电池的端电压必须相等，符号相反。组件的短路电流可这样求得：如图 6.9 所示，以电流轴为对称轴，作一条曲线（好电池组的曲线）的对称线，并找出它与另一条曲线（差电池的曲线）的相交点。注意，在这种情况下，最差的电池是反向偏置的，它消耗的功率等于图中阴影面积。由图 6.9 很容易看出，在某些情况下，最差的电池会消耗掉其余串联电池产生的功率。其结果会引起最差电池局部过度升温，而这种局部高温就可能使电池的封装材料受到破坏，并导致整个组件的损坏。组件中某些电池的局部阴影或电池的碎裂也会导致类似的后果。

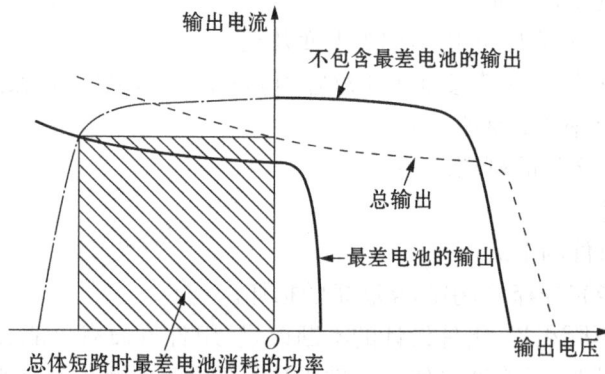

图 6.9　一个失配输出电池对串联电池组的影响
（在短路情况下，输出特性较差的电池被反向偏置，并且消耗大量的功率。串联电池组的电流输出取决于最差的电池。）

要证明串联电池组的开路电压是每个电池电压的总和并不困难。由图 6.9 也很容易看出另一个特性，即短路电流由串联电池组中输出电流最低的那个电池的电流确定。由此可见，在串联电池组中，短路电流的严重失配会引起其中较好电池的电流产生能力完全被浪费。虽然类似的失配损失在并联电池组中也有，但严重程度远不及此。

为了降低上述影响的严重性，可采取两种有效方法[6.9]。一种称为"串并联法"，另一种是

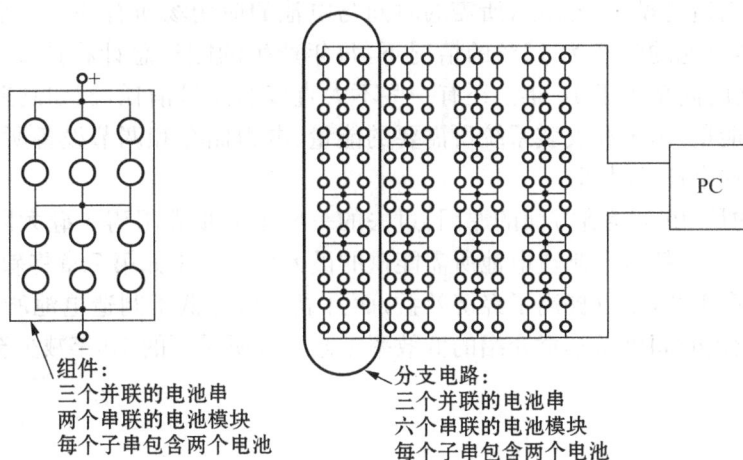

图 6.10　组件电路设计中所用的术语

(标示为 PC 的方框是功率调节器[6.9])

应用旁路二极管。图 6.10 说明了描述这种组件电路设计方法时所采用的术语。

通过增加每个组件或分路的串联模块(Series Blocks)及并联电池串(Parallel Strings)的数目,可提高组件对电池失配、电池破裂以及部分阴影的容忍度,这就是所谓串并联法。另一种方法是利用连接在组件中的一组或多组串联模块两端的旁路二极管。当串联模块处在反向偏置时,旁路二极管则成为正向偏置,这就限制了此模块中的功率损耗,并为组件或分支电路的电流提供了低阻通道。

6.7　能量收支结算

对用于大规模发电的器件来说,在其工作寿命期限内,发电的总能量应比建造、使用和维护它们所付出的能量多,这自然是很重要的。用本章所描述的由标准工艺制造的太阳能电池在这方面的状况如何呢?

从石英岩中提取冶金级硅的过程能量的利用率相当高。考虑到开采、运输和制备这些过程使用的原材料所需的能量,以及加工所需的能量,生产 1kg 冶金级硅大约需要相当于 24 kWh 电能[kWh(e)][6.1]。此能量与采用同样算法求得的提炼 1kg 铝的能量[19kWh(e)/kg]或 1kg 钛的能量[46kWh(e)/kg]大致相同。

将冶金级硅提纯为半导体级硅的西门子(Siemens)工艺成本高、效率低、耗能多,因此它将成为未来硅太阳能电池工艺改进的主要目标。按照同样的算法,半导体级硅的能量消耗是 621 kWh(e)/kg[6.1]。

为使这种纯硅变成单晶硅片,首先需要经过直拉工艺。直拉工艺所生产的圆柱形硅锭,在切片时半导体级硅得不到充分利用。硅锭加工成硅片的成材率大约是 0.4 m²/kg。成品率这样低的主要原因是切片工艺不理想。这种工艺要浪费一半的原材料,并且生产的硅片比光伏器件所需要的厚度要厚。按以上同样算法,硅片的能量消耗是 1700 kWh(e)/m²。

电池的加工和封装估计又要增加 250 kWh(e)/m²。假定从硅片到成品组件的成品率为 90%,则总的能量消耗为 2170 kWh(e)/m²(电池面积)。

　　电池要偿还制造时投入的能量,所需的时间与电池的应用场所有关。在平均每天峰值日照为 5 小时、封装电池的效率为 12% 的情况下,每年产生的能量总计将达 219 kWh(e)/m²。因此,能量的偿还时间略短于 10 年。还有一些不太直接的能量消耗,例如制造用于电池生产的机械所需要的能量、出售和安装系统所需要的能量、电力储存和调节设备所需要的能量,这些将进一步增加这个偿还时间。

　　然而,重要的是,由于经济方面的原因,过去的一些工艺步骤阻碍了硅太阳能电池的广泛使用,也正是这些工艺耗费了制造电池所需能量的最大部分。正如第 7 章将叙述的,经改进的硅太阳能电池生产工艺,不仅提高了经济效益,而且显著地降低了制造电池所需的能量,采用这种工艺,能量偿还时间可从本章介绍的低效率工艺流程所需要的 10 年减少至不到一年。

6.8　小结

　　本章叙述了标准太阳能电池制造工艺,这种工艺是为制造空间电池而研发的,起初也用于制造地面电池。本章还叙述了将电池组装成耐风雨的组件的封装设计。在标准工艺中,有几个方面是有待改进的。经改进的电池制造工艺将在第 7 章介绍。

　　用这一章所叙述的标准工艺生产的空间电池和以前的地面应用电池,所消耗的总能量与这些电池实际输出的能量相比是相当大的。而采用第 7 章的工艺改进,情况就会大幅改观。

习　　题

6.1　画出从石英岩转变为硅太阳能电池主要步骤的方块图。

6.2　已知一个由效率为 12% 的硅电池组成的太阳能电池组件。分别针对开路状态和最大功率输出这两种不同情况,估算电池在明亮阳光照射下的工作温度与环境温度之间的差别。

6.3　一个太阳能电池的开路电压为 0.55V,短路电流为 1.3A;另一个电池的开路电压为 0.6V,短路电流为 0.1A。假设两个电池均服从理想二极管定律。当这两个电池以:(a) 并联方式,(b) 串联方式连接时,试计算总的开路电压和短路电流。

6.4　假设一个太阳能电池组件由 40 个相同的电池组成,在明亮的日光下,每一只电池的开路电压为 0.6V,短路电流为 3A。在明亮的日光下,将组件短路,并且其中一个电池部分被遮住。假设电池服从理想二极管定律并忽略温度影响,试求出被遮电池中的功率损耗与电池被遮部分大小的关系。

参考文献

[6.1]　L P Hunt. Total Energy Use in the Production of Silicon Solar Cells from the Raw Material to Finished Product[C]//12th IEEE Photovoltaics Specialists Conference. Baton Rouge,1976:347-352.

[6.2]　C L Yaws, et al. Polysilicon Production:Cost Analysis of Conventional Process[J]. Solid-State Technology,1979,1:63-67.

[6.3]　H Yoo, et al. Analysis of ID Saw Slicing of Silicon for Low Cost Solar Cells[C]// 13th IEEE Photovoltaic Specialists Conference. Washington,D. C. ,1978:147-151.

[6.4]　N F Shepard，L E Sanchez. Development of Shingle-Type Solar Cell Module[C]//
13th IEEE Photovoltaic Speciaists Conference. Washington,D. C. ,1978:160-164.

[6.5]　W Carrol,E Cuddihy，M Salama. Material and Design Consideration of Encapsulants
for Photovoltaic Arrays in Terrestrial Applications[C]//12th Photovoltaic Special-
ists Conference. Baton Rouge,1976:332-339.

[6.6]　J W Stultz，L C Wen. Thermal Performance,Testing and Analysis of Photovoltaic
Modules in Natural Sunlight[R]. JPL Report No. 5101-31,1977,7.

[6.7]　E Anagnostou，A F Forestieri. Endurance Testing of First Generation(Block 1)
Commercial Solar Cell Modules[C]//13th IEEE Photovoltaic Specialists Confer-
ence. Washington,D. C. ,1978:843-846.

[6.8]　M Mack. Solar Power for Telecommunications[J]. Telecommunications Journal of
Australia 29,1979(1):20-44.

[6.9]　C Gonzlez，R Weaver. Circuit Design Considerations for Photovoltaic Modules and
Systems[C]//14th IEEE Photovoltaics Specialists Conference. San Diego, 1980,
pp. 528~535.

第7章 硅电池工艺的改进

7.1 引言

第6章中已叙述了过去生产硅太阳能电池所用的标准工艺。在从原材料石英岩转变为封装的太阳能电池的过程当中,有几道工序可谓是耗资大、耗能多。

降低成本是全世界一致努力的方向。针对第6章提到的硅电池的每一个主要制作步骤,本章将介绍一些前景较好的新技术。这些工艺大多都处在研发阶段的后期,其中有一些正通过试生产进行鉴定,而其他的已投入大批量生产。

7.2 太阳能电池级硅

从第6章中可知,目前太阳能电池使用的是为半导体工业而生产的超纯硅。然而,在晶体管和集成电路中,强调的是硅的质量,而材料价格相对来说是不甚重要的。对于太阳能电池而言,性能和成本之间的权衡是值得研究的。

在3.4.4节提到,太阳能电池中的杂质通常在禁带中引进允许能级,并具有复合中心的作用。从5.4.2节看出,复合中心浓度的增加会降低电池的效率。图7.1显示了,除了掺杂剂之外只有某一种杂质存在时,针对一系列不同金属杂质的实验结果[7.1]。虽然一些金属杂质(Ta、Mo、Nb、Zr、W、Ti和V)只要很低的浓度就能降低电池的性能,但是另一些杂质即使浓

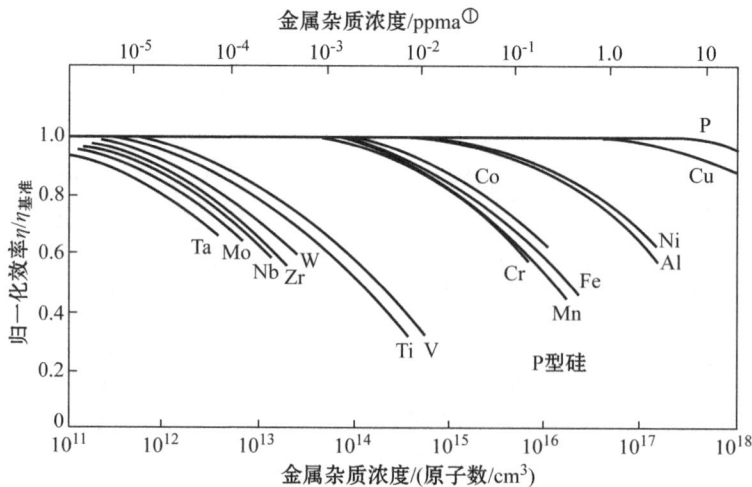

图 7.1 不同金属杂质对硅太阳能电池特性的影响[7.1]

---

① 1ppma＝10^{-6},ppma 即为按物质的量计的百万分之一。

度超过 $10^{15}/cm^3$ 仍不成问题。此浓度大约比半导体级硅(SeG-Si)的杂质浓度高 100 倍。这样就有可能选用成本较低的工艺来生产纯度稍低的太阳能电池级硅(SoG-Si),而仍旧能够制造具有足够好性能的电池。有几种替代工艺所生产的硅的质量并不明显低于 SeG-硅,而其生产成本仅为传统工艺的几分之一。

较被看好的是联合碳化物公司(Union Carbide Corporation)所研究出的一种工艺。它是由冶金级硅制备硅烷(SiH_4),接着由硅烷淀积成硅[7.2]。分析表明,这种技术所生产的硅价格为目前大量生产的硅价格的 1/5,耗能仅为 1/6。由贝特尔哥伦布(Batelle Columbus)实验室所研发的另一种工艺,目前正处于研发阶段后期,它基于以锌还原四氯化硅[7.3]。这些改进的工艺有可能取代传统西门子工艺,它们生产的硅不仅能用于太阳能电池工业,而且还能用于半导体电子工业。

7.3　硅片

7.3.1　硅片的要求

生产出纯硅之后,接着必须将结晶质量优良的硅加工成薄片以便制作太阳能电池。为了从材料得到充分的光伏输出,硅片厚度需 $100\mu m$ 左右。过去,都是用直拉(CZ)工艺形成大的单晶锭,然后把锭切成薄片。这种将大块硅加工成大面积太阳能电池的方法效率很低,不仅把硅锭切成片时损失要超过一半,而且由于切割极限,硅片比需要的要厚。同时硅片是圆的,这就意味着它们在封装成太阳能电池组件时,不能组装得很紧密,除非把硅片修整成方形或六角形。

7.3.2　铸锭工艺

直拉方法是铸锭工艺的一个例子。这种工艺的主要限制是生产的硅锭必须切割成薄片,这就带来已经提到的许多缺点。

标准直拉工艺能改进为半连续操作[7.4]以节约成木,但得到的还是圆柱形锭①,用于太阳能电池仍然不利。

生产硅锭,尤其是方形横截面硅锭的简单方法是采用类似浇铸的工艺。通常,这样得到的是对太阳能电池应用来说不甚理想的多晶硅锭。但是,通过细心控制熔化硅的凝固条件,就能形成具有大晶粒尺寸的硅。利用适当的"铸模"技术所制造出的这种大晶粒材料,能够生产出性能优良的太阳能电池[7.7]。

用一个适当的籽晶并像热交换器那样控制凝固速率[7.9],利用"浇铸"方法也有可能生产出基本上为单晶的大尺寸硅锭。用这种材料制作的太阳能电池的特性已经相当于高品质直拉材料制造的太阳能电池。研究表明,这种方法具有明显的经济效益,甚至超过经改良的直拉工艺[7.10]。

---

① 　直拉工艺可改进为制备大体上是方形横截面的锭[7.5]。

7.3.3　带状硅

如果硅能直接制成硅片或硅带,则硅锭方法带来的限制就可以避免。为达到这一目的,已研究出几种方法。

第一种已发展至商用阶段的电池材料技术是如图 7.2 所示的"定边喂膜生长"(EFG)法。这种工艺除拉出的晶体形状受石墨"模具"的限制外,与直拉工艺大体上相同,因此能够从熔硅[7.11]直接获得薄带晶体。由于可以从同一熔硅中同时拉出数条薄带,因而可获得很高的硅生产率[7.12]。

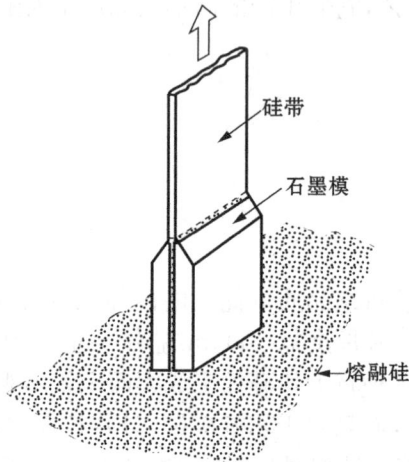

图 7.2　EFG 法生长硅带的示意图
(熔硅由于毛细作用而上升到石墨模具内。硅带形状由模具顶部的形状决定。)

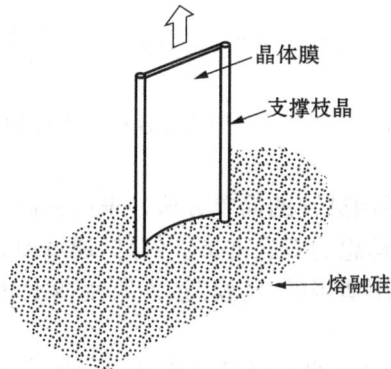

图 7.3　生产硅带的枝状蹼方法
(此方法不需要模具。硅带的形状受熔硅中的温度梯度控制。枝晶沿着硅带边缘往下首
先凝固。随着熔硅的拉出,起初的熔硅薄层被捕集在枝晶之间。)

这种工艺的主要问题是所生产材料的品质,与直拉法相比,其结晶质量较差。由于生长工艺的特性,从模具、坩埚和生长炉的环境引入的杂质会掺入到生长的硅带中(在其他晶体生长工艺中,大多数杂质都会从正在生长的硅晶体中被排除到熔硅中)。此外,熔硅也会与石墨模具发生反应,生成碳化硅并沉淀在硅带中,此碳化硅会中断硅带的生长并降低后续制造的电池性能。

图 7.3 所示的枝状蹼(Dendritic Web)方法克服了上述的一些缺点。通过控制温度梯度,

图 7.4　EFC 和枝状蹼硅带晶体的外观比较
(制成电池后,枝晶被去除。带状硅照片由日本太阳能公司和美国西屋研究实验室提供。)

可能促使平行枝晶生长进入熔硅。当这些枝晶从熔硅中拉出时,熔硅薄膜便会被夹在枝晶间[7.13],随后硅膜凝固成与厚的枝晶连结在一起的薄硅带。在硅带上制成电池以后,这些枝晶可以被去除并回收利用。此法无须使用模具,因此可以得到如直拉法般优良的材料特性。这种工艺的主要缺点是硅晶材料的生产速率比较低。

在图 7.4 中,比较了用 EFG 法和枝状蹼工艺生产的小硅带样品。注意,表面起皱是由 EFG 工艺所生产的材料的特征,而枝状蹼材料则有如抛光的镜面。另外几种硅带生长工艺正处在研制阶段。以硅带生产速率非常高而出名的一种方法是

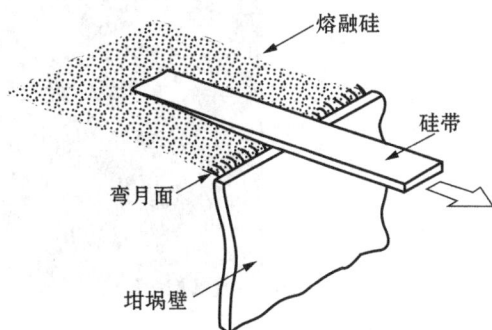

图 7.5　水平或低角度生长硅带法
(硅带的生产速率非常高,
但硅带尺寸的控制一直是一个问题。)

如图 7.5 所示的水平或低角度生长法。这种方法的主要问题是硅带尺寸的控制[7.14]。直接浇铸成硅片或硅带的方法也一直在探索之中[7.7,7.15]。

7.4　电池的制造和互联

正如第 6 章所述,在硅片上制造太阳能电池标准工艺的缺点是:它是一种适合于"小批量生产"的工艺,因此,它仅适用于生产量较低的场合;同时在材料的利用方面也很浪费,尤其是用来形成电极的金属材料。现在大量生产时所应用的一些方法已经克服了这些限制,而且附加的效益是得到了较高性能的电池。

一个主要进展是绒面硅片的应用。通过选择性腐蚀,可以在硅片表面上形成微小的金字塔形[7.17]。这些金字塔在扫描电镜下高倍放大后的外观如 7.6 所示。照射到金字塔侧面的光会被向下反射,这就使反射光得到进入电池的第二次机会。由于减反射膜的应用,反射损失可以降低到仅有几个百分点。如第 8 章所介绍,这种工艺甚至在没有减反射膜的情况下,也可以造就令人满意的电池性能。

前述的标准工艺中,p-n 结是通过向硅片中扩散杂质的方法分批制成的。有一个成本更为低廉的方法,是在硅片表面喷涂含有所需掺杂剂的物质,并借助传送带连续地扩散杂质[7.18]。另一种方法是采用离子注入的工艺[7.19]。掺杂剂的离子被加速到很高的速度并撞击硅片表面,这些离子嵌入硅片中接近被轰击表面的地方。随后进行的退火工序消除了由此工艺引起的硅晶格损伤,而从电子学意义上来讲,退火工序"激活"了掺杂剂。施加由电子束或激光产生的能量脉冲是有效的退火方法。图 7.7 所示为一个以离子注入为基础,适用于大批量生产太阳能电池的工艺流程。

图 7.6　在扫描电镜下绒面电池表面的外观
(高 10μm 的峰是方形底面金字塔的塔顶。这些金字塔的侧面是硅晶体结构中相互交错的(111)面。)

通过在电池背面制作低表面复合速度的接触,可使太阳能电池的性能进一步改进。如第 5 章所述,这不仅提高了电池的开路电压,同时在一定程度上增加了电流输出。利用称为"背面场"或"背电场"(Back Surface Field, BSF)的工艺,可以在电池背面获得较低的有效复合速度。如图 7.8 所示,在电池背电极处建立一个重掺杂区,从理论上可以证明,重掺杂区和较轻

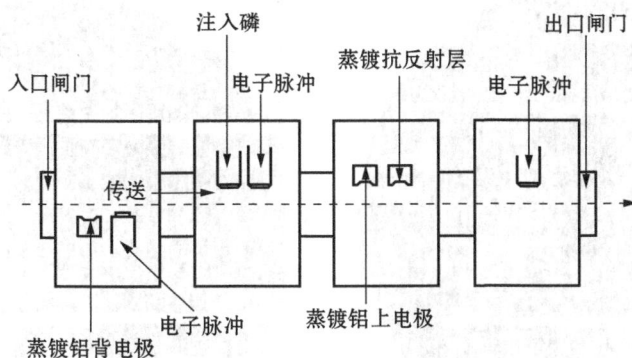

图 7.7　生产太阳能电池的连续真空工艺流程图

（该流程采用离子注入制结、蒸镀金属电极和脉冲电子束退火等技术[7.12]。）

掺杂体区之间的界面能够起到低复合速度表面的作用。这种工艺不仅如上面提到的那样增加了电压和电流输出，而且还能使背面电极的接触电阻大为降低。实际上，制造"背面场"最有效的工艺是在电池背面丝网印刷一层铝浆，然后在接下来的烧结工序中，铝进入硅而形成合金[7.18]。

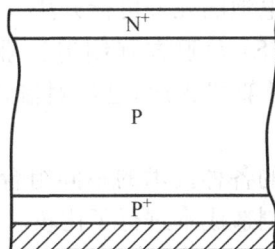

图 7.8　N^+PP^+ 太阳能电池示意图

（电池背面的重掺杂 P^+ 型区阻挡了少数载流子的流动，使 PP^+ 结面成为一个有效的低复合速度区域。）

金属化（Metallization），即制作金属电极，是第 6 章所述的标准太阳能电池工艺流程中的薄弱环节之一。大批量生产电池时应用的两种低成本工艺是丝网印刷和电镀。这两种工艺减少了金属的消耗量，并避免了对昂贵的真空设备的要求。在前一种工艺中，含有金属的浆料通过一个掩模印刷到硅片上，而后烧结以去除浆料中的"黏结剂"、降低金属的电阻率。虽然镍、铝和铜浆可能是低成本的替代物，但最早被大量应用的是银浆。在电镀工艺中，将电池表面的绝缘层腐蚀出图案，然后通过这个图案电镀出所需的金属层。通常是几种金属连续电镀，因为很少有一种金属可以同时具有对硅的优良黏附、防腐、低电阻率和低成本的特性。这种工艺的最后一步可以"浸焊锡"，即用一层防腐且串联电阻低的焊锡层覆盖住电镀的金属层。图 7.9 比较了具有浸焊锡上电极和丝网印刷上电极两种电池的外貌。

喷涂似乎是作减反射膜的最廉价方法，虽然有绒面时可以不需要这一层。用于制作电池互联以及封装太阳能电池组件的自动化机器已经研发完成了[7.21]。

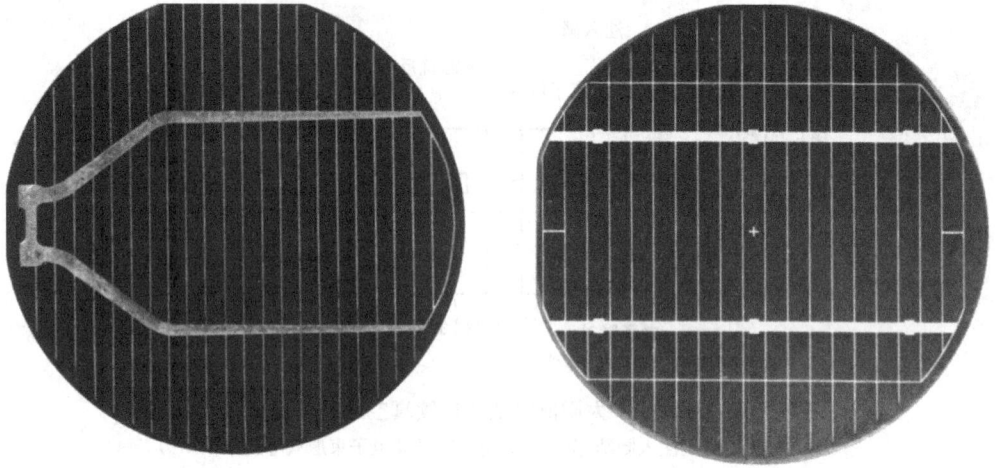

图 7.9　直径 10cm 的太阳能电池,分别采用浸焊锡(左)和丝网印刷(右)
技术进行顶层金属化之后的外观

7.5　候选工厂的分析

在前几节中略述了生产太阳能电池的几种可行方法。为了给这些方法在经济上进行比较时提供共同依据,一种称为 SAMICS(太阳方阵制造工业成本估算标准)的预算法已经问世[7.22]。利用根据这种方法设计的计算机程序,已经对制造太阳能电池组件所需的各种工序进行了最有效的成本估算。

一些大型工厂已经在本章所述的各种技术的不同组合下设计完成,并且已利用 SAMICS 方法对所生产的太阳能电池组件的制造成本进行了比较。其结果是这些工艺的几种组合具备生产低成本太阳能电池组件的能力。这样的成本,使它们在第 14 章中所述的一些大规模应用中,成为具有竞争力的发电设备。EFG 和枝状蹼生长硅带的工艺及 HEM(热交换方法)和随后的切片工艺都是可行的硅片工艺。与这些工艺相比,经改良的直拉法稍显落后[7.10]。

作为一个例子,下面将叙述最早用 SAMICS 方法分析的一个能够生产低成本硅太阳能电池组件的自动化工厂的情况[7.23]。这个工厂生产的产品如图 7.10 所示,是由 192 个电池组成的一个 1.2m×1.2m 的组件。电池的基本材料是被切割成 10cm×7.5cm 大小的 EFG 硅带。

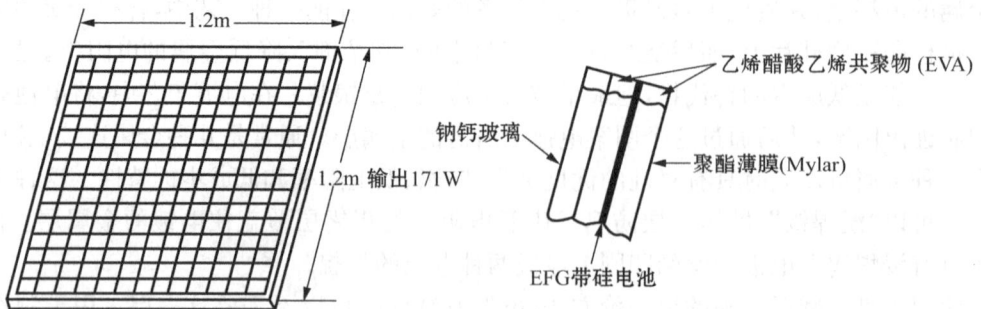

图 7.10　候选工厂生产的太阳能电池组件[7.23]

组件效率是 11.4%。

用来生产该组件的工艺流程如图 7.11 所示。采用联合碳化物公司(Union Carbide)的工艺提纯冶金级硅,然后将冶金级硅用 EFG 法制成硅带并切割成所需的尺寸。在硅片上制作电池的主要步骤包括:制作有背面场的背表面、绒面腐蚀、离子注入制结、脉冲退火以及丝网印刷电极。然后,将电池封装并测试。

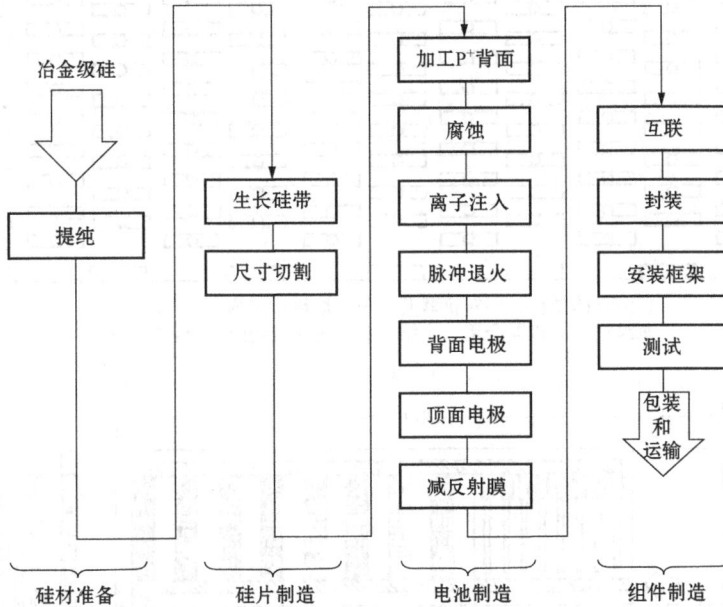

图 7.11　用来生产图 7.10 组件的工艺流程图[7.19]

为获得上面提到的低成本,产量预计必须为 250MW$_p$/年。制造组件的各工序所需的劳力和所需要的面积如图 7.12 所示。只要电池组件工作 65 天,就可偿还制造电池组件各个工序所消耗的能量。

生产率/(W/年)	250 000 000
劳动力 (轮班总合)	1 152 直接
	529 间接
工厂面积/m^2	
硅的提纯	3 790
硅带生长	1 816
电池制造	2 900
组件制造	948
仓库	908
杂项(通道、工作间、餐厅等)	1 940
设备投资/$	
硅的提纯	19 400 000*
硅带生长	14 820 000
电池和组件制造	8 219 000
*联合碳化物公司	
能量偿还时间(硅片,电池和组件)	0.179年

图 7.12　电池年产量为 250MW$_p$ 的工厂所需的场地、
劳力和资金(1975 年,美元)的计算结果
[用相同的货币单位计算得出的组件销售价格(工厂交货价)为 $0.46/W$_p$[7.23]。]

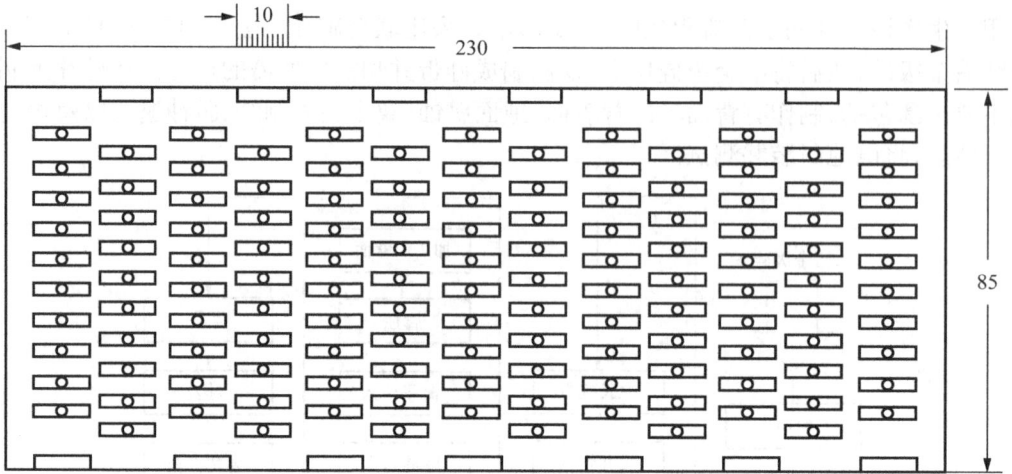

130对5硅带机，每对机器共享一个熔料补充器
每纵列10对机器合用一个维护台，每对机器配备一名操作员

(a)

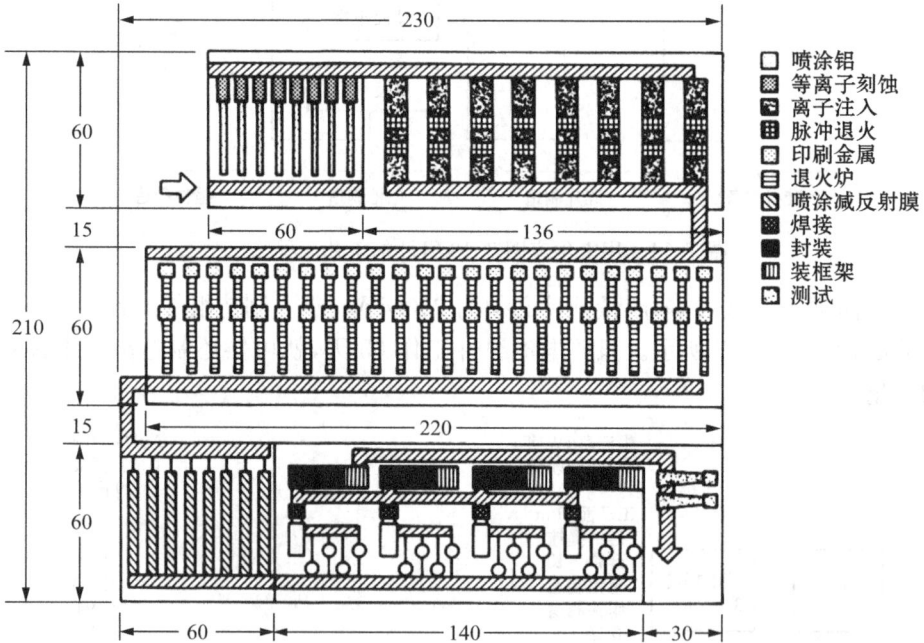

□ 喷涂铝
▨ 等离子刻蚀
▤ 离子注入
▦ 脉冲退火
▨ 印刷金属
▤ 退火炉
▨ 喷涂减反射膜
▨ 焊接
■ 封装
▥ 装框架
▨ 测试

(b)

图 7.13

(a) 候选工厂的带状晶体拉晶机布置图，用 EFG 法每个拉晶机同时生产
5 条硅带（尺寸单位为英尺，1 英尺 = 0.3048 米）

(b) 该工厂电池的加工、封装和测试区域的具体布置图[7.12]

　　为了使读者对年产量为 250MW_p 的候选工厂内不同部门的规模和具体布局有一个大致上的了解，图 7.13(a) 显示了该工厂硅片制造车间的一个可能的布置图。图 7.13(b) 则是电池制造、封装和测试区域的布置图。

7.6　小结

几种生产低成本硅太阳能电池组件的先进工艺已经研发完成,它们克服了第 6 章所述的标准生产工艺的缺点。

直接生长硅带的方法可以免去切片工序,而切片是任何硅锭工艺的薄弱环节。由硅片制造太阳能电池在工艺上的主要要求是:高度自动化,并且这些工艺不过度地浪费材料。有几种工艺流程满足了这些条件。对采用先进加工工序的候选工厂进行经济分析,结果显示生产低价格的硅太阳能电池组件是有可能的,这样的价格使它们有可能与传统电力竞争,至少在某些大规模应用的情况下是这样。第 9 章将探讨一种对光伏材料用量需求较少的薄膜技术。因此,与本章所述的以晶体硅为基础制造的硅电池组件相比,从长远的观点来看,薄膜硅电池组件的成本将会更加低廉。

习　　题

7.1　在硅晶体中硅原子的体积密度大约是 $5 \times 10^{28} \, \mathrm{m}^{-3}$。问:根据图 7.1,在电池性能降低不超过 10% 的条件下,标准太阳能电池中下列几种杂质的允许含量分别为十亿分之几?(a)Mo;(b)Ti;(c)Cu。

7.2　(a) 采用具有先进硅锭切割工艺的生产装置,近期内(译注:1982 年左右)预期能达到的最佳水平是切得 $250 \, \mu\mathrm{m}$ 厚的硅片,切割或切口损失为 $150 \, \mu\mathrm{m}$。用这一工艺,假定切割时的材料损失不能回收,那么从每千克初始硅材料获得的硅片的最大面积是多少?

　　(b) 对于生产厚度为 $100 \, \mu\mathrm{m}$ 硅带的工艺而言,相应的面积又是多少?

　　(c) 如果用上述方法生产的材料所制造的电池能量转换效率分别为 16% 和 12%,分别求出在晴朗的阳光下($1 \, \mathrm{kW/m^2}$),前面两种工艺的最大单位质量发电功率(表示为 $\mathrm{W_p/kg}$)。

　　(d) 如果按目前冶金硅的产量(每年十万吨)生产纯硅,分别求按前面两种工艺制造的太阳能电池的一年最大可能的发电量是多少?

7.3　计算由圆形电池组合成矩形组件所能够获得的最大组装密度(电池面积/组件面积)。

参考文献

[7.1]　J R Davis, et al. Characterization of Effects of Metallic Impurities on Silicon Solar Cell Performance[C] // 13th IEEE Photovoltaic Specialists Conference. Washington, D. C. , 1978：490-496.

[7.2]　C L Yaws, et al. New Technologies for Solar Energy Silicon：Cost Analysis of UCC Silane Process[J]. Solar Energy,1979,22：547-553.

[7.3]　C L Yaws, et al. New Technologies for Solar Energy Silicon：Cost Analysis of BCL Process[J]. Solar Energy,1980,24：359-365.

[7.4]　G F Fiegl, A C Bonora. Low Cost Monocrystalline Silicon Sheet Fabrication for Solar Cells by Advanced Ingot Technology[C] // 14th IEEE photovoltaic Specialists

Conference. San Diego，1980：303-308.

[7. 5]   A H Kachare，et al. Performance of Silicon Solar Cells Fabricated From Multiple Czochralski Ingots Grown by Using a Single Crucible[C]//14th IEEE Photovoltaic Specialist Conference. San Diego，1980：327-331.

[7. 6]   J C Posa. Motorola Pulls Square Ingots[J]. Electronics，1979,11：43.

[7. 7]   H Fischer，Pschunder. Low Cost Solar Cells Based on Large Area Unconventional Silicon[C]//12th IEEE Photovoltaic Specilists Conference. Baton Rouge，1976：86~92.

[7. 8]   J Lindmayer，Z C Putney. Semicrystalline versus Single Crystal Silicon[C]//14th IEEE Photovoltaic Specialists Conference. San Diego，1980：208-213.

[7. 9]   C P Khattak，F Schimid. Low-Cost Conversion of Polycryzarstalline Silicon into sheet by HEM and Fast[C]//14th IEEE Photovoltaic Specialists Conference，San Diego，1980：484-487.

[7. 10]   R W Aster. PV Module Cost Analysis[R]//LSA Project Progress Report 13 for Period April 1979 to August 1979，DOE/JPL-1012-29,3：385-395.

[7. 11]   K V Ravi。The Growth of EFG Silicon Ribbons[J]. Journal of Crystal Growth，1977,39：1-16.

[7. 12]   J P Kalejs，et al. Progress in the Growth of Wide Silicon Ribbons by the EFG Technique at High Speed Using Multiple Growth Stations[C]//14th IEEE Photovoltaic Specialists Conference. San Diego，1980：13-18.

[7. 13]   R G Seidensticker. Dendritic Web Silicon for Solar Cell Application[J]. Journal of Crystal Growth 1977：39：17-22.

[7. 14]   T Koyanagi. Sunshine Project R and D Underway in Japan[C]//12th IEEE Phtotovoltaic Specialists Conference. Baton Rouge，1976：627-633.

[7. 15]   D N Jewett，H E Bates. Low Angle Crystal Growth of Silicon Ribbon[C]//14th IEEE Photovoltaic Specialists Conference. San Diego，1980：1404-1405.

[7. 16]   D J Rowcliffe，R W Bartlett. Vacuum Die Casting of Si Sheet[R]//LSA Progress Report 13 for Period April 1979 to August 1979，DOE/JPL-1012-39，3：152-154.

[7. 17]   S R Chitre. A High Volume Cost Efficient Production Macrostructuring Process [C]//13th IEEE Photovoltaic Specialists Conference. Washington，D. C. ，1978：152-154.

[7. 18]   N Mardesich，et al. A Low-Cost Photovoltaic Cell Process Based on Thick Film Techniques[C]//14th IEEE Photovoltaic Specialists Conference. San Diego，1980：943-947.

[7. 19]   A Kirkpatrick，et al. Silicon Solar Cells by Ion Implantation and Pulsed Energy Processing[C]//12th IEEE Photovoltaic Specialists Conference. Baton Rouge，1976：299-302.

[7. 20]   A kirkpatrick. Low-Cost Ion Implantation and Annealing Technology for Solar Cells[C]//14th IEEE Photovoltaic Specialists Conference，San Diego. 1980：

820-824.

[7.21]　H Somberg. Automtated Solar Panel Assembly Line，report prepared for Jet Propulsion Laboratory[R]. DOE/JPL/955278-1，April 1979，and aubsequent reports.

[7.22]　R G Chamberlain. Product Pricing in the Solar Array Manufacturing Industry：An Executive Summary of SAMICS[C]∥13th IEEE Photovoltaic Specialists Conference. Washington，D. C. ，1978：904-907.

[7.23]　J V Goldsmith，D B Bickler. LSA Project-Technology Development Update，report to U. S. Department of Energy by Jet Propulsion Laboratory[R]. DOE/JPL-1012-7，August 1978.

[7.24]　D B Bickler. A Preliminary "Test Case"Manufacturing Sequence for 50^c/Watt Solar Photovoltaic Modules in 1986[C]∥Proceedings of Second E. C. Photovoltaic Solar Energy Conference. Utrecht：D. Reidel Publishing Co. ，1979：835-842.

第8章 硅太阳能电池的设计

8.1 引言

在前几章中叙述了制造硅太阳能电池的标准工艺和改进工艺。本章将讨论硅太阳能电池的设计细节。例如,在结两边的最佳掺杂浓度各是多少? 结的最佳位置在什么地方? 电池上电极的最好形状是什么? 怎样才能使电池的光学损失最小? 对于这些问题,在本章都可以获得解答。

虽然这些问题的答案是专门为硅电池提出的,但是这些考量同样适用于将在第10章进行讨论的由其他材料制成的电池。

8.2 主要考量

8.2.1 光生载流子的收集几率

收集几率是一个与空间有关的参数,它可以定义为一个光生少数载流子对太阳能电池短路电流作出贡献的几率。此几率是电池内产生载流子的位置的函数。下面将看出,这个参数是决定太阳能电池物理设计的关键。

为了求出收集几率,将分析在图 8.1(a)中表示的理想化情况。假定在整个电池中,光生电子-空穴对只产生在一个平面上。在对称性允许进行"一维"分析的情况下,产生率与通过电池的距离之间的关系是一个脉冲函数,如图 8.1(b)所示。

分析的目的是为了求出在 x_1 点产生的电子中对电池短路电流有贡献部分的比率。分析过程中不会出现非线性,而且根据叠加原理,此结论也适用于更接近实际情况的载流子产生过程。这个分析与 4.6 节的分析非常相似。

在图 8.1(b)的区域 1 中,除了正好在区域边缘的 x_1 点外,各处的产生率均为零。因此,剩余载流子 Δn 必须满足类似于方程(4.25)的微分方程:

$$\frac{\mathrm{d}^2 \Delta n}{\mathrm{d}x^2} = \frac{\Delta n}{L_e^2} \tag{8.1}$$

式中 L_e 是扩散长度。如前所述,通解为

$$\Delta n = A\mathrm{e}^{x/L_e} + B\mathrm{e}^{-x/L_e} \tag{8.2}$$

常数 A 和 B 由边界条件确定。在短路情况下,$x = 0$ 处的过剩电子浓度为零,因为它的值由结电压决定。因此 $A = -B$,于是

$$\Delta n = A(\mathrm{e}^{x/L_e} - \mathrm{e}^{-x/L_e}) = 2A\sinh\left(\frac{x}{L_e}\right) \tag{8.3}$$

同样在图 8.1(b)的区域 2 中,有

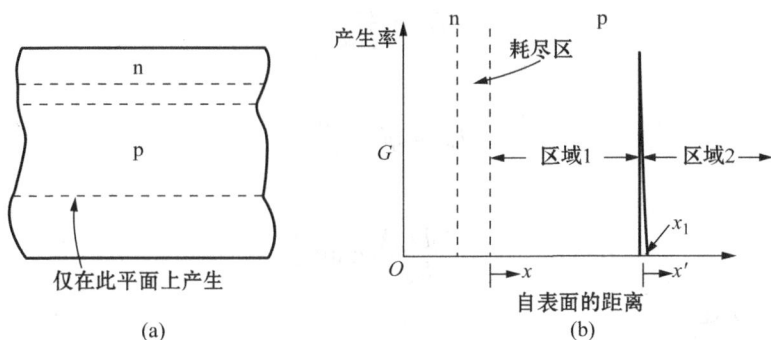

图 8.1　用于计算收集几率的理想化载流子产生情况

（在 x_1 点产生的载流子中对电池短路电流有贡献的部分，其所占比率的表达式已在正文中给出。）

$$\Delta n = Ce^{x'/L_e} + De^{-x'/L_e}$$

其中 x' 坐标的原点为 x_1。在这种情况下，当 x' 增大时，过剩少数载流子的浓度必须是有限值。因此，$C=0$，于是

$$\Delta n = De^{-x'/L_e} \tag{8.4}$$

在 x_1 处，因为电子的浓度是连续的，所以由方程（8.3）和（8.4）得出的两个解必然完全相等。因此，得到

$$D = 2A\sinh\left(\frac{x_1}{L_e}\right) \tag{8.5}$$

因为只有在 x_1 处才产生光生载流子，所以在器件的 n 型区，载流子产生率处处为零。同样地，当电池短路时，在耗尽区边缘的剩余空穴浓度 Δp 也是零。由此得出在整个 n 型区 Δp 都为零。所得到的电子和空穴的分布如图 8.2(a)所示。因为在均匀掺杂的准中性区中，少数载流子的流动以扩散方式为主（见 4.5 节），所以只要对上述分布求导数，便可以很容易地计算出少数载流子的流量。其结果如图 8.2(b)所示。

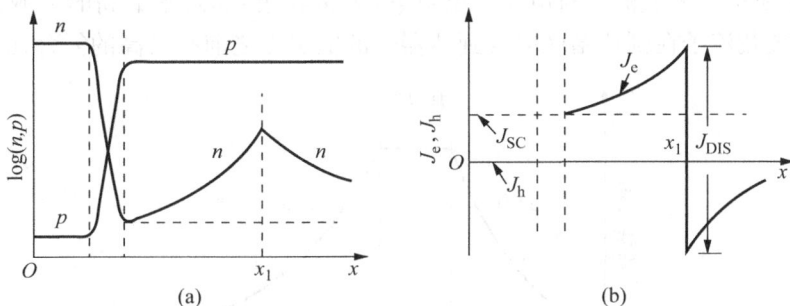

图 8.2

(a) 在图 8.1 的载流子产生情况下，整个太阳能电池中的载流子分布

(b) 相应的少数载流子电流的分布

在 x_1 点电子电流密度的不连续性是由于载流子是在这点产生的。电流密度突变（J_{DIS}）的大小等于电子的电荷乘以这点的产生率。假定耗尽区两侧载流子电流的变化极小（如前面的 4.6.2 节和 5.4.3 节讨论的），则器件的总载流子电流密度等于在 $x=0$ 处电子电流的密度。收集几率 f_c 等于载流子在外电路中的流速与其产生率的比。因此

$$f_c = \frac{J_{SC}}{J_{DIS}} \tag{8.6}$$

然而,在 p 型区

$$J_e = qD_e \frac{\mathrm{d}n}{\mathrm{d}x} \tag{8.7}$$

因此,在区域 1

$$J_e = \frac{2qD_eA}{L_e}\cosh\left(\frac{x_1}{L_e}\right) \tag{8.8}$$

从而得出:在 $x = 0$ 处

$$J_{SC} = \frac{2qD_eA}{L_e} \tag{8.9}$$

J_{DIS} 能够通过突变点两边的两个电流(J_{e-}^5 和 J_{e+}^5)表达式求出:

$$J_{e^-} = \frac{2qD_eA}{L_e}\cosh\left(\frac{x_1}{L_e}\right) \tag{8.10}$$

$$J_{e^+} = \frac{-qD_eD}{L_e} = \frac{-2qD_eA}{L_e}\sinh\left(\frac{x_1}{L_e}\right) \tag{8.11}$$

其中式(8.11)可由式(8.5)和(8.7)导出。因此

$$J_{DIS} = J_{e^-} - J_{e^+} = \frac{2qD_eA}{L_e}e^{x_1/L_e} \tag{8.12}$$

由此得出

$$\boxed{f_c = e^{-x_1/L_e}} \tag{8.13}$$

收集几率随着载流子产生点离结的耗尽区边缘的距离增加而呈指数的减小。特征衰减长度正好等于少数载流子的扩散长度。因为上述的分析是线性的,所以无论整个器件的载流子产生率的分布如何,这个结论都是正确的。收集几率与深入太阳能电池距离的关系曲线如图 8.3 所示。如前面(见 4.7 节)所假设的,电池的耗尽区和位于其附近的一个少数载流子扩散长度之内的区域,是所产生的载流子对电流作出贡献(即被收集)的几率最高的区域。在这些区域以外产生的少数载流子在到达结区以及到达器件的输出端之前有极高的复合几率。

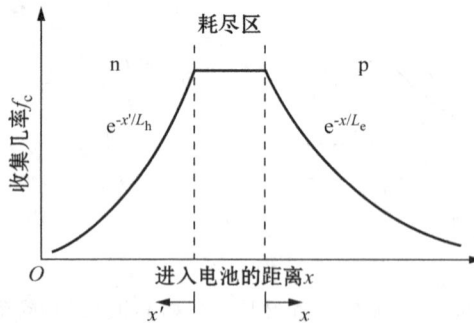

图 8.3　计算得出的光生少数载流子的收集几率与
太阳能电池中载流子产生点的关系图

　　上述分析包含有如下假定,即 n 型区和 p 型区的厚度要远大于扩散长度。因此,对于如图 8.4 所示的尺寸有限的实际电池,其收集几率则需要进行修正。例如,如果器件的 p 型一侧表

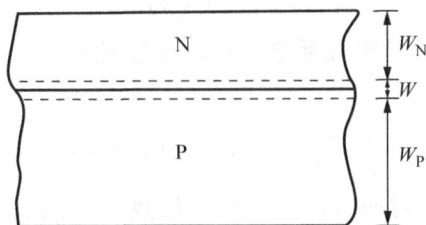

图 8.4　有限大小电池的重要尺寸参数

面具有高复合速度,那么对应于式(8.13)的表达式为

$$f_{c} = \frac{\sinh[(W_{P}-x)/L_{e}]}{\sinh(W_{P}/L_{e})} \tag{8.14}$$

如果具有低复合速度,则

$$f_{c} = \frac{\cosh[(W_{P}-x)/L_{e}]}{\cosh(W_{P}/L_{e})} \tag{8.15}$$

以上两式在 $W_{P} \gg L_{e}$ 的情况下近似于式(8.13)。

8.2.2　结深

　　暴露的表面,例如在太阳能电池上电极栅线之间的表面,通常具有高复合速度。欧姆接触的金属电极和半导体之间的界面一般也是高复合速度区。在 7.4 节已证明,产生低复合速度界面的一种有效的方法就是利用背面场(Back Surface Field)(即在同种掺杂区中,在高掺杂材料和低掺杂材料之间形成一个结)。

　　考虑上述情况和式(8.14)、(8.15),光生载流子的收集几率与距 p-n 结太阳能电池表面距离的关系曲线如图 8.5(a)所示。该曲线具有两个重要的特征。其一是背面场提高了靠近背电极处的光生载流子的收集几率,因此增大了电池的短路电流。其二是在靠近太阳能电池上表面处的光生载流子的收集几率一般是低的。

　　当考虑阳光照射下半导体中载流子的实际产生率时,可以发现,最高的产生率恰好发生在半导体表面。对于单色光,产生率可由下式求出:

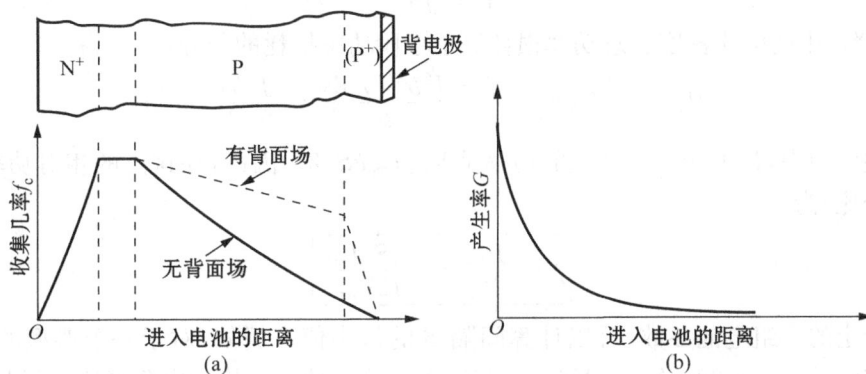

图 8.5

(a) 有背面场和没有背面场两种情况下尺寸有限的电池收集几率

(b) 在阳光照射下电子-空穴对的产生率与进入电池距离的关系曲线

$$G = (1-R)\alpha N e^{-\alpha x} \qquad (8.16)$$

其中，x 是离开表面的距离；α 是吸收系数；N 是入射光通量；R 是反射率。在阳光下，产生率为

$$G(x) = \int_0^{\lambda_{\max}} [1-R(\lambda)]\alpha(\lambda)N'(\lambda)e^{-\alpha(\lambda)x}d\lambda \qquad (8.17)$$

其中 $N'(\lambda)$ 为每单位波长的入射通量。上述加权指数的近似形状如图 8.5(b)所示。产生率在靠近表面处达到最大值，而这里的收集几率却恰好很低。显然，如果结尽可能靠近表面，则这个不利因素可被减至最小。

8.2.3　顶层的横向电阻

在电池体内，电流的方向一般是垂直于电池表面的，如图 8.6(a)所示。为了由电池表面的栅状电极引出电流，电流就必须横向流过电池材料的顶层。对于均匀掺杂的 n 型层，其电阻率可由下式（见 2.14 节）得出：

$$\rho = \frac{1}{q\mu_e N_D} \qquad (8.18)$$

更适合于描述这一层的横向电阻的量称为"薄层电阻"（或"方块电阻"）ρ_s，它等于电阻率除以该层的厚度 t，即

$$\rho_s = \frac{1}{q\mu_e N_D t} \qquad (8.19)$$

对于非均匀掺杂层、乘积 $\mu_e N_D t$ 由积分式 $\int_0^t \mu_e(x)N_D(x)dx$ 代替。薄层电阻的量纲为欧姆，但通常表示为 $\Omega/\square$。

薄层电阻确定了上电极栅线之间的间隔。参照图 8.6(b)，由横向电流引起的电阻性功率损耗是很容易计算的。在 dy 这一小段中的功率损耗由下式求出：

$$dP = I^2 dR \qquad (8.20)$$

其中，dR 等于 $\rho_s dy/b$；而 I 为横向电流，在均匀光照下，两条栅线正中间的 I 值为零，并且向两侧线性地增加，在栅线处达到它的最大值。因此，

$$I = Jby \qquad (8.21)$$

其中，J 为器件中的电流密度。总功率损耗等于小段功率损耗的积分：

$$P_{\text{loss}} = \int I^2 dR = \int_0^{S/2} \frac{J^2 b^2 y^2 \rho_s dy}{b} = \frac{J^2 b \rho_s S^3}{24} \qquad (8.22)$$

在上述区域中，最大功率点产生的功率是 $V_{\text{mp}} J_{\text{mp}} b S/2$。因此，在这点的相对功率损耗（功率损耗百分比）为

$$\boxed{p = \frac{P_{\text{loss}}}{P_{\text{mp}}} = \frac{\rho_s S^2 J_{\text{mp}}}{12 V_{\text{mp}}}} \qquad (8.23)$$

对于给定的一组电池参数，可以计算间隔 S 的最小值。例如，对于一个典型的市售硅电池，$\rho_s = 40\ \Omega/\square$，$J_{\text{mp}} = 30\text{mA/cm}^2$，$V_{\text{mp}} = 450\text{mV}$。为了使由于横向电阻影响而引起的功率损耗小于 4%，要求

$$S^2 < \frac{12 p V_{\text{mp}}}{\rho_s J_{\text{mp}}}$$

即

$$S < \left(\frac{12 \times 0.04 \times 0.45}{40 \times 0.03}\right)^{1/2} \text{cm} < 4\text{mm} \tag{8.24}$$

这与市售硅电池的栅线间隔是一致的。薄层电阻较小的电池,栅线间隔较大;而薄层电阻较大的电池,栅线间隔较小。根据式(8.19),实际上决定薄层电阻的主要因素是结深。事实上,用于制造栅线图案的技术分辨率决定了电池表面以下结深的下限。为了使该层的薄层电阻最小,应根据实际情况,尽可能地提高掺杂浓度。

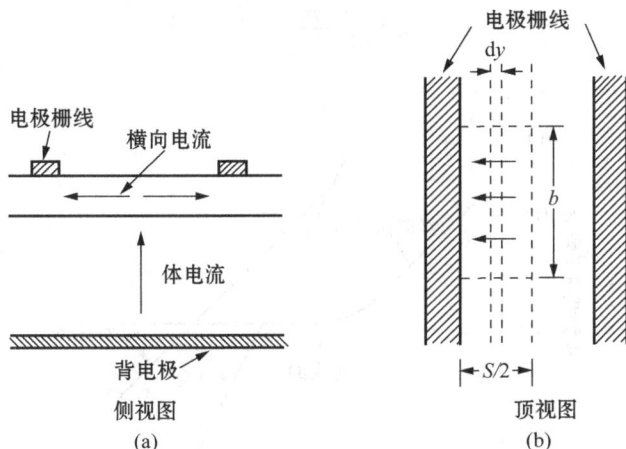

图 8.6

(a) 在 p-n 结太阳能电池不同区域中电流流动的方向

(b) 计算由顶层横向电阻引起的功率损耗所采用的图

8.3　衬底的掺杂

在通过熔融材料制备衬底(Substrate)的过程中,材料会被均匀地掺杂。现在讨论掺杂浓度的要求。

结深一旦确定,要获得最大的 I_{sc},关键的参数是衬底材料的扩散长度。扩散长度主要由这一区域的少数载流子的寿命确定:$L_e = \sqrt{D_e \tau_e}$。在 3.4 节已探讨了三种不同的复合机制,这些机制决定了少数载流子的寿命。在所有这三种情况下,一般趋势是寿命随着掺杂浓度的增加而缩短,这一点在图 8.7 中可以看出,图中表示出它们的依赖关系和由三种不同复合过程决定的寿命值,关于由陷阱引起的复合,寿命随掺杂而变化的理想表达式可由式(3.22)得出,其形式如下:

$$\tau_{nT} = \tau_{n0}\left(1 + \frac{m_1}{N_A}\right) \tag{8.25}$$

式中,m_1 近似于参数 p_1 和 $\tau_{p0}n_1/\tau_{n0}$ 中较大者。它的值与复合过程中占主导作用的陷阱能级有关,或许还与陷阱的俘获截面有关。对于俄歇复合,在高掺杂浓度时,其近似表达式是(见 3.4.3 节)

$$\tau_{nA} = \frac{1}{DN_A^2} \tag{8.26}$$

而对于辐射复合(见 3.4.2 节),则是

$$\tau_{nR} = \frac{1}{2BN_A} \tag{8.27}$$

净复合率(译注：与之有关的载流子寿命)可由下式得到

$$\frac{1}{\tau_n} = \frac{1}{\tau_{nT}} + \frac{1}{\tau_{nA}} + \frac{1}{\tau_{nR}} \tag{8.28}$$

根据以上讨论可以得出这样的结论，即增加 N_A 往往会使 I_{sc} 减小。关于开路电压，二极管饱和电流密度的简单表达式由方程(4.37)给出：

$$I_0 = qA\left(\frac{D_e n_i^2}{L_e N_A} + \frac{D_h n_i^2}{L_h N_D}\right) \tag{8.29}$$

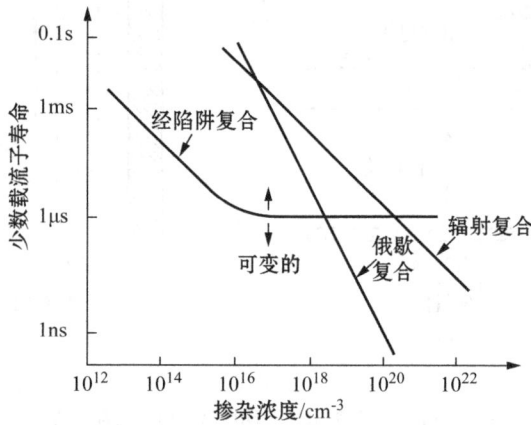

图 8.7 在硅衬底材料中，由三种不同复合过程决定的少数载流子寿命与掺杂浓度的依赖关系及相应寿命值

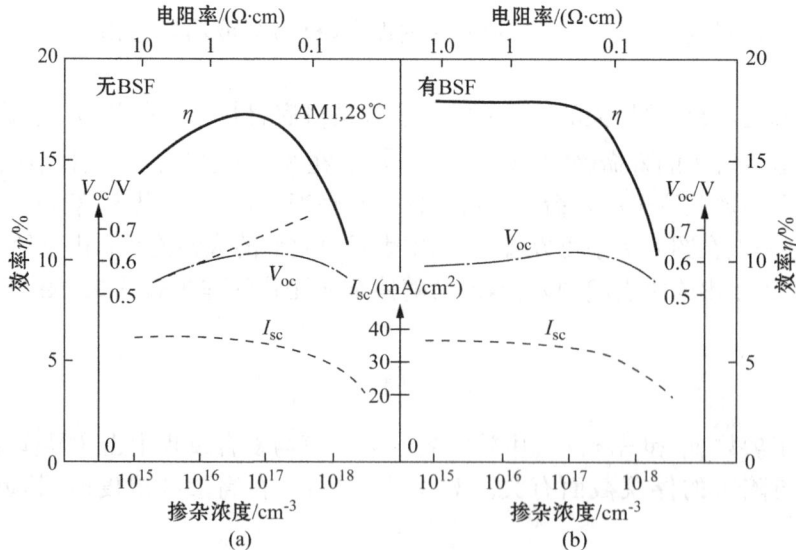

图 8.8 从高性能的实验电池得到的太阳能电池的关键参数对 p 型掺杂浓度的依赖关系
(a) 无背面场(BSF)的 (b) 有背面场(BSF)的

I_0 越小则 V_{oc} 越大,因此为了获得最大的开路电压而使 N_A 和 N_D 尽可能大似乎是合理的。对于 p 型衬底,为了减小薄层电阻,应使 n 型扩散区中的掺杂(N_D)尽可能高。因此,正如在 8.6 节进一步讨论的,方程(8.29)中的第二个分式变得相当的小。这就可以得出以下结论,即 V_{oc} 往往随 N_A 的增加而增加。

因为 I_{sc} 和 V_{oc} 两者对于 N_A 的依赖关系方向相反,因此为了得到最大的能量转换效率,存在一个最佳的衬底掺杂浓度。这与在图 8.8(a)中显示出的实验结果是一致的。图中所示的结果,显现出在不同掺杂浓度的衬底上制作的高性能实验电池的关键特性。

8.4　背面场

前面已经提到,靠近背面电极的高掺杂区会增加短路电流和开路电压。如图 8.5 中所指出的,短路电流的增加是由于提高了背电极附近的收集效率。由于减小了饱和电流,因此提高了开路电压(见 4.9 节)。存在这种背面场(BSF)的情况下,由 p 型衬底贡献的饱和电流具有如下形式:

$$I_{0p} = \frac{qD_e n_i^2}{L_e N_A}\tanh\left(\frac{W_P}{L_e}\right)$$ (8.30)

当 p 型层的厚度比扩散长度小得多时($W_P \ll L_e$),这个式子简化为

$$I_{0p} = \frac{qn_i^2 W_P}{\tau_e N_A}$$ (8.31)

从图 8.7 中可看出,随着 N_A 减小 τ_e 增加,这意味着在较高电阻率的情况下,V_{oc} 将与电阻率无关。这一点与无背面场的情况不同。假若衬底的串联电阻不成问题的话[①],则最大效率将发生在杂质浓度较低的情况下。这一点,可以从图 8.8(b)看出,此图表示出有背面场时与图 8.8(a)相对应的结果。

8.5　顶层的限制

8.5.1　死层

在 8.3 节曾指出,针对电池上表面的高有效复合速度已有一个最佳的设计,在这个设计中,使电池上部扩散层的厚度在能获得适当薄层电阻的前提下尽可能的薄。在 20 世纪 60 年代为空间技术应用而研制的电池中,在表面下的典型结深大约是 0.5 μm。为了保持低的薄层电阻,必须使尽可能多的磷掺杂剂扩散进这个厚度里。如此一来,便产生了一些不希望出现的副作用。

根据简单的理论分析[8.2]可以预测:从基本是无限的磷源,通过高温扩散作用进入到硅体内的磷的分布为高斯分布。图 8.9(a)是在固定的扩散温度下,经过不同的扩散时间后,测得

---

① 在高电阻率的情况下,电池工作时少数载流子的浓度可能与多数载流子的浓度相当。这不仅使串联电阻的计算复杂化,而且导致用于建立这一节中表达式的分析无效。在式(8.31)所指的简单情况下,暗电流的表达式为[8.1]:$I = \frac{qn_i W_P}{(\tau_e + \tau_h)}(e^{qV/(2kT)} - 1)$

的电活性磷的典型分布图。图中清楚地显示了电活性磷的数量上限。这个上限等于在此扩散温度下,磷在硅内的固溶度。超过这个界限的磷将会结合到富磷的析出物中去。但在如此磷过量的区域里,少数载流子的寿命显著地减少。

在太阳能电池中,磷过量的区域总是在接近电池表面的地方,这就可能在靠近表面处产生一个"死层"(Dead Layer)。在死层区域由于少数载流子的寿命非常短,因此光生载流子收集的机会非常少。对应于这种情况的收集几率如图 8.9(b)所示。当清楚地认识到这个问题时[8.3],研究人员为了制造一种叫做"紫电池"的高效能电池,在电池设计上作出了重大的改进。为了清除死层,使用很浅的结(~0.2 μm),同时将表面磷的掺杂浓度保持在固溶度之下。这样就增加了扩散层的薄层电阻,因此必须使用密集得多的上电极栅线。

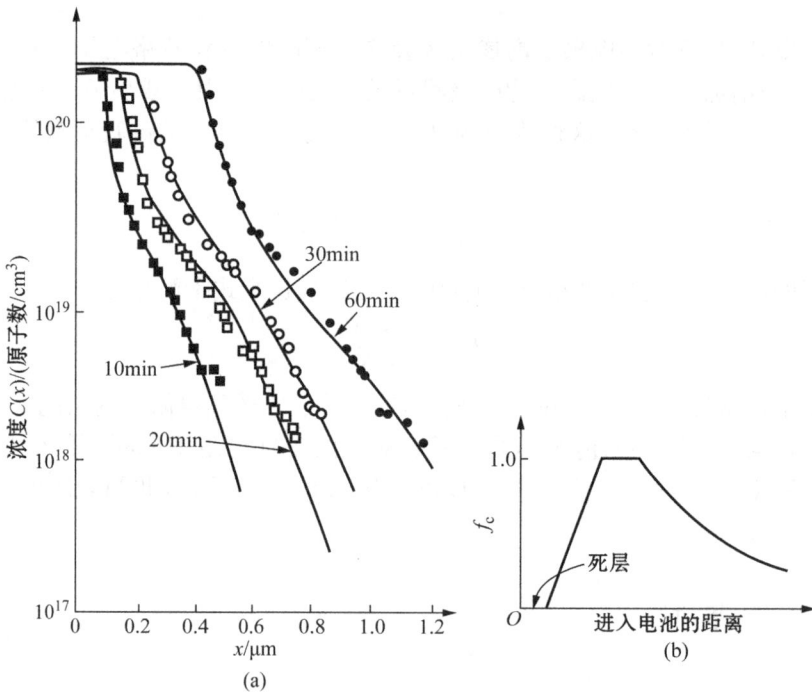

图 8.9
(a) 在固定的扩散温度下经过不同的扩散时间引进的电活性磷的分布图
(根据 Tsai J C, Proceedings of the IEEE 1969,57:1499)
(b) 用扩散法制得的具有死层的电池,其收集几率与进入电池距离的关系曲线

8.5.2　高掺杂效应

基于几个原因,一般认为在电池顶部的重掺杂区,少数载流子的寿命较低。由图 8.7 可见,俄歇复合会导致这个区域中具有较低的最大寿命值。此外,高温扩散过程可能在晶格结构中产生析出物和缺陷,这将增加通过陷阱能级进行复合的复合中心数量。这样就会使寿命减小到俄歇极限以下。

重掺杂区的另一个重要影响是有效地使半导体的禁带宽度变窄[8.4]。这将主要影响本征浓度 n_i 的有效值。

8.5.3 对饱和电流密度的影响

8.3 节和 8.4 节讨论了体区性质对太阳能电池饱和电流 I_0 所产生的影响。重掺杂的顶层对饱和电流有很大的影响。

我们可以就"顶层应该具有何种特性才能使这个影响减至最小"发表一些一般性的看法。例如,在此区域及其表面的复合必须保持最小。然而,由于在重掺杂区里不得不考虑的多重影响,从理论上计算如何将这一点以最佳的方式予以实现并非易事。实验证明,对于用扩散法制作的硅电池,顶层对饱和电流密度的最小贡献在 $1\sim3\times10^{-12}\,\mathrm{A/cm^2}$ 范围内。通过离子注入技术制作的顶层似乎能获得稍低的值[8.5]。

无论怎样选择衬底的特性以使它对饱和电流密度的影响最小,顶层的影响都会对前述的硅电池所能得到的最大开路电压造成一个上限。这个极限在标准测试条件下是 600mV 到 630mV。这个限制的影响可从图 8.8(a)和(b)看出。它导致衬底材料的光伏潜力不能得到充分利用。在第 9 章中将叙述其他一些电池设计,这些设计能够克服这种限制。

8.6 上电极的设计

电池设计的一个重要方面是上电极金属栅线的设计。当单体电池的尺寸增加时,这方面就变得愈加重要了。图 8.10 显示了几种在地面用电池中,已采用的上电极设计方法。

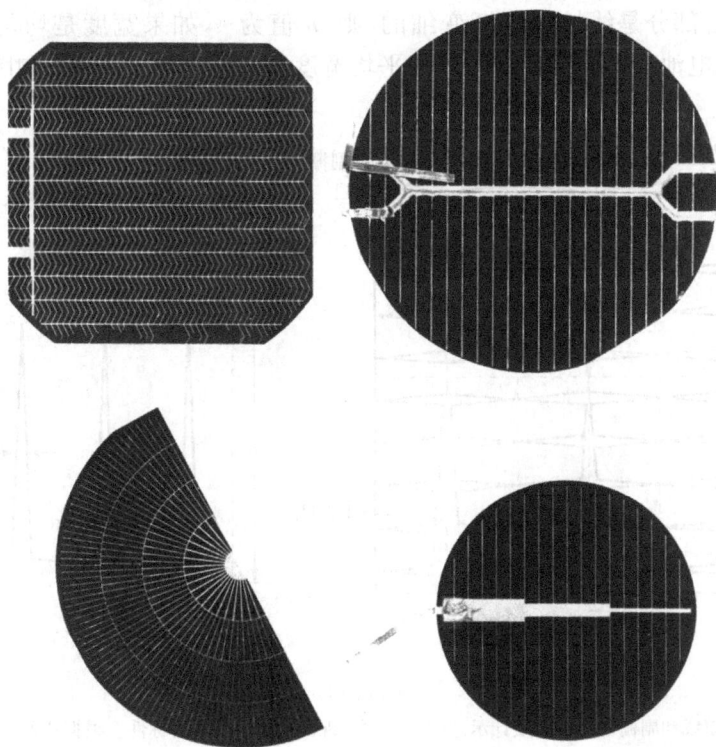

图 8.10 几种硅太阳能电池产品
(图中显示出几种不同电池的上电极设计方法)

与上电极有关的功率损失机制共有以下几种。由电池顶部扩散层的横向电流所引起的损耗前面已经讨论过;此外,还有各金属线的串联电阻以及这些金属线与半导体之间的接触电阻引起的损耗;最后,还有由于电池被这些金属栅线遮蔽所引起的损失。

本节将考虑正方形或长方形电池的电极设计。并联的方法可以用于一般形状的电池。对于普通的的电极设计,如图 8.11(a)所示,金属电极由两部分构成:主栅线(Busbar)是直接连接到电池外部导线的较粗部分;副栅线(Fingers)则是为了收集电流并向主栅线传送的较细部分。如图 8.10 所示,在某些电池设计中可能有不止一级的栅线。副栅线和主栅线既有等宽度的,也有线性地逐渐变细(锥形)的和宽度呈阶梯形变化的。

如图 8.11(a)所示的对称布置的上电极可以分解成许多个如图 8.11(b)所示的单元电池(Unit Cell)。这种单元电池的最大输出功率可由 $ABJ_{mp}V_{mp}$ 得到,式中 AB 为单元电池的面积,J_{mp} 和 V_{mp} 分别为最大功率点的电流密度和电压。副栅线和主栅线电阻的功率损失可以用 8.2.3 节中计算电池顶层功率损失的积分方法计算。通过对单元电池最大功率输出进行归一化,得到副栅线和主栅线的电阻功率损失比率分别为

$$p_{rf} = \frac{1}{m}B^2\rho_{smf}\frac{J_{mp}}{V_{mp}}\frac{S}{W_F} \tag{8.32}$$

$$p_{rb} = \frac{1}{m}A^2B\rho_{smb}\frac{J_{mp}}{V_{mp}}\frac{1}{W_B} \tag{8.33}$$

ρ_{smf} 和 ρ_{smb} 分别是电极副栅线和主栅线的金属层薄层电阻。在某些情况下,这两种电阻是相等的;而在另一些情况下,如浸过锡的电池,在较宽的主栅线上又覆盖了一层较厚的锡,ρ_{smb} 就比较小。如果电极各部分是线性地逐渐变细的,则 m 值为 4,如果宽度是均匀的则 m 值为 3。W_F 和 W_B 是单元电池上副栅线和主栅线的平均宽度,S 是副栅线的线距,如图 8.11(b)所示。

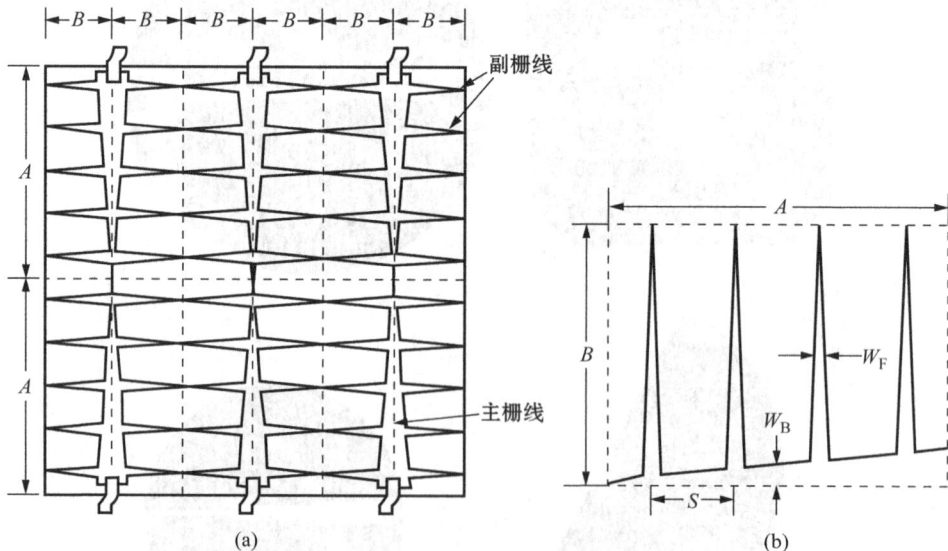

图 8.11

(a) 主栅线和副栅线上电极设计示意图,(图中表现出这个设计的对称性。根据这种对称性,可以分解为 12 个相同的单元电池。)

(b) 典型单元电池的重要尺寸

由于副栅线和主栅线的遮光而引起的功率损失比率是

$$p_{sf} = \frac{W_F}{S} \tag{8.34}$$

$$p_{sb} = \frac{W_B}{B} \tag{8.35}$$

忽略直接由半导体到主栅线的电流,接触电阻损耗仅仅是由于副栅线所引起。由这个效应引起的功率损失比率一般可以近似为

$$p_{cf} = \rho_c \frac{J_{mp}}{V_{mp}} \frac{S}{W_F} \tag{8.36}$$

其中,ρ_c 是接触电阻率。对于硅电池来说,在一标准日照(1-sun)下工作时,接触电阻造成的损失一般不是主要问题。剩下的损失是由于在电池顶层横向电流引起的损失,其归一化形式由方程(8.23)给出:

$$p_{tl} = \frac{\rho_s}{12} \frac{J_{mp}}{V_{mp}} S^2 \tag{8.37}$$

其中,ρ_s 是这一层的薄层电阻。

主栅线的最佳尺寸可以通过将式(8.33)和(8.35)相加,然后对 W_B 求导得出[8.6]。结果是当主栅线的电阻损耗等于其遮蔽损失时,其尺寸为最佳值。此时,

$$W_B = AB \sqrt{\frac{\rho_{smb}}{m} \frac{J_{mp}}{V_{mp}}} \tag{8.38}$$

同时,这部分功率损失比率的最小值由下式得出:

$$(p_{rb} + p_{sb})_{min} = 2A \sqrt{\frac{\rho_{smb}}{m} \frac{J_{mp}}{V_{mp}}} \tag{8.39}$$

这表明用逐渐变细(锥形)的主栅线($m = 4$)代替等宽度的主栅线($m = 3$)时,功率损失大约降低 13%。

最低一级[①]金属副栅线的设计更为复杂,因为这个设计也决定了电池顶层横向电流的损耗和电池中接触电阻的损耗。从数学角度而言,当栅线的间距变得非常小以致横向电流损耗可以忽略不计时,出现最佳值。于是,最佳值由下面条件给出:

$$S \to 0 \tag{8.40}$$

$$\frac{W_F}{S} = B \sqrt{\frac{\rho_{smf} + \rho_c m/B^2}{m} \frac{J_{mp}}{V_{mp}}} \tag{8.41}$$

$$(p_{rf} + p_{cf} + p_{sf} + p_{tl})_{min} = 2B \sqrt{\frac{\rho_{smf} + \rho_c m/B^2}{m} \frac{J_{mp}}{V_{mp}}} \tag{8.42}$$

然而,在实践中很难得到这个最佳性能。先前讨论的制作上电极的各项工艺,若要实现如此小的 W_F 以及 S,在实际生产环境中均难以保持可接受的成品率。

在这种情况下,可通过简单的迭代法实现最佳副栅线的设计。若把副栅线宽 W_F 取作某一由工艺水平限制的最小值,则对应于这个最小值的 S,其最佳值能够用渐近法求出。对某个试验值 S',可计算出相应的各部分功率损失,P_{rf}、P_{cf}、P_{sf} 和 P_{tl}。然后可由下式求出一个更接

---

① 如果有一级以上的金属副栅线,则较高一级的副栅线的最佳尺寸可以通过将其看作是较低一级的主栅线来求出。注意,在这种情况下,每一级的金属线都有各自不同的单元电池。

近最佳值的 S''[①]:

$$S'' = \frac{S'(3p_{sf} - p_{rf} - p_{cf})}{2(p_{sf} + p_{tl})} \tag{8.43}$$

　　这个过程将很快收敛到对应于最佳值的一个固定值上。为了求出最佳值的初试值,首先应注意到由式(8.41)计算得到的 S 值是一个过高的估计值。用此值的一半作初试值就会得出一个稳定的迭代结果。

　　某个特定电极设计的总特征一旦确定,用上述方法就可以确定主栅线和副栅线的最佳尺寸。除了考虑最佳化的上电极设计外,还要考虑到诸如电极间的互联是否容易实现自动化生产等要求。根据经验,单元电池越小,上电极损失越小。冗余接触(Redundant Contacts)方案不仅改善了组件的可靠性,而且由于减少了单元电池的尺寸而减少了上电极的损失。如果主栅线的薄层电阻小于副栅线的薄层电阻,只要接触电阻影响不大,最好采用本书序言之前的图所示的较长主栅线和较短副栅线的设计方案。在这种情况下,主栅线的电流承载部分是金属互联条,它延伸到电池的整个长度。在矩形电池的情况下,除了上面讨论过的由正交直线组成的电极以外,其他的电极方案也值得考虑。例如,图 8.12 所示的辐射状电极方案也能令矩形电池产生非常低的总损失。

　　应该提到,这一节所叙述的关系式是建立在一些近似基础上的[8.8]。这些近似涉及以下几点:归一化的功率损失的大小;欧姆电压降;电流的方向(特别是在副栅线和主栅线相交处附近)。还应该注意到,对不同形状的电池,线性变细(锥形)的主栅线或副栅线未必是最佳形状[8.9]。这些次要的影响在某些场合,例如在对电极设计要求尤为严格的聚光电池中,也可能成为要着重检验的地方。

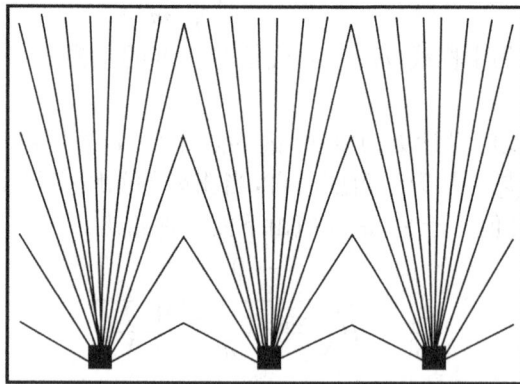

图 8.12　一个矩形电池的辐射状金属电极方案

例题

　　设计一个 $10cm \times 10cm$ 的硅太阳能电池的上电极。在这个电池的最大功率点,电压为 $450mV$,电流密度大约为 $30mA/cm^2$。其扩散层的电阻是 $40\Omega/\square$。

---

　　①　这个式子可以由功率损失表达式($p_{rf} + p_{cf} + p_{sf} + p_{tl}$)对 S 求导得出。对于最佳的 S 值,其导数必须等于零。于是,最佳的 S 值可利用牛顿迭代法[8.7]求非线性方程的根得出。

规定每个电池必须有两个互联点。金属电极的制备方法是先镀电极后浸锡,副栅线宽定为 $150\mu m$。金属化层的薄层电阻主要由锡层决定,锡的体电阻率是 $15\mu\Omega\cdot cm$。锡在副栅线上的平均厚度是 $42\mu m$,在较宽的主栅线上是 $80\mu m$。副栅线和半导体之间的接触电阻率是 $370\mu\Omega\cdot cm^2$。

解:

以本节所用的符号表示,已知条件为

$$J_{mp} = 0.03\text{A/cm}^2 \qquad\qquad V_{mp} = 0.45\text{ V}$$

$$\rho_s = 40\Omega/\square \qquad\qquad \rho_c = 370\ \mu\Omega/\text{cm}^2$$

$$\text{锡层的薄层电阻} = \frac{\text{体点阻率}}{\text{层厚}}$$

因此,$\rho_{smf} = 0.00357\Omega/\square$ \qquad\qquad $\rho_{smb} = 0.00188\ \Omega/\square$

因为 $\rho_{smb} < \rho_{smf}$,最好选择长主栅线、短副栅线的电极设计方案。适合于每个电池两个互联点的一种电极设计方案如图 8.13 所示。这种结构可分解成四个单元电池,每个单元电池的 $A = 10\text{cm}$, $B = 2.5\text{cm}$。

其主栅线的最佳尺寸可以由式(8.38)计算出,采用逐渐变细的主栅线($m = 4$),每个单电电池的主栅线的最佳宽度是

$$W_B = 10 \times 2.5\sqrt{\left(\frac{0.00188 \times 0.03}{4 \times 0.45}\right)} = 0.14(\text{cm})$$

因为实际的主栅线位于两个单元电池里,所以主栅线的平均宽度是这个值的两倍。因此,主栅线从 0.56 cm 的最大宽度逐渐收缩到可能实现的最小值。由式(8.39)可得出主栅线对应的功率损失为

$$p_{rb} + p_{sb} = 0.112$$

副栅线宽度选定为 $150\ \mu m$($W_F = 0.015\text{cm}$),假定这是由于工艺水平所限,使副栅线不能制作得更细。由于这个限制,等宽度的副栅线($m = 3$)不会低于最佳情况太多。最佳的副栅线间距 S 必须用迭代法求出。初试值等于式(8.41)得出的值除以 2,如此可得:

$$S = 0.3286\text{ cm} \qquad P_{rf} = 0.0109 \qquad P_{cf} = 0.0005$$
$$P_{sf} = 0.0456 \qquad P_{tl} = 0.0240$$

将这些值代入式(8.43),得到修正后的试验解:

$$S = 0.2962\text{ cm} \qquad P_{rf} = 0.0098 \qquad P_{cf} = 0.0005$$
$$P_{sf} = 0.0506 \qquad P_{tl} = 0.0195$$

继续这一迭代过程,得出:

$$S = 0.2991\text{ cm} \qquad P_{rf} = 0.0099 \qquad P_{cf} = 0.0005$$
$$P_{sf} = 0.0502 \qquad P_{tl} = 0.0199$$

进一步的迭代将不再改变 S 的值,这表明已得到了一个最佳值。由于副栅线和顶层电阻引起的功率损失比率为 0.080(译注:将以上四项功率损失比率相加可得 0.0805),于是在这个电池里因为这样的电极设计而引起的总功率损失是电池固有输出的 19.2%(译注:将 0.080 与主栅线的功率损失 0.112 相加可得)。完整的电极设计方案在图(8.13)中详细说明。

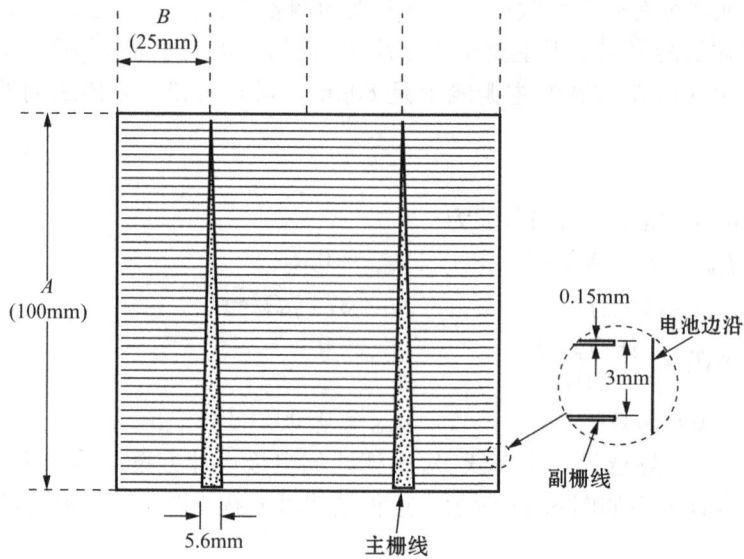

图 8.13   例题中所选择的电极设计方案

(遮盖损失共 10.6%，电池的扩散层与电极的电阻损失共 8.6%。)

8.7   光学设计

8.7.1   减反射膜

图 8.14 说明了四分之一波长减反射膜的原理(译注：减反射膜亦可简称为减反膜)。被第二个界面反射的光在返回第一个界面时，与被第一个界面反射的光之间的相位相差 $180°$，所以前者在一定程度上抵消了后者。

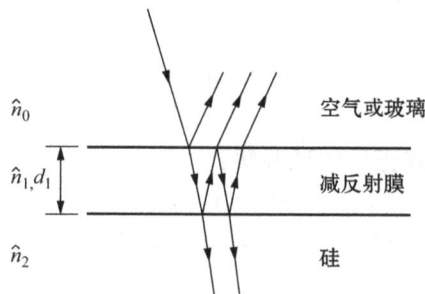

图 8.14   由四分之一波长减反射膜产生的干涉效应

在垂直入射光束中，从覆盖了一层厚度为 d_1 的透明层材料表面反射的能量所占比例的表达式是[8.11]

$$R = \frac{r_1^2 + r_2^2 + 2r_1 r_2 \cos 2\theta}{1 + r_1^2 r_2^2 + 2r_1 r_2 \cos 2\theta} \tag{8.44}$$

其中，r_1 和 r_2 由下式得出：

$$r_1 = \frac{n_0 - n_1}{n_0 + n_1}, \quad r_2 = \frac{n_1 - n_2}{n_1 + n_2} \tag{8.45}$$

式中，n_i 代表不同层的折射率。θ 由下式给出（译注：λ_0 是真空中某一波长）：

$$\theta = \frac{2\pi n_1 d_1}{\lambda_0} \tag{8.46}$$

当 $n_1 d_1 = \lambda_0 / 4$ 时，反射率有最小值：

$$R_{\min} = \left(\frac{n_1^2 - n_0 n_2}{n_1^2 + n_0 n_2} \right)^2 \tag{8.47}$$

如果减反射膜的折射率是其两侧材料折射率的几何平均值（$n_1^2 = n_0 \cdot n_2$），则反射率为零（译注：仅对波长 λ_0 而言）。对于在空气中的硅电池（$n_{si} \approx 3.8$），减反射膜的最佳折射率是硅折射率的平方根（即 $n_{opt} \approx 1.9$）。图 8.15 的曲线表示出在硅表面覆盖有最佳折射率减反射膜的情况下，从硅表面反射的入射光百分比与波长的关系。该减反射膜的设计使得在波长为 600nm 处产生最小的反射。被覆有减反膜的硅表面反射的可用阳光的比例，其加权平均值可保持在约 10%。相反的，裸露的硅表面对可用阳光的反射率则可能超过 30%。

电池通常封装在玻璃之下或嵌在折射率（$n_0 \approx 1.5$）与玻璃相类似的材料之中。这使减反射膜折射率的最佳值增加到大约 2.3。覆盖有折射率为 2.3 的减反射膜的电池在封装前和封装后对光的反射情况也表示在图 8.15 中。市售的太阳能电池中使用的一些减反射膜材料的折射率列于表 8.1 中。除了有合适的折射率外，减反射膜材料还必须是透明的。减反射膜常沉积为非结晶或无定形的薄层，以防止在晶界处的光散射问题。用真空蒸发方法形成的减反

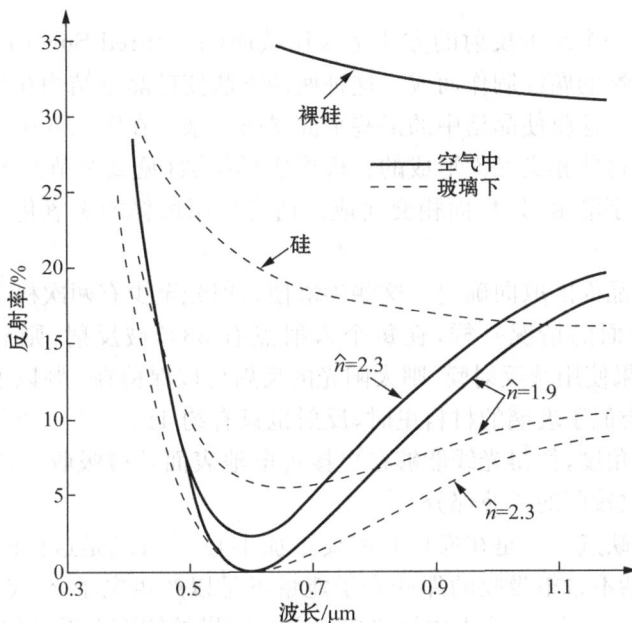

图 8.15　从裸露的硅表面和从覆盖有折射率为 1.9 和 2.3 的减反射膜的
硅表面反射的垂直入射光百分比与波长的关系
（选取减反射膜的厚度，使得在波长 600nm 处产生最小的反射。
虚线表示将硅封装在玻璃或有类似折射率的材料之下的结果。）

射层一般会在紫外波长区产生吸收。然而，对所沉积的金属薄层采用氧化或阳极化之类工艺所制作的减反射膜或用化学沉积工艺制作的减反射膜往往有"玻璃"(Vitreous)结构(小范围有序的非晶结构)，会减少紫外吸收[8.12]。

利用不同减反射材料制作的多层膜能够改善性能。这种多层膜的设计更为复杂，但能够在较宽的波段上减少反射[8.12]。至少，有一家制造厂在高效电池上利用了两层减反射膜，结果使可用太阳光的反射率降至4%。

表8.1　制作单层或多层减反射膜所用材料的折射系数

材　料	折　射　系　数
MgF_2	1.3～1.4
SiO_2	1.4～1.5
Al_2O_3	1.8～1.9
SiO	1.8～1.9
Si_3N_4	～1.9
TiO_2	～2.3
Ta_2O_5	2.1～2.3
ZnS	2.3～2.4

8.7.2　绒面

以前提到过的另一个减少反射的方法是采用绒面(Textured Surface)。这种绒面是对硅表面采用一种有选择性的腐蚀制作而成。这种腐蚀方法使硅晶格结构在某一个方向的腐蚀比另一个方向的快得多。这就使晶格中的某些平面暴露出来。在图7.6中那些外貌类似金字塔的一个个小锥体是由这些相交晶面形成的。根据密勒指数(见2.2节)，绒面电池的硅表面通常平行于(100)面，金字塔由(111)面相交而成。通常采用稀释的氢氧化钠(NaOH)溶液作为选择性腐蚀剂。

金字塔的角度由晶面的取向确定。这些尖塔使入射光至少有两次机会进入电池。如果像垂直照射到裸露硅表面的情况一样，在每个入射点有33%被反射，则总的反射是0.33×0.33，约为11%。如果使用减反射膜，则太阳光的反射可以保持在3%以下。即使没有减反射膜，当嵌镶在折射率类似于玻璃的材料里时，反射也只有约4%。另一个合乎理想的特点是入射光与硅表面存在的角度，使得光线能够在更接近电池表面处被吸收。这将增加电池的收集几率，特别是对于吸收较弱的长波部分。

绒面也存在一些缺点。一是在操作时需要更加小心[8.13]；二是这样的表面会更有效地吸收所有波长的光，包括不希望吸收的那些光子能量不足以产生电子-空穴对的红外辐射，因而往往使电池温度升高。还有，金属上电极必须沿着金字塔的侧面上下延伸，如果金属层的厚度小于或相当于金字塔的高度(～10μm)，为了维持与在平坦表面上相同的欧姆损耗，必须使用二到三倍的金属材料。

8.8　光谱响应

在 5.5 节已经提到过电池的光谱响应,它是指每单位入射单色光功率的短路输出电流与波长的函数关系。测量光谱响应能提供各种太阳能电池设计参数的详细资料。

单色光在半导体内产生的电子-空穴对的空间分布由下式得出:

$$G = (1 - R)\,\alpha\,N\mathrm{e}^{-\alpha x} \tag{8.48}$$

其中,N 是入射光子通量,R 是反射率,α 是吸收系数。对于短波长(紫外光),α 较大,光一进入半导体就被迅速吸收,如图 8.16(a)所示。普通太阳能电池不能很有效地收集在表面附近产生的载流子。如果量子收集效率(也称"量子效率")η_Q 定义为每个入射单色光光子在外部短接电路上所产生的流动电子数,那么,对于紫外光而言,η_Q 十分低,如图 8.16(b)所示。在中波长范围,虽然 α 值较小,而大部分光生载流子是在收集几率高的区域里产生的,因此 η_Q 增加。电池对长波光的吸收是非常微弱的,因而在电池的活性区(Active Region)就只有小部分光被吸收,因此 η_Q 减小,并且一旦光子的能量不足以产生电子-空穴对时,η_Q 就降为零。

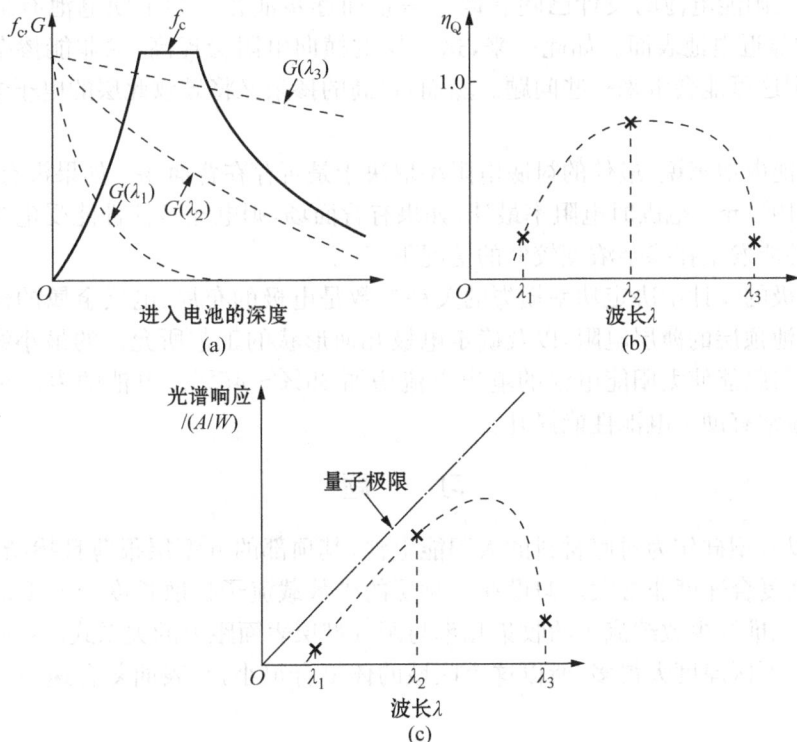

图 8.16
(a) 典型的太阳能电池收集几率;(三条虚线分别表示在三个不同波长光的
照射下载流子产生的分布图)
(b) 相应的量子效率 η_Q 与波长的关系
(c) 相应的光谱灵敏度(光谱响应度)(A/W)与波长的关系

除了如图 8.16(b)的量子效率曲线外,表示光谱响应的另一种方法,是画出如图 8.16(c)所示的灵敏度(也称"光谱响应度",以 A/W 为单位)与波长的关系曲线。图 8.16(c)也已给出其量子极限。在短波长范围,即使是在理想状态下工作,电池也不可能利用所有的光子能量,因此灵敏度是低的。

对于"传统"电池(在此指为空间应用而研制的电池)而言,由于采用较大的结深,加之减反射膜的吸收,因此短波响应较差。在长波段,光谱响应由电池材料的扩散长度决定。"紫电池"是在 20 世纪 70 年代初研制的一种浅结电池。这种电池的设计重点是,通过采用浅结和经过改进的、吸收较少的减反射膜而获得良好的紫外波段收集效率。绒面电池由于反射的减少而改善了对所有波长光的灵敏度。

背面场(BSF)提高了对背电极附近产生的载流子的收集几率,因而提高了长波段的灵敏度。为了给予较长波长的光第二次吸收机会,可以将背电极设计成反射型的。这样的背面反射器(BSR)不仅使薄电池性能获得相当的提高,而且有助于维持较低的工作温度。

8.9 小结

硅 p-n 结太阳能电池的设计已随着以下考量而逐步演化。为了使电池有最大的电流输出,p-n 结必须靠近电池表面。如此一来,这一层的横向电阻会提高,除非能掺杂到足够高的杂质浓度,否则这可能会带来一些问题。然而,过高的掺杂又将导致此层的电子学特性低于最佳值。

对于太阳能电池来说,最佳的衬底电阻率取决于是否存在背面场。如果没有背面场,掺杂浓度在 $10^{16} \sim 10^{17} \text{cm}^{-3}$ 范围时电阻率最佳;如果有背面场,则电池最佳性能受电阻率的影响较小,因而最佳性能发生在掺杂浓度较低的情况下。

电池上电极的设计中决定功率损失的关键参数是电极的布局、电极金属的薄层电阻和经扩散形成的电池顶层的薄层电阻,以及确定电极几何形状的工艺所允许的最小线宽。四分之一波长的减反射膜能使太阳能电池的输出电流增加 $35\% \sim 45\%$。电池的表面绒化虽然存在某些缺点,但通常有助于电池性能提升。

习 题

8.1 有一个以 p 型硅作为衬底材料的太阳能电池,其顶部的 n 型层很薄且掺杂均匀,该 n 型层的表面复合速度非常大。假设在 n 型层的少数载流子扩散长度与 n 型的厚度相比是很大的,试推导少数载流子的收集几率与距 n 型层表面距离的关系式。(注意:因为扩散长度比 n 型区厚度大得多,所以这个区域的体复合很小,与表面复合速率相比可以忽略不计。)

8.2 在习题 8.1 中已知 n 型层的掺杂浓度是 10^{18}cm^{-3},厚度是 $0.5\mu\text{m}$。计算 n 型层的薄层电阻。

8.3 在 $150\mu\text{m}$ 厚的 p 型硅片上制造传统结构的硅太阳能电池。电池的背面为具有高复合速度的金属接触,电池的短路电流为 2.1 A,开路电压为 560 mV。类似的电池,在具有背面场时,其短路电流为 2.2 A。已知在加工后,两种情况下的少子扩散长度都是 $500\mu\text{m}$。请问有背面场的电池,其理想开路电压值应是多少?

8.4　设计一个尺寸为 7.5 cm × 10 cm 的矩形硅太阳能电池的上电极,并计算所设计电池的总功率损失。该电池的扩散层薄层电阻是 60 $\Omega/\square$。在晴朗天气的阳光照射下,这个电池在 430 mV 电压和 28 mA/cm^2 的电流密度下产生最大功率。规定每个电池有三个互联点,并全部位于电池同一侧。

　　该电池的电极层是采用真空蒸发工艺通过金属掩模蒸发而成。电极的最小线宽定为 180 μm。电极层是由靠近硅表面的 0.12 μm 钛层,中间的薄层钯(0.02 μm),以及最外层的 4 μm 银组成。这种电极与硅的接触电阻率是 200 $\mu\Omega \cdot$ cm^2。这些金属的体电阻率分别为 48、11 和 1.6 $\mu\Omega \cdot$ cm。

8.5　有一个电池,已知上电极的几何形状,并且电极及电池的参数已固定。证明:当电极尺寸增加时,与上电极有关的功率损失比率也会增加。

参考文献

[8.1]　J C Fossum, et al. Physics Underlying the Performance of Back-Surface-Field Solar Cells[J]. IEEE Transactions on Electron Devices ED-27,1980:785-791.

[8.2]　A S Grove. Physics and Technology of Semiconductor Devices[M]. New York: Wiley, 1967: 44-69.

[8.3]　J Lindmayer, J F Allison. Conference Record, 9th IEEE Photovoltaic Specialists Conference, Silver Spring, Md. ,1972:83.

[8.4]　J G Fossum, F A Lindholm, M A Shibib. The Importance of Surface Recombination and Energy-Bandgap Narrowing in p-n Junction Silicon Solar Cells[J]. IEEE Transactions on Electron Devices ED-26,1976:1294-1298.

[8.5]　J A Minnucci, et al. Silicon Solar Cells with High Open-Circuit Voltage[C]//14th IEEE Photovoltaic Specialists Conference. San Diego, 1980:93-96.

[8.6]　H R Serreze. Optimizing Solar Cell Performance by Simiultaneous Consideration of Gird Pattern Design and Interconnect Configurations[C]//13th IEEE Photovoltaic Specialists Conference. Washington D. C. , 1978:609-614.

[8.7]　C E Froberg. Introduction to Numerical Analysis[M]. Addison-Wesley, 1965:19.

[8.8]　A Flat, A G Milnes. Optimization of Multi-layer Front-Contact Gird Patterns for Solar Cells[J]. Solar Energy, 1979,23: 289-299.

[8.9]　G A Landis. Optimization of Tapered Busses for Solar Cell Contacts[J]. Solar Energy 1979,22:401-402.

[8.10]　R S Scharlack. The Optimal Design of Solar Cell Gird Lines[J]. Solar Energy, 1979:199-201.

[8.11]　E S Heavens. Optical Properties of Thin Solid Films [M]. London: Butterworths, 1955.

[8.12]　E Y Wang, et al. Optimum Design of Antireflection Coatings for Silicon Solar Cells [C]//10th IEEE Photovoltaic Specialists Conference. Palo Alto, 1973:168.

[8.13]　M C Coleman, et al. Processing Ramifications of Textured Surface[C]//12th IEEE Photovoltaic Specialists Conference. Baton Rouge, 1976:313-316.

第9章 其他器件结构

9.1 引言

半导体器件中,光伏作用的基础是器件结构的电子学不对称性。当然,产生这种不对称性的方法,除了前面几章中所叙述的利用硅的 p-n 结以外还有很多。本章将概述另外几种器件的基本概念。

9.2 同质结

传统的硅太阳能电池都是同质结(Homojunction),也就是结两边的半导体材料相同,仅掺杂剂类型不同。第 8 章中介绍了具有浅同质结的传统电池结构,该结平行于光照面。本节介绍三种具体器件以说明几种不同的同质结概念,而不一一罗列所有可能的同质结。

第一种是如图 9.1(a)所示的高-低发射极(HLE)结构,此结构克服了传统方法的一些限制。这种器件的不同点在于 p-n 结要深得多,同时结上方的掺杂浓度较适中。在器件的顶部采用了"前表面场(Front Surface Field)",这克服了传统电池结构中顶部扩散层对开路电压的限制。据文献指出,采用这个方法可以显著提高开路电压[9.1]。器件各处产生的载流子的收集几率如图 9.1(b)所示。载流子收集不是最佳,因此,电流输出比其他结构有所减小。

第二种器结构是图 9.2 所示的前表面场电池。采用这种结构[9.2]两个电极可同时从背面引出。这就避免了传统顶部电极的阴影损失,并使电池互联比较容易。然而,所需工艺更为复杂。这种电池的厚度必须比少子扩散长度薄,以得到最大的电流输出。这对大面积电池来说,处理时会比较困难。

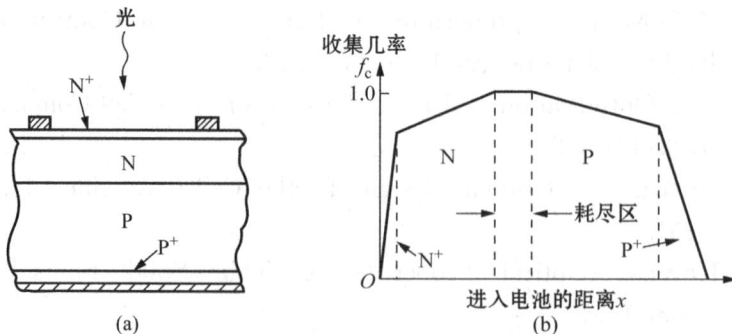

图 9.1

(a) 高-低发射极太阳能电池结构示意图

(b) 相应的收集几率与距电池表面距离的关系

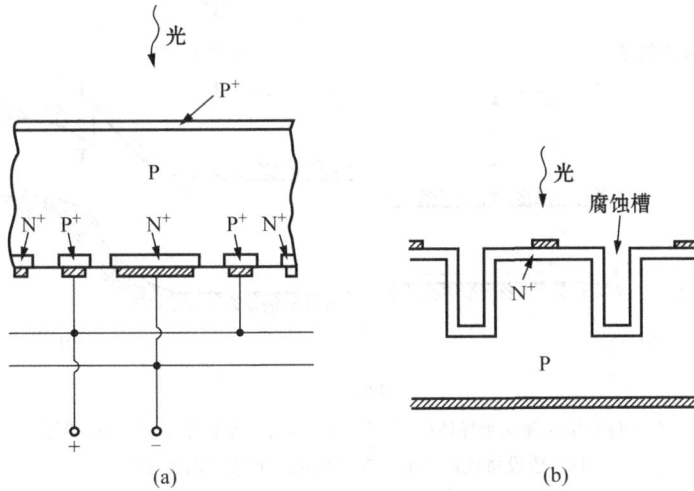

图 9.2　其他同质结太阳能电池结构

(a) 前表面场电池　(b) 垂直多结电池

第三种结构是使结垂直于电池的光照表面,即垂直结电池。图 9.2(b)的垂直多结(VMJ)电池是实现这种结构的最切实可行的做法,利用各向异性腐蚀[9.3]在电池上腐蚀出深槽,接着进行扩散,同时得到平行结和垂直结。这些垂直结保证了能够收集电池深处产生的载流子。垂直结的间距相当于扩散长度时最为有效。虽然,扩散长度愈小,所需的结构尺寸愈精细。但是,从原理上说这样的结构更能容许小的扩散长度。

9.3　半导体异质结

在半导体异质结中,结两边的材料都是半导体,但却是不同的半导体。

在 4.2 节中通过设想的实验,即将独立的 p 型区和 n 型区相接触而导出了同质结情况的能带图。再将这个方法用于异质结情况,独立的两个半导体的能带图如图 9.3(a)所示。三个重要的参数是功函数(从半导体费米能级移去一个电子需要的能量)、电子亲和力(从导带边的能级移去一个电子所需要的能量)以及半导体禁带宽度。在两个独立的半导体中,不仅掺杂程度不同,而且电子亲和力、功函数和禁带宽度也不同。当这两种材料在热平衡状态下连接在一起时,整个系统的费米能级必须是不变的,如图 9.3(b)所示。因此,器件的两部分之间必将建立起静电势差,电势差的大小等于两部分功函数之差。这个电势的空间分布可以用与第 4 章中同质结情况相同的方法,依据结两边过渡区中所储存的电荷计算出来。此外,在结附近的导带边将有一个不连续点,其能量差等于两部分电子亲和力之差,在价带边也有一个相应的不连续点,其能量差取决于两部分禁带宽度之差,如图 9.3(b)所示。与同质结电场不同,在理想界面两边位移矢量($\varepsilon\xi$)是连续的。

在光伏器件运作中,不希望有像图 9.3(b)那样的导带尖峰。利用 4.1 节介绍的太阳能电池的不对称性概念,n 型区对空穴具有阻挡作用,p 型区则对电子具有阻挡作用。图 9.3(b)中n 型区导带中的尖峰具有阻挡电子从 p 型区流向 n 型区的作用。因此尖峰将使 p 型区难以对光电流做出贡献。电子亲和力和掺杂程度的适当配合能够避免这样的尖峰[9.4]。

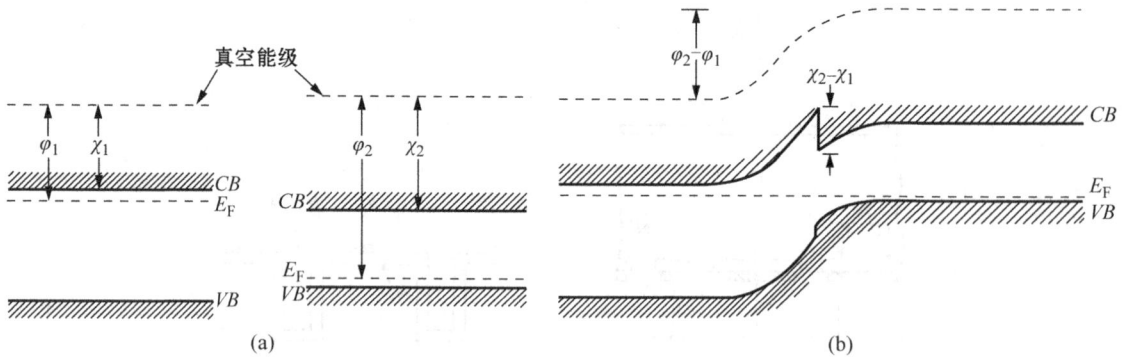

图 9.3

(a) 两个相互独立半导体(一个掺杂 p 型,另一个掺杂 n 型)的能带图

(b) 假设将这两部分连接而形成的异质结的能带图

对于只有较小的尖峰或根本无尖峰的理想情况,异质结电池的最大效率受较小禁带度材料的理想效率限制。之所以考虑异质结的原因是出于实用,而不是由于固有的效率优势。

到目前为止,还未论及一些很重要的实际考量。对传统的同质结来说,结两边晶体结构相同,而且沿整个结是连续的。对异质结来说这是不可能的,因为两种半导体材料的晶体结构有很大差别。从图 9.4(a)很容易看出,将形式相同但晶格常数不同的两种晶格连接在一起时,所得到的晶格结构中就会出现缺陷。缺陷密度取决于晶格间失配的程度。如图 9.4(b)所示,晶格中的缺陷将在禁带中产生允许能级。这些允许能级位于耗尽区中,因此是十分有效的复合中心。它们还能够为由结的一边向另一边传输电流的量子力学穿隧过程提供场地。在任何情况下,这些允许能级都会降低太阳能电池的性能。为制作接近于理想特性的异质结,最重要的是在结两边采用晶格结构几乎相同的半导体。

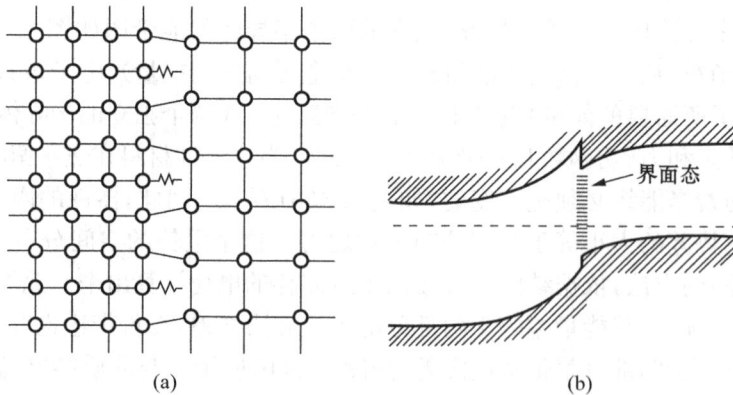

图 9.4

(a) 不同晶格常数的两种晶格间界面处的失配所造成的缺陷

(b) 由这种失配在禁带中形成的缺陷态

9.4 金属-半导体异质结

当金属和半导体接触时,正如在半导体异质结中那样,由于功函数不同,在界面区将出现电位降。由于金属和半导体中电荷载流子数量上的差别,所有的电位降基本上都出现在结的半导体一边,如图 9.5(a)中所示。和 p-n 结情况一样,这将在交界面处产生一个耗尽区。从金属对耗尽区静电学性质影响的观点来看,金属具有类似于重掺杂半导体材料的作用。

具有这种耗尽区的金属-半导体接触称作肖特基二极管。它具有整流和光生伏特的双重性质。半导体区中少数载流子的情况,基本是和 p-n 结二极管情况相同。例如,无光照时,耗尽区边缘处的过量少数载流子浓度与外加电压呈指数关系,进入体内则呈指数下降(见 4.4 节和 4.6 节)。少数载流子电流对二极管总电流有着相似的贡献。对 n 型半导体,有

$$J_{0h} = \frac{qD_h n_i^2}{L_h N_D}(e^{qV/(kT)} - 1) \tag{9.1}$$

对金属和半导体之间多数载流子流的唯一阻碍是界面处的耗尽区势垒。如图 9.5(b)和(c)所示,这个势垒的高度随外加电压而改变。这就得出了由下式[9.5]确定的电流的热离子发射(Thermionic Emission)分量

$$J_{0e} = A^* T^2 e^{-q\varphi_B/(kT)}(e^{qV/(kT)} - 1) \tag{9.2}$$

其中,A^* 是有效理查逊(Richardson)常数[$\approx 30 \sim 120 \text{A}/(\text{cm}^2 \cdot \text{K}^2)$]。这个分量的大小首先取决于界面处的势垒高度 φ_B。如图 9.6(a)所示,电流中的多数载流子分量通常比少数载流子分量大得多。从光伏能量转换的观点来看,这个额外电流分量是不希望有的,因为它将增加二极管暗饱和电流,因而减小开路电压。图 9.6(b)显示了这一点。因此,势垒 φ_B 愈大,则器件性能愈好。

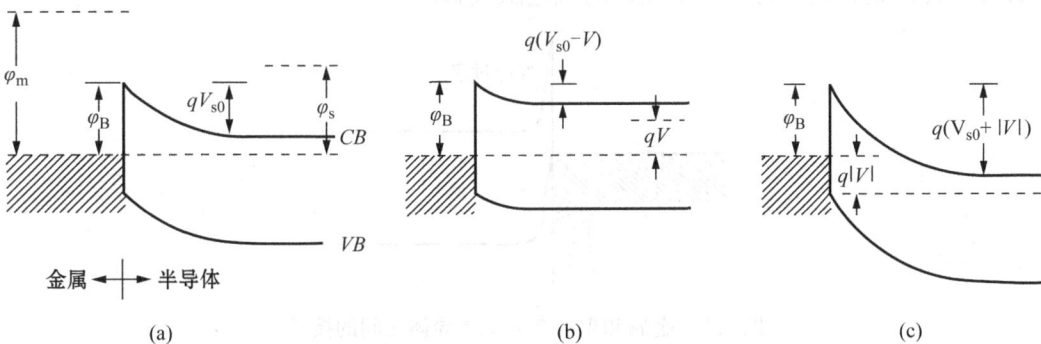

图 9.5 金属-半导体异质结的能带图
(a)零偏压 (b)正向偏压 (c)反向偏压

似乎只要选择金属的功函数,使得在金属-半导体界面处产生一个很高的势垒就能解决这个问题。然而,实验发现,对许多半导体来说,所产生势垒的大小与金属的功函数无关。这是因为晶格失配和半导体表面可能的污染,使得金属-半导体交界处存在大量的界面态的缘故[9.6]。这些界面态具有钳制表面区电位的作用。

虽然肖特基二极管因无需形成 p-n 结而制作简单,但它们的性能将受到"寄生"电流的限制,这种电流比上述 p-n 结的电流分量来得大。

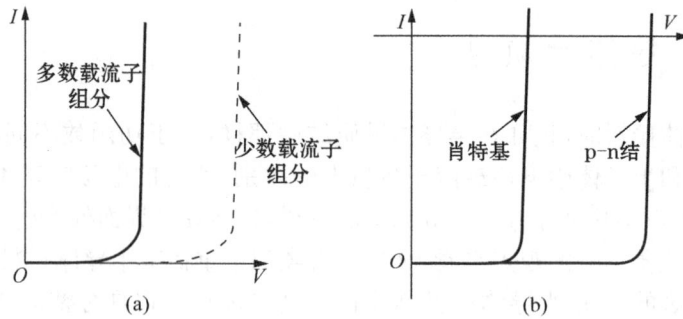

图 9.6

（a）无光照时肖特基二极管的两个电流分量

（b）肖特基器件和 p-n 结器件光照特性的比较

9.5　实用的低电阻接触

从 9.4 节获知，仅通过选择适当的金属，仍然难以控制金属-半导体交界面的势垒大小。因此提出了这样的问题：即怎样才能在金属和半导体之间制造一个非整流或低阻接触？如果检视了与整流接触有关的耗尽区宽度，就可得到答案。随着半导体中掺杂浓度的增加，耗尽区的宽度将减小。

金属与重掺杂的半导体间的接触如图 9.7 所示。耗尽区变得非常薄，以致载流子能通过量子力学隧道过程穿过禁区[9.7]。实质上这是由于电子的波动性，使得电子能穿越这种区域。因此，虽然在表面有一个势垒，载流子仍能穿过金属和半导体之间的界面，就像这个很薄的势垒不存在一样。这样就可得到一个良好的低电阻接触。

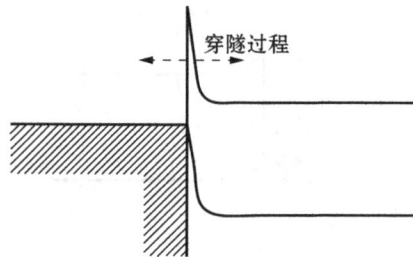

图 9.7　金属和重掺杂 n 型半导体之间的接触

（在半导体区中的势垒很薄，载流子通过量子力学隧道过程而能直接穿过。）

因此，为电池的重掺杂扩散层制备一个良好的低阻接触并不困难。对轻掺杂衬底材料的电接触可以用合金化的方法制造。经过合金化处理，在界面附近可以产生一个重掺杂区。此外，在因切割而高度损伤的非理想表面，进行以上处理也可以起到防止整流的作用。

9.6　MIS 太阳能电池

先前已经看到，金属-半导体接触对于许多半导体而言并不理想。这些半导体交界势垒，并不像简单理论所认为的那样强烈地依赖于金属的功函数。这种非理想状态可以通过在金属和半导体之间引入一层薄绝缘层而消除,如图 9.8(a)所示。在这样的金属-绝缘体-半导体(MIS)器件中,极端的金属功函数能在半导体中产生极端的效应。

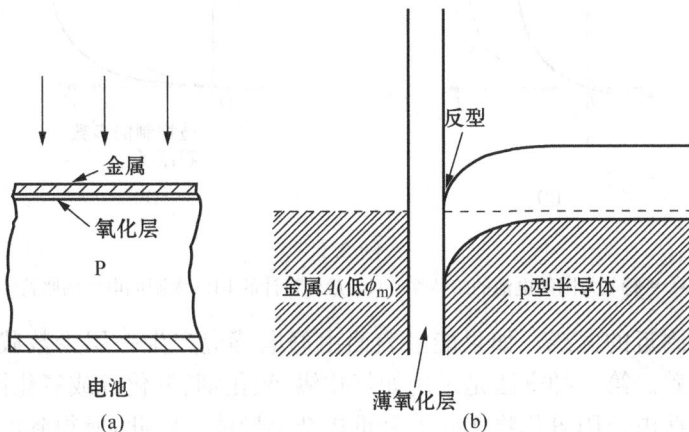

图 9.8

(a) 金属-绝缘体-半导体结构示意图　(b) 相应的能带图

例如,如图 9.8(b)的 p 型器件来说,低的金属功函数会在半导体表面产生一个很高的势垒。如果这个绝缘层很薄,则载流子通过量子力学隧道效应将能够穿过。通过这个过程,流过绝缘体的电流随绝缘层厚度的减薄呈指数增加。那么,由方程式(9.2)得到的暗热离子发射分量的表达式可改为

$$J_{0h} = P_h A^* T^2 e^{-q\varphi_B/(kT)} (e^{q(V_{S0}-V_S)/(kT)} - 1) \tag{9.3}$$

其中,V_S 是半导体表面处的电势;V_{S0} 是热平衡状态时半导体表面电势值;P_h 是粒子的穿隧几率。薄绝缘层还将降低少数载流子在金属和半导体之间流通的最大速率。然而,只要薄绝层不太厚(一般小于 $2 \times 10^{-3} \mu m$),那么这些载流子的输运将主要受到半导体内的较小传输速率的限制。在这种情况下,少数载流子的状况和在 p-n 结二极管中的相同,相应的暗电流由下式给出(4.6 节):

$$J_{0e} = \frac{qD_e n_i^2}{L_e N_A} (e^{qV/(kT)} - 1) \tag{9.4}$$

比较肖特基器件和 MIS 器件电流的两个分量的相对大小,可以看出,MIS 器件中电流的热离子发射分量大为降低。其原因是:能得到较大的 φ_B 值;P_h(穿隧几率)远小于 1;式(9.3)中的 $V_{S0}-V_S$ 比外加电压 V 小,由图 9.6 可见,这种电流的降低将增加电池的开路电压。

最后结果见图 9.9。在 MIS 太阳能电池的情况下,电流的热离子发射分量已降到很低,以致由式(9.4)给出的 p-n 结型的电流占主导地位。因此,虽然结构上大不相同,但是能够制造出在电学特性上相当于理想 p-n 结二极管的 MIS 器件[9.8]。

在肖特基和 MIS 两种太阳能电池中,顶部金属层起着作为电极和形成势垒两种作用。由图 9.8(a)很容易看出,必须找到某种使光线能够穿过这层金属的方法。图 9.10 中示出了两种方法。一种是采用足够薄($<0.01\mu m$)的金属层,使得该层对光而言基本是透明的。这种金属薄层的电阻较高,因此,如图所示,需要较厚的电极栅线。第二种方法是采用基本上和传统电池顶部电极相同,但要细得多的栅线结构。在栅线之间吸收的光,所产生的载流子在复合之

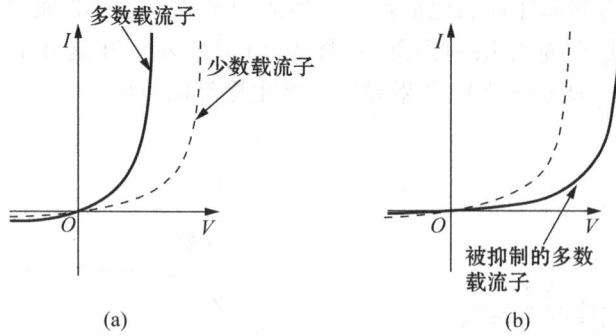

图 9.9
（a）肖特基太阳能电池的暗特性　（b）最佳设计的 MIS 太阳能电池的暗特性

前就很有可能到达附近的栅线。如果能沿表面由静电感应产生一层少数载流子[9.10]，情况还可以获得进一步改善。第三种方法是采用如氧化锡、氧化铟、氧化锌或氧化镉之类的透明导体作为顶部电极。这些电极用氧化物实际上是重掺杂半导体。因此，所得到的结构称为半导体-绝缘体-半导体（SIS）太阳能电池[9.11]。这样的 SIS 器件接近于 9.3 节的半导体异质结。

　　MIS 方法的主要优点是完全取消了高温扩散制结工序，这样就能保持硅材料的原始特性，并避免了有关扩散层的缺点，在 8.7 节中已经看到，这些缺点限制了硅太阳能电池开路电压的上限。据文献指出，采用密栅型 MIS 方法的硅太阳能电池有很高的开路电压[9.9]。由于电流输出都相差不大，而填充因子有较大的潜力，MIS 电池的潜在效率优于扩散电池，其优势主要在于较高的输出电压值。

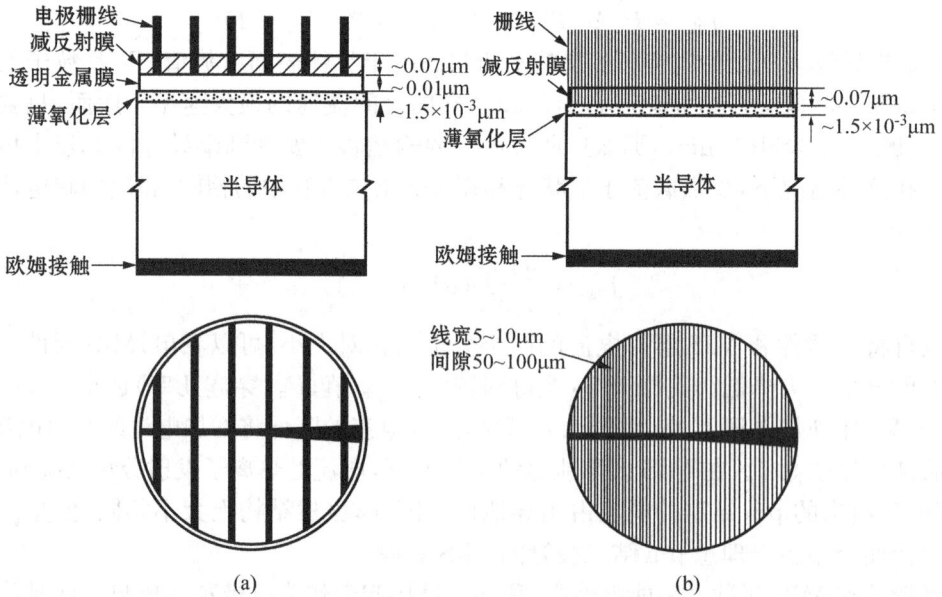

图 9.10　MIS 太阳能电池顶电极的两种设计方法
（a）透明金属结构　（b）密栅结构

9.7 光电化学电池

9.7.1 半导体-液体异质结

如果半导体与电解液接触,像本章讨论的其他异质结那样,在半导体表面将产生势垒。制造这样的半导体-液体异质结需要的器件工艺过程最少,尽管如此,其能量转换效率却超过了12%[9.12]。这种技术的主要问题是在这样的工作方式下,半导体很容易因光照而加速腐蚀[9.13]。

与导电的对电极组合在一起时,这种"光电电池"能够用来发电或通过光电解将水分解而产生氢。

9.7.2 电化学光伏电池

在这类器件中,液体中含有一种具有氧化态和还原态的物质。如果这种物质接受一个电子,它就从氧化态变成还原态。相反的,如果失去一个电子或接受一个空穴,它就被氧化。这种物质称作氧化还原对。

在电化学光伏电池中,电解液中的氧化还原对的能级理论上位于半导体少子能带带边的能级附近。图 9.11(a)显示了电化学光伏电池的能带图,该电池具有 n 型半导体和金属对电极。

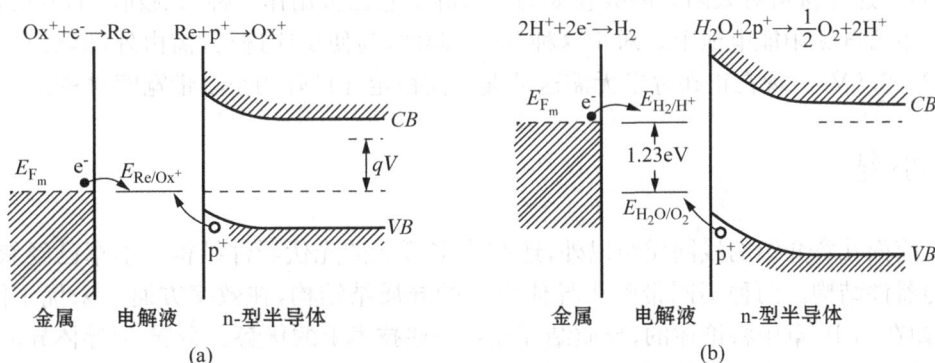

图 9.11

(a) 光照下电化学光伏电池的能带图,电解液中的氧化还原对能级使
电荷可以在金属和半导体价带之间移动

(b) 光照下光电解电池的能带图,电池在金属与半导体背面
之间互相短接的理想情况下工作

光照下,半导体中产生的少子空穴将向与电解液的交界面移动。如图 9.11(a)所示,空穴将穿过交界面到达氧化还原对的还原态,并使之氧化:

$$\text{Red} + p^+ \rightarrow \text{Ox}^+ \tag{9.5}$$

在对电极上,电子从金属移动到氧化还原对的氧化态,并使之还原:

$$\text{Ox}^+ + e^- \rightarrow \text{Red} \tag{9.6}$$

如果在电池的两端连接一个负载,构成一个完整的电路,那么像传统的太阳能电池一样,电池

将对负载提供电力。

这类电池中的电解液仅用于在金属和半导体之间传送电荷。正如参考文献[9.14]所进一步讨论的那样，这种器件结构与9.6节的MIS结构很类似。

9.7.3 光电解电池

这种电池非常类似于9.7.2节中介绍的电池，通过光电解也能产生化学燃料。通过水的光电解产生的最普通的燃料是氢。

对n型半导体而言，反应过程如9.7.2节所述。氧化反应在半导体-电解液交界面附近的电解液中发生。还原反应在对电极附近发生。与9.7.2节所介绍的情况不同之处，在于每个电极处参加反应的物质不同。对水分解的情况而言，在半导体电极处的反应是[9.15]

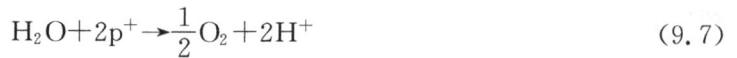

$$H_2O + 2p^+ \rightarrow \frac{1}{2}O_2 + 2H^+ \tag{9.7}$$

在对电极处则是

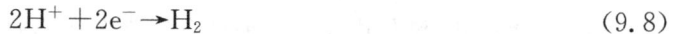

$$2H^+ + 2e^- \rightarrow H_2 \tag{9.8}$$

如图9.11(b)所示，这些反应有关的状态之间能量差是1.23eV。这就决定了反应进行所需的半导体禁带宽度下限。在这种工作模式下，禁带宽度远大于这个下限的半导体几乎都会遭到腐蚀[9.13]。

二氧化钛是被发现的第一个可以在这种以光电解模式工作的溶液中稳定工作的半导体。然而，它的禁带宽度较大（3eV），因而只对紫外线照射产生响应。因此它的太阳能转换效率很低（~1%）。这种材料对太阳光的吸收太弱。实际上它已被用作一种"无吸收"的减反射膜，应用于某些市售硅太阳能电池上。对于这种TiO_2器件，为使反应进行，需由外部电源提供小的偏压（0.3~0.5V）。现在正在寻求无需这种偏压而稳定性良好的小禁带宽度材料。

9.8 小结

除了前面几章介绍的浅同质结以外，还有许多可能的光伏器件结构。本章已经叙述了一些可用的器件结构。两种不同带隙半导体之间的异质结结构，在效率方面并未优于同质结。但是，正如在第10章中将论述的，异质结存在着一些技术上的优势。金属-半导体异质结制作很简单，但是，由于存在附加的寄生电流分量，实质上其效率比同质结低。然而，采用金属-绝缘体-半导体（MIS）异质结结构，就可减小甚至完全消除这个缺陷。

在液体和半导体之间形成的异质结也具有比较吸引人的光伏特性。采用现在的技术已经能够在实验室中非常简单地制备出具有相当效率的液体-半导体异质结光伏电池。以光电解模式工作时，太阳光通常以制氢方式直接转换为化学能。只要能量转换效率能够大幅度提高，并超越过去文献所提供的数值，这种能量收集和储藏相结合的模式就可能引起人们的兴趣。

习　题

9.1 （a）在室温下，由材料1制成的同质结太阳能电池的典型暗饱和电流密度是$10^{-8}\,A/m^2$，由材料2制成的电池相应的数值是$10^{-11}\,A/m^2$。这两种材料中的哪一种具有较小的禁带宽度？

(b) 在这两种材料之间形成 p-n 异质结。假设在金属结处无电流限制尖峰,并且晶格相似,如此一来,在此结中几乎没有晶格失配。试根据这个异质结估算其暗饱和电流密度。问哪一种材料对决定该电池的开路电压最为重要?

(c) 问哪一种材料将限定异质结中产生电子-空穴对数目的上限,也就是短路电流的上限?

9.2 (a) 求出肖特基二极管太阳能电池在 300K 时,由越过金属-半导体交界面处势垒的热离子发射引起的暗饱和电流密度,与由通过半导体内少数载流子扩散引起的暗饱和电流密度的比率。半导体是 n 型硅,300K 时具有下列参数:$N_D = 10^{22}$ m^{-3}, $D_h = 0.001$m^2/s, $L_h = 10^{-4}$m, $n_i = 1.5 \times 10^{16}$ m^{-3}。交界面处的势垒高度是 0.8 eV,有效理查逊常数为 10^6 A/(m^2 · K^2)。

(b) 在明亮的阳光下(1kW/m^2),如果电池短路电流为 300A/m^2,试计算开路电压的理想值及电池效率。

9.3 有一个类似习题 9.2 的肖特基结构的 MIS 电池,假设通过降低电流热离子发射分量的大小而使其远低于少数载流子的扩散分量,器件达到最佳性能。试计算其开路电压和效率,并与习题 9.2 的结果作比较。

9.4 在明亮的阳光下(1kW/m^2),一个二氧化钛光电解电池在二极管表面产生氢。电池需要 0.4V 的偏置电压以进行工作。因偏压使电池获得 7A/m^2(电池面积)的电流。由氢获得的功率是 1.48I,其中 I 为电池电流,1.48 是氢燃烧热的电压当量。问该电池对太阳光的转换效率是多少?

参考文献

[9.1]　F A Lindholm, et al. Design Considerations for Silicon HLE Solar Cells[C] // 13th IEEE Photovoltaic Specialists Conference. Washington, D. C., 1978:1300-1305.

[9.2]　O Van Roos, B Anspaugh. The Front Surface Field Solar Cell, a New Concept[C] // Conference Record 13th IEEE Photovoltaic Specialists Conference. Washington D. C., 1978: 1119-1120.

[9.3]　J Wohlgemuth, A Scheinine. New Developments in Vertical Junction Silicon Solar Cells[C] // 14th IEEE Photovoltaic Specialists Conference. San Diego, 1980: 151-155.

[9.4]　W D Johnston, Jr W M Callahan. Applied Physics Letters, 1976, 28: 150.

[9.5]　S M Sze. Physics of Semiconductor Devices[M]. New Yok: Wiley, 1969: 378.

[9.6]　Ibid , p. 372 .

[9.7]　B Schwartz, ed. Ohmic Contacts to Semiconductors[M]. New York: Electrochemical Society, 1969.

[9.8]　M A Green, F D King, J Shewchun. Minority Carrier MIS Tunnel Diodes and Their Application to Electron-and Photo-voltaic Energy Conversion: Theory and Experiment[J]. Solid State Electronics, 1974, 17:551～572.

[9.9]　R B Godfrey, M A Green. 655mV Open Circuit Voltage, 17.6% Efficient Silicon MIS Solar Cells[J]. Applied Physics Letters, 1979, 34:790-793.

［9.10］　P Van Halen，R E Thomas，R Van Overstraeten. Inversion Layer Silicon Solar Cells with MIS Contact Grids［C］// 12th IEEE Photovoltaic Spcciaists Conference. Baton Rouge，1976：907-912.

［9.11］　R Singh，M A Green，K Rajkanan. Review of Conductor-Insuator-Semiconductor (CIS) Solar Cells［J］. Solar Cells,1981,3：95-148.

［9.12］　A Heller，B A Parkinson，B Miller. 12％ Efficient Semiconductor-Liquid Junction Solar Cell［C］// 13th IEEE Photovoltaic Specialists Conference. Washington ，D. C. ，1978：1253-1254.

［9.13］　H P Maruska，A K Ghosh. Photovoltaic Decomposition of Water at Semiconductor Electrodes［J］. Solar Energy，1978,20：443-458.

［9.14］　S Kar，et al. On the Design and Operation of Electrochemical Solar Cells［J］. Solar Energy,1979,23：129-139.

［9.15］　A J Nozik. Electrode Materials for Photoelectrochemical Devices［J］. Journal of Crystal Growth,1977,39:200-209.

第10章 其他半导体

10.1 引言

前几章主要关心的半导体材料是单晶硅。事实上,还有大量其他的半导体材料可以用来制造效率令人满意的太阳能电池[10.1~10.4]。本章并不试图罗列这些材料,而是讨论某些能用来取代单晶硅的新型材料,以及以此材料制作的太阳能电池的结构及性能。这有助于理清对更一般的材料必须考虑的重要问题。

10.2 多晶硅 (pc-Si)

通常,制备多晶硅的工艺比制备单晶硅要求要低一些。为得到合格的光伏性能,制备多晶硅所用的硅原材料,其纯度仍必须与制备单晶硅所用的相同。那么,为了生产出较好的太阳能电池,多晶硅还需具备何种特性呢?

电池的重要部位是晶粒边界。类似于9.3节中金属-半导体异质结的情况,在晶粒边界的两边会形成静电势垒[10.5]。这将阻止多数载流子流动,其作用基本上等同于一个大的串联电阻,多晶硅可以制成图10.1(b)所示的圆柱状晶粒结构,晶粒可从电池的正面延伸至背面。这种结构优于图10.1(a)所示的细小晶粒结构。由于存在晶体结构缺陷,晶粒边界在半导体材料的禁带中引入了允许能级,充当非常有效的复合中心。因此,可以将其视为少数载流子的"陷阱"。正如太阳能电池中,在距离结一个扩散长度内所产生的少数载流子可以被结收集,类似地,在距晶粒边界大约相同的距离内产生的少数载流子也可被晶界吸引并复合掉。这些载流子对电流输出并无贡献。因此,为了防止电流输出损失太大,多晶材料晶粒的横向尺寸必须大于少数载流子扩散长度[10.6]。晶粒边界的另一个有害影响是它们为p-n结的电流提供了旁路。这种通路也许是由于在制结过程中,掺杂杂质沿着晶粒边界优先扩散(Preferential Diffusion)而产生的,如图10.1(c)所示。晶粒边界附近大密度的沉淀物也增加了这种旁路作用。

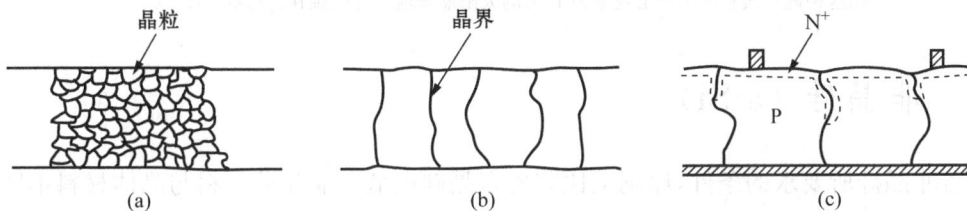

图 10.1
(a) 晶粒细小的多晶材料　(b) 圆柱形晶粒,晶粒长度延伸到整个硅片厚度的多晶材料
(c) 在电池生产过程中,掺杂的杂质通过优先扩散作用进入晶粒边界

　　硅是一种弱吸收的间接带隙半导体(见 3.3.2 节),为了获得良好的光伏特性,需要具有较大的扩散长度,约为 0.1mm。要想使晶粒边界处由于复合引起的光电流损失小些,晶粒的横向尺寸必须比扩散长度大得多,约为几个毫米。由于电池厚度通常只有零点几毫米,这样大的晶粒尺寸使如图 10.1(b)所示的圆柱形晶粒比较容易得到。此外,电池单位面积晶粒边界的总长度随晶粒尺寸的增加而减小,这也减小了由晶粒边界引起旁路影响的重要性。

　　这种大晶粒比通常所说的多晶材料的晶粒大得多,因而用术语"半晶(Semicrystalline)"称之更为合适。图 10.2 是从这种材料的立方锭切得的半晶硅片的照片。利用这种材料在 1976 年已制造出效率大于 10％的太阳能电池[10.7]。后来有文献指出,用大晶粒材料制得的电池效率已超过 14％[10.8]。这种由半晶硅制作的太阳能电池组件现在市场上已有销售。

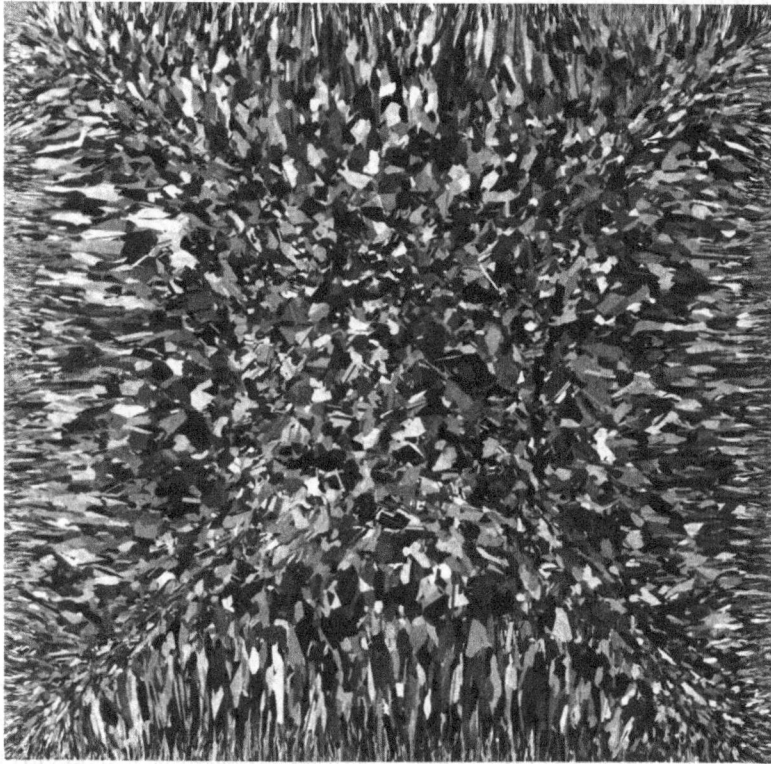

图 10.2　由烧铸工艺制得的硅锭切取的 10cm×10cm 多晶硅片
［用这种硅片通常可生产出效率为 10％的太阳能电池(译注:现在已达到 15％以上)。］

10.3　非晶硅 (a-Si)

　　制备非晶硅所要求的条件,原则上比制备多晶硅更低。非晶硅材料与晶体材料不同之处,在于它的原子结构排列不是长程有序。例如,非晶硅的某个硅原子通常与其他四个硅原子连接,连接键的角度和长度通常与晶体硅的相类似,但微小的偏离可以迅速导致长程有序的排列完全丧失。

　　非晶硅本身并不具有任何重要的光伏性质。如果缺乏周期性束缚力,则硅原子很难与其他四个原子键合。这使材料结构中由于不饱和或"悬挂"键而出现微孔(Microvoid)。再加上由于原子的非周期性排列,增加了禁带中的允许态密度,结果就不能有效地掺杂半导体或得到适宜的载流子寿命。

然而,在 1975 年文献报道了由辉光放电分解硅烷(SiH_4)产生的非晶硅膜可以加以掺杂而形成 p-n 结[10.9]。此膜中含有氢(SiH_4 分解时所产生的),氢在材料总原子数中占相当的比例(5%~10%)。一般认为氢的作用是如图 10.3 所示地填补了膜内部微孔中悬挂键及其他结构缺陷。这就减少了禁带内的态密度,并允许材料进行掺杂。

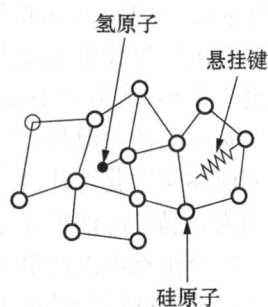

图 10.3 非晶硅结构示意图
(图中显示了悬挂键是怎样产生及怎样被氢钝化的)

1976 年已报道了用这种方法制备的非晶硅-氢合金(a-Si:H 合金)太阳能电池的效率为 5.5%[10.10]。该电池是采用 MIS 结构,虽然面积非常小,却已引起了人们对此方法的注意。后来制出了效率相近,但面积大得多的 p-n 结及 MIS 器件[10.11]。a-Si:H 合金的带隙远大于晶体硅,而且光吸收能力也强得多。

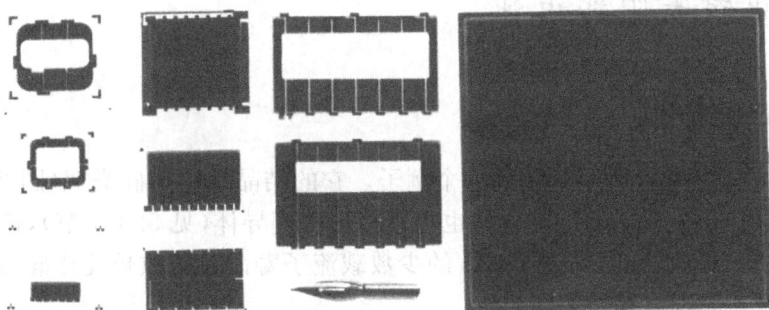

(a)

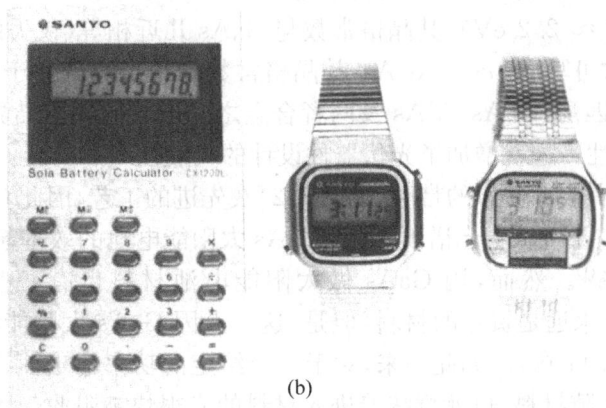

(b)

图 10.4
(a) 为用于消费品而设计的第一个商用非晶硅太阳能电池组件
(b) 由这种组件供电的计算器和手表
(照片由三洋电气公司提供)

这意味着厚度约为 $1\mu m$ 的膜即可符合光子吸收的要求。这种膜可以沉积在各种衬底上,掺杂程度可在沉积过程中通过含有所需掺杂剂的小量气体来控制。结果表明,这种材料的少子扩散长度非常小,远小于 $1\mu m$。因此,耗尽层为电池大多数载流子的收集区。电池体区的串联电阻会是个问题。但是,当电池受光照射时,电阻将因为光电导效应而减小,这可以在某种程度上使前述问题获得补偿。

因为非晶硅电池很容易通过沉积制成,所以在同一衬底上形成几个内部互联的电池并不困难。这个优点可以使单个电池的尺寸保持很小,因而电极无需做成栅线形状[10.12]。用非晶硅制作的首批商用产品在 1980 年问世。如图 10.4(a)所示,它们由在同一衬底上的几个小电池互连而成。这些电池为图 10.4(b)所示的消费品提供所需的电压和电流。这种电池在阳光下效率超过 3%,而在室内荧光灯下与单晶硅电池的性能大致相当。世界上许多实验室正在对非晶硅材料进行研究,以满足室外应用的需求。

在这方面所展开的研究工作之一,是采用掺有氢和氟的非晶硅层[10.14]。这种 a-Si:F:H 合金已通过在有氢的环境中辉光放电分解 SiF_4 生成。据报道,这种方法能得到良好的光伏特性,尤其是减少了禁带中的态密度[10.14]。

10.4 砷化镓太阳能电池

10.4.1 GaAs 的特性

砷化镓(GaAs)是化合物半导体的一个例子。它的结晶结构与硅类似(图 2.3),只是相邻的原子不同(不是 Ga 就是 As)。砷化镓也是直接带隙半导体(见 3.3.1 节),这意味着进入材料内的阳光很快被吸收,也意味着 GaAs 的少数载流子寿命及扩散长度比硅短得多。这些差别导致电池的设计原则也有所不同。

由于市场上对可用于制作发光二极管及半导体注入型激光器的砷化镓材料产生兴趣,所以砷化镓制备技术得以迅速发展。这项技术的一种方式是利用 GaAs 和 AlAs 合金。AlAs 是间接带隙半导体($E_g \approx 2.2$ eV),其晶格常数与 GaAs 几近相等(仅失配 0.14%)。GaAs 与 AlAs 形成的合金通常可写成 $Ga_{1-x}Al_xAs$,其晶格常数和禁带宽度介于 GaAs 和 AlAs 之间。由于晶格常数的良好匹配,GaAs、AlAs 及两者合金之间形成的异质结界面态密度较低,因此具有接近于理想的特性。这就增加了光伏器件设计的灵活性。

由于这种材料具有接近理想的带隙(见图 5.2)及先进的工艺,因此 GaAs 电池是目前太阳能电池中效率最高的。在 AM1 光谱下,地面 GaAs 太阳能电池的效率超过 22%,远高于硅电池的相应效率值 18%[①]。然而,用 GaAs 做太阳能电池材料也有一些缺点。镓的资源有限[10.15],将使得 GaAs 永远是贵重的材料,但是,这一点因 GaAs 太阳能电池很适合于聚光型系统而得到弥补(见第 11 章)。如此一来,对于一个给定的功率输出而言,所需的材料量可以减少。GaAs 是直接带隙材料,也就意味着进入材料的光很快被吸收。因此,吸收层只需几个微米厚即可,这就进一步减少了对材料的需求。第二个缺点是砷的毒性。使用由毒性材料制

---

① 以上为旧数据。2009 年单结单晶硅电池的最高效率为 25%,多结 GaAs 电池的效率则超过了 30%。测量条件均为标准测量条件,无聚光。(译注)

造的大型太阳能电池系统时,应仔细调查其对环境的影响[10.16]。

10.4.2 GaAs 同质结

因为光进入像 GaAs 这样的直接带隙半导体中会被迅速地吸收,所以传统的同质结结构中,高表面复合速度的问题比硅更严重。1978 年以前报道的 GaAs 同质结电池的效率只达到中等水平。

在硅电池中,为减少表面复合的影响,所采用的方法是把同质结的顶层减薄到相当于光子吸收的平均深度(见 6.2.2 节)。同样的方法也适用于 GaAs,当然此层必须比硅薄一个数量级。据报道,图 10.5(a)所示的 N^+PP^+ 结构的太阳能电池的效率已达 20% 以上,其顶部 N^+ 层的厚度仅 $0.045\mu m$[10.17]。

GaAs 电池的制造工艺与先前描述的常规硅电池制造工艺不同。不是用将杂质扩散进入 GaAs 的方法形成掺杂层,更通常的做法是用化学方法形成具有所需杂质浓度的掺杂层。附加到器件上的这些层延伸了衬底的晶体结构,故称"外延层(Epitaxial Layers)"。这些外延层,是通过在含有待沉积材料的气相或液相化学物质的环境中加热衬底而形成的。

图 10.5(a)所示结构的形成过程是由重掺 p^+ 型衬底开始,外延生长几微米的轻掺 p 型层,然后再制造一个重掺 n^+ 型层。将此层的一部分进行阳极氧化以形成减反射膜,这有助于使该层的表面复合速度减至最低[10.17]。

10.4.3 $Ga_{1-x}Al_xAs/GaAs$ 异质面电池

用以克服直接带隙 GaAs 材料表面复合速度大这一缺点的另一个方法,是采用如图 10.5(b)所示的异质面(Heteroface)结构。因为 GaAs 与其同 AlAs 合金的结构十分接近,这就可能在同质结电池的表面形成一个 $Ga_{1-x}Al_xAs/GaAs$ 外延层。假若参数 x 约等于 0.8,这一层将有较大带隙,阳光通过该层时几乎不被吸收。它的作用基本相当于"窗口层(Window Layer)",如图 10.5(d)所示,阳光可透过它并到达下面的电池。因为与衬底的晶格匹配较好,所以在异质界面引起的界面态很少,窗口层也对下方的 GaAs 表面起到钝化的作用。

这种结构已得到迄今文献所报道的单体电池的最高效率,在阳光下,地面电池的效率值超过 22%[10.18]。其工艺步骤是:采用 n 型 GaAs 作初始衬底,用液相外延法在其上面生长一层 p 型 $Ga_{1-x}Al_xAs$ 层,同时,由于 p 型杂质的扩散,衬底的上部变成 p 型。在 $Ga_{1-x}Al_xAs$ 层上获得可靠的低阻接触是困难的,而低阻接触对用于聚光型系统的电池而言有其特殊的重要性。这个问题可通过两个方法来解决,一个方法是根据电极图案将该层腐蚀掉,然后在下面的 p 型 GaAs 上制作金属电极[10.19],另一个方法是在这一层之上再制作一层重掺杂的 p 型 GaAs 层[10.20]。

10.4.4 AlAs/GaAs 异质结

如图 10.5(c)所示,在 n 型 AlAs 和 p 型 GaAs 间制作"真"异质结,这种电池的效率也超过了 18%[10.21]。AlAs 的间接带隙较大,因此顶层相当于一个窗口,允许大部分入射光透过并在体区内被吸收。AlAs 和 GaAs 电子亲和力的失配,导致异质结的导带能量产生一个尖峰(见 9.3 节)。将 AlAs 层制成重掺杂层,这种尖峰的不利影响便可减至最小[10.21]。

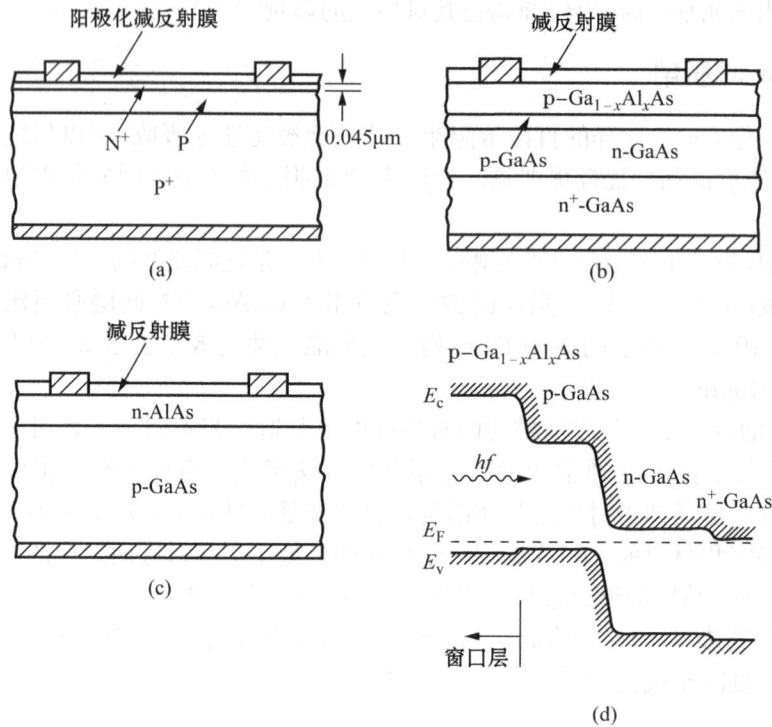

图 10.5　GaAs 太阳能电池不同设计方法的示意图
(a) GaAs 同质结　(b) Ga$_{1-x}$Al$_x$As/GaAs 异质面电池
(c) AlAs/GaAs 异质结　(d) (b)中所示的异质面电池相应的能带图

10.5　Cu$_2$S/CdS 太阳能电池

10.5.1　电池结构

CdS 电池的研发历史可追溯至 1954 年[10.22]，与用扩散法首次成功制得硅太阳能电池大约在同一年。自那时起，人们多次试图用这种材料来生产商用太阳能电池。

这种电池的显著特点是制造容易。由于细晶粒多晶(Fine-grained Polycrystalline)CdS 作为衬底材料其品质已经足够，所以有很多方法可制备这种衬底。其中，真空蒸发和喷涂是前景最被看好的方法。

CdS 电池通常用所谓 Clevite 工艺来制作。CdS 在真空中被蒸发到金属片或金属覆盖的塑料或玻璃上。沉积的 CdS 大约只有 20μm 厚，该层的晶粒直径大约为 5μm。然后，将其浸在氯化亚铜溶液中(80～100℃)约 10～30s。在厚度大约为 0.1～0.3μm 的表面层中，Cu 取代Cd，形成一个 Cu$_2$S/CdS 异质结，然后沉积出栅线电极。图 10.6(a)是所得到的电池的结构。如图所示，Cu$_2$S 层在晶粒边界处可向下延伸几个微米。图 10.6(b)为相应的能带关系。Cu$_2$S是 p 型材料，禁带宽度为 1.2eV；CdS 是 n 型，禁带宽度为 2.3eV。

用这种方法制得的电池效率超过 9%[10.23]，小批量生产时，效率可达 5%。

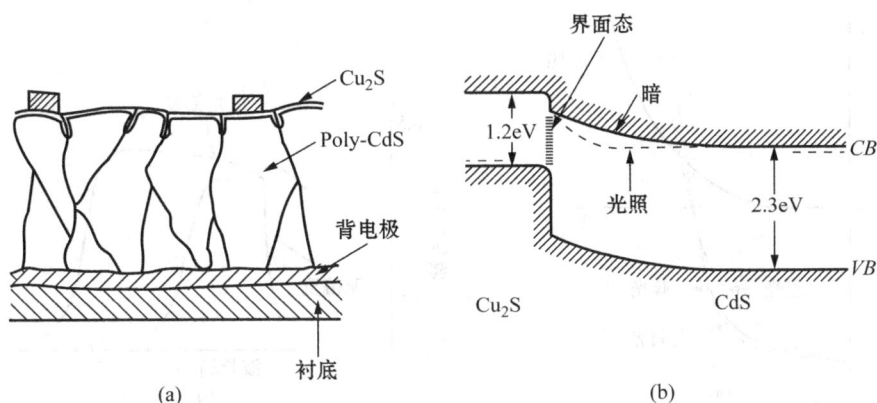

图 10.6

（a）Cu_2S/CdS 薄膜太阳能电池示意图　（b）无光照和有光照时相应的能带图

10.5.2　工作特性

考虑到 Cu_2S/CdS 电池制造简单,其性能的优良可以说是超乎预料。然而,造就此优良性能的机制远不如 Si 和 GaAs 电池那样明晰。其运作原理只能通过在 Si 和 GaAs 等电池理论的基础之上引入一些概念,以进行阐述说明。

Cu_2S/CdS 电池的响应包含几个非线性区。最明显的证据是,如图 10.7(a)所示,其光照下的电流-电压特性曲线可能与暗特性曲线交叉。此外,从图 10.7(a)也可看出,这种电池的开路电压和填充因子不仅取决于光生电流密度,而且也取决于光源的光谱成分。受光照时,电池的电容也增加很多倍(10~100 倍)。电池的光谱响应如图 10.7(b)所示,强烈依赖于偏置光的强度(也依赖于光谱成分)。虽然上述效应通常都可观察到,但由于制造条件的不同,它们的数值变化非常之大。

电容变化的结果显示,在光照条件下耗尽区的宽度收缩,如图 10.6(b)所示。这种现象的一种解释是在耗尽区中产生了陷阱能级[10.24]。产生的原因是因为在 Cu_2S 层形成过程中或在后面的热处理时,铜杂质扩散进入耗尽区。光照时光生空穴可为此能级所捕获。这就增加了 n 型区的正电荷,因而耗尽区变窄,如式(4.4)也可看出,这也就增加了该区的电场强度值。

这也使这样电池的光谱响应得以解释。由于晶格失配,在 Cu_2S/CdS 界面附近的禁带中可能有大量的允许态。图 10.6(b)显示出这些允许态。它们起有效复合中心的作用。然而,可以证明,在强电场下,这种复合中心的作用降低。在这种情况下,载流子迅速地扫过这些复合中心,因而复合几率减小。大部分光生载流子来自禁带宽度为 1.2eV 的薄 Cu_2S 顶层,小部分来自禁带宽度较宽的(2.3eV)CdS 层[10.25]。没有偏置光时,界面的电场强度相对小些,因此被收集的载流子复合的可能性较大,电池的光谱响应差,如图 10.7(b)所示。有偏置光时,电场强度变大,复合便减小,光谱响应也得到改善。

不同波长的光特性不一样,这可能与不同波长的光引起的空穴占有界面附近陷阱的能力不同有关。然而,上述对特性的解释仅是许多可能解释中的一种。尽管该理论基本正确,也还需借助其他机制共同解释所观察到的全部实验特性。

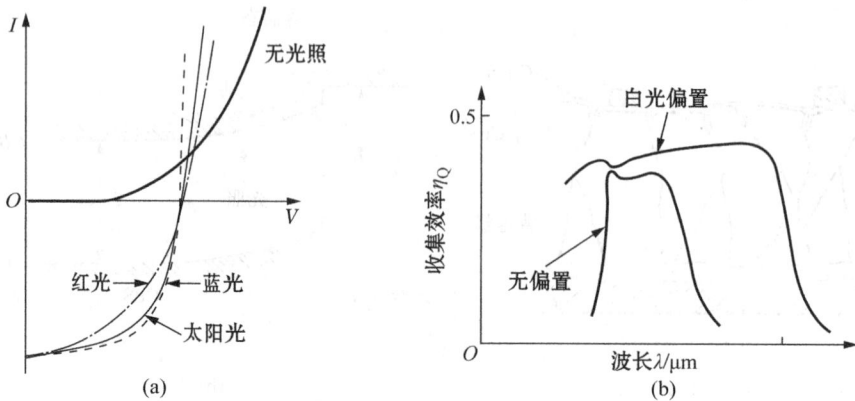

图 10.7   与 Cu_2S/CdS 太阳能电池运作有关的非线性特征

(a) 无光照和有光照特性曲线的交叉及有光照特性曲线与光源光谱成分的关系

(b) 采用偏置光所引起的光谱响应增强[10.24]

10.5.3 Cu_2S/CdS 电池的优缺点

Cu_2S/CdS 太阳能电池最主要的优点是可在各种不同种类的衬底上制作,非常适合于大规模自动化生产,电池生产成本低廉。

这种电池的主要缺点是效率低,缺少硅电池那种固有的稳定性。由于效率低,对于一定的输出而言,所需太阳能电池的面积便要增加,因而系统其他部分的成本变得更重要了。系统的平衡成本(Balance-of-System Costs),如场地准备、支撑结构及布线所需的费用,在整个系统成本中所占的比例可能很大,因此即使低效能电池成本为零,也不如使用成本较高的高效能电池来得合算。根据经验,对于经济上可行的大规模太阳能发电而言,10%的组件效率或许是可以容许的最低值。

同样地,上述考虑亦适用于电池的封装成本。由于 Cu_2S/CdS 电池稳定性能比其他电池差,因此,封装要更致密才可达到与其他电池相类似的使用寿命。

研究表明,CdS 电池在如下几种情况下就会退化[10.26]:①在高湿度条件下;②在空气中受热(>60℃);③在高温下受光照;④负载电压超过 0.33V。

电池吸收湿气后将使陷阱缺陷增加,降低了短路电流。这是一个可逆过程,经适当的热处理,电流还可恢复。假如电池在空气中加热至 60℃以上,短路电流可能发生不可逆的变化,这可能是由于 Cu_2S 与氧和湿气反应转变成 CuO 和 Cu_2O 混合物的缘故。即使没有空气,在这样的温度下,光照也可能降低效率,这是由于 Cu_2S 层中产生了光活化相变(Light-Activated Phase Change),某些 Cu_2S 转变成为 Cu_xS,其中 $x<2$。这种化学当量上的变化使效率大幅降低。电池的工作电压超过 0.33V 时,可能引起 Cu_2S 变为 CuO 和 Cu 的光活化转变,铜可以形成细丝导致结被短路。

人们认为,这种退化可以通过制造方法的稍许改变和通过电池的封装来加以防止。从光伏器件广泛应用的观点来看,CdS 技术还面临着 Cd 储藏量不足和 Cd 的毒性等问题。

10.6　小结

有许多材料能够用来代替作为现在太阳能电池工业基础的单晶硅。本章只是叙述了发展较早的一部分。

GaAs 是一种工艺较成熟、带隙对光伏能量转换来说接近理想的半导体材料。迄今为止，以 GaAs 材料制作的太阳能电池的效率仍为最高。同质结、异质面及异质结电池由于克服了直接带隙材料表面复合的严重限制，已被证明具有较高的效率。GaAs 材料的主要缺点是成本高。

Cu_2S/CdS 电池可以非常容易地在细晶粒多晶 CdS 上制造。虽然在低工艺成本方面有良好的潜力，但由于在大量生产的情况下要求达到 10% 的效率存在困难，以及为防止退化对封装提出的严格要求，将妨碍其广泛应用。

多晶硅的缺点是它要求晶粒大。这就淘汰了许多低成本的制作方法。采用大晶粒半晶硅材料甚至有一些优点超过单晶硅，正因为如此，已用这种工艺制成商用电池。最被看好的硅薄膜技术是非晶硅技术。自从其优良特点被确认以来，用这种技术制作的太阳能电池已在实验室和商用两个方面取得了迅速的进展。

习　题

10.1　在金属衬底上沉积多晶硅薄层。该层的晶粒结果是如图 10.1(b) 所示的圆柱形。晶粒横向尺寸等于该层厚度。在此层表面附近形成 p-n 结，由优先扩散效应引起的落入晶粒边界处的杂质浓度小到可以忽略。假设：晶粒边界对少数载流子而言是一个无限大的陷阱(Sink)；电池背面的金属-半导体界面的复合速度也很大，每个晶粒近似为立方体。试计算一个正好在晶粒体积中心产生的少数载流子对电池短路电流作出贡献的最大几率(提示：短路电流下，p-n 结对少数载流子而言是很有吸引力的区域，具有另一个陷阱的作用。当少数载流子的扩散长度比晶粒尺寸大得多时，有最大的收集几率，这相当于晶粒体积内部无复合的情况)。

10.2　对图 10.5(b) 所示的异质面电池，画出电子-空穴对的产生率与进入电池表面距离的关系曲线。

10.3　采用某工艺生产的效率为 10% 的太阳能电池组件，其成本是在晴朗天气下($1kW/m^2$)每峰瓦输出为 1 美元。在某个特定的应用中，与方阵面积有关的系统平衡成本总计是 80 美元$/m^2$。假设其他成本在任何情况中都相同，那么，采用另一种工艺生产的效率为 5% 的组件必须以何种价格出售才能使得系统的总成本与前一种技术相等？

参考文献

[10.1]　A L Fahrenbruck. II-VI Compounds in Solar Energy Conversion[J]. Journal of Crystal Growth 1977,39：73-91

[10.2]　A M Barnett, A Rothwarf. Thin-Flim Solar Cells：A Unified Analysis of Their Potential[J]. IEEE Transactions on Electron Devices ED-27 1980：615-630.

[10.3]　S Wagner, P M Bridenbaugh. Multicomponent Tetrahedral Compounds for Solar

Cells[J]. Journal of Crystal Growth, 1977,39: 151-159.

[10. 4]　M Schoijet. Possibilities of New Materials for Solar Photovoltaic Cells[J]. Solar Energy Materials, 1979:1: 43-57.

[10. 5]　J G Fossum, F A Lindholm. Theory of Grain-Boundary Intragrain Recombination Currents in Polysilicon p-n Junction Solar Cells[J]. IEEE Transactions on Electron Devices ED-27,1980: 692-700.

[10. 6]　H C Card, E S Yang. Electronic Processes at Grain Boundaries in Polycrystalline Semiconductors under Optical Illumination[J]. IEEE Transactions on Electron Devices ED-24,1977: 397-402.

[10. 7]　H Fischer, W Pschunder. Low Cost Solar Cells Based on Large Area Unconventional Silicon[C]//12th IEEE Photovoltaic Specialists Conference. Baton Rouge, 1976: 86-92.

[10. 8]　J Lindmayer, Z C Putney. Semicrystalline versus Single Crystal Silicon[C]//14th Photovoltaic Specilists Conference, San Diego, 1980: 208-213.

[10. 9]　W E Spear, P G LeComber. Solid State Communications,1975, 17: 1193.

[10. 10]　D E Carlson, et al. Solar Cells Using Schottky Barriers on Amorphous Silicon [C]// 12th IEEE Photovoltaic Specialists Conference. Baton Rouge, 1976: 893-985.

[10. 11]　D E Carlson. An Overview of Amorphous Silicon Solar-Cell Development[C]// 14th IEEE Photovoltaic Specialists Conference. San Diego, 1980: 291-297.

[10. 12]　J J Hanak. Monolithic Solar Cell Panel of Amorphous Silicon[J]. Solar Energy, 1979,23: 145-147.

[10. 13]　Y Kuwano, et al. A Horizontal Cascade Type Amorphous Si Photovoltaic Module [C] // 14th IEEE Photovoltaic Specialist Conference, San Diego, 1980: 1408-1409.

[10. 14]　A Madan, S R Ovshinsky, W Czubatyj. Some Electrical and Optical Properties of a-Si:F:H Alloys[J]. Journal of Electronic Materials,1980,9: 385-409.

[10. 15]　H J Hovel. Semiconductor and Semimetal Series[M]//Solar Cells, Vol. 11. New York:Academic Press, 1975: 217-222.

[10. 16]　T L Neff. Comparative Social Costs and Photovoltaic Prospects[C]//13th IEEE Photovoltaic Specialists Conference. Washington, D. C. , 1978:1001-1003.

[10. 17]　J C C Fan, C O Bozler. High-Efficiency GaAs Shallow-Homojunction Solar Cells [C]//12th IEEE Photovoltaic Specialists Conference. Washington, D. C. , 1978: 953-955.

[10. 18]　J M Woodall, H J Hovel: Applied Physics Letters[J]. 1977,30:492.

[10. 19]　R Sahai, et al. High Efficiency AlGaAs/GaAs Concentrator Solar Cell Development[C]//13th IEEE Photovoltaic Specialists Conference. Washington, D. C. , 1978: pp. 946-952.

[10. 20]　H A Vander Plas, et al. Performance of AlGaAs/GaAs Terrestrial Concentrator

Solar Cells[C] // 13th IEEE Photovoltaic Specilists Conference. Washington, D. C. , 1978: 934-940.

[10. 21]　W D Johnston, Jr, W M Callahan. Vapor-Phase-Epitaxial Growth, Processing and Performance of AlAs-GaAs Heterojunction Solar Cells[C] // 12th IEEE Photovoltaic Specialists Conference. Baton Rouge, 1976: 934-938.

[10. 22]　F A Shirland. The History, Design, Fabrication and Performance of CdS Thin Film Solar Cells[J]. Advanced Energy Conversion,1966;6: 201-222.

[10. 23]　J A Bragagnolo, et al. The Design and Fabrication of Thin-Flim CdS/Cu$_2$S Cells of 9. 15 Percent Conversion Efficiency[J]. IEEE Transactions on Electron Devices ED-27,1980: 645-651.

[10. 24]　A Rothwarf, J Phillips, N Convers Wyeth. Junction Field and Recombination Phenomena in CdS/Cu$_2$S Solar Cell[C] // 13th IEEE Photovoltaic Specialists Conference, Washington, D. C. , 1978:399-405.

[10. 25]　J A Bragagnolo. Photon Loss Analysis of Thin Flim CdS/Cu$_2$S Photovoltaic Devices[C] // 13th IEEE Photovoltaic Specialists Conference. Washington, D. C. , 1978:412-416.

[10. 26]　H J Hovel. Semiconductor and semimetal Series[M] // Solar Cell, Vol. 11. New York: A cademic press, 1975:195-198.

第11章 聚光型系统

11.1 引言

在目前的电池工艺下,降低光伏发电成本的一条可行途径是将阳光会聚,以减小给定功率输出所需的电池面积。采用聚光方法,能够使系统成本中的一部分电池成本转移到聚光元件和跟踪系统(如果需要的话)成本上去。

一般来说,聚光率越高,聚光系统所接收到的光线的角度范围越小。一旦聚光率超过10,则系统只能利用直射的阳光,因而,系统必须按太阳在天空运行轨迹跟踪太阳。聚光率越高,对太阳跟踪的要求越要精确。由于太阳本身大小的限制,光线由太阳照射到地球有一定的角度范围,这一角度范围决定了聚光系统可能得到的最大聚光率(约45 000)。

将太阳光会聚到电池上还会导致电池工作温度升高,这将降低电池效率。被动冷却(采用翼式散热片等)适用于聚光率在50以下的场合。对较高的聚光率则需要主动冷却。因此,同时利用光伏发电和冷却系统收集热能的"总能系统"(或"全能源系统",Total Energy Systems)是完全可行的。

11.2 理想聚光器

几何聚光率C定义为系统的口径面积与电池的有效面积之比。如前所述,这个比值是与聚光系统所接收到的光线角度范围θ_m密切相关的。从热力学定律可导出最大聚光率和接收角的关系。对一个将接收角范围内来自各个方向的光线进行等量会聚的系统而言,如图11.1(a)所示的二维或线性聚光器(Linear Concentrator),其最大聚光率由下式给出[11.1]:

$$C_{m(2D)} = \frac{1}{\sin(\theta_m/2)} \tag{11.1}$$

而如图11.1(b)所示的三维或点聚焦型(Point Concentrating)聚光系统,其最大聚光率则由下式决定:

$$C_{m(3D)} = \frac{1}{\sin^2(\theta_m/2)} \tag{11.2}$$

由于太阳本身的大小,使得直射日光的角度范围约为$0.5°(9.4\text{ mrad})$。这就决定了点聚焦型聚光系统可能得到的最大聚光率为45 000。

聚焦抛物面和透镜之类的传统聚光器,无法达到式(11.1)和式(11.2)给出的理想极限值,其性能低于理想值2~4倍[11.2]。第一个被认为性能与理想极限值相当的聚光器是如图11.2所示的非成像复合式抛物面聚光器(Compound Parabolic Concentrator,简称CPC)。它由两个抛物面反射器构成,抛物面的焦点位置如图所示。

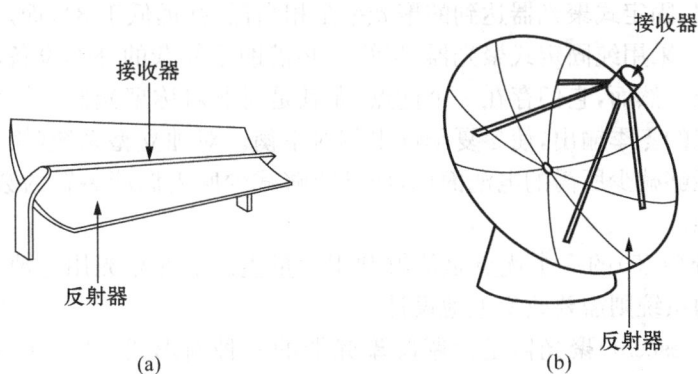

图 11.1

（a）二维或线性聚光器　（b）三维或点聚焦型聚光器

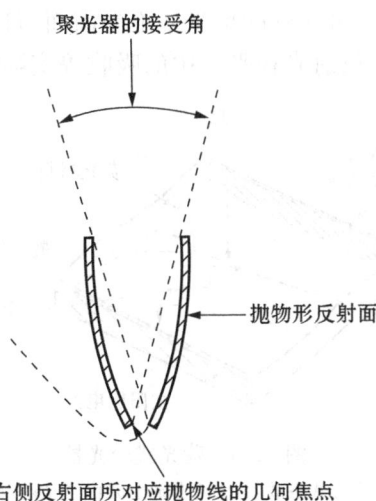

图 11.2　非成像复合式抛物面聚光器示意图

11.3　固定式和定期调整式聚光器

对固定式聚光器和每天或季节性调整方向的聚光器,显然希望得到尽可能大的接受角以提高聚光效果。举例而言,让我们考虑纵轴呈东西向的槽式聚光器。由于太阳高度的变化,太阳射线的方向会发生很大的改变。可以证明,太阳高度位于其昼夜平分点轨道平面±36°之内的时间,在全年任何一天中起码有 7 个小时。所以,一个最佳设计的固定槽式聚光器,如果它的接受角是 72°,那么此聚光器每天至少应能聚光 7 小时,可能得到的最大聚光率为 $1 / \sin (72° / 2)$,只有 1.7。如果缩短最小收集时间,或者把聚光器设计成可以周期性调整倾斜度的,则可能获得较高的聚光率。

美国阿贡(Argonne)国家实验室在 1976 年制造了小型的 CPC 光伏组件。一组组件采用抛物面反射器;第二组组件是利用在一个 CPC 形状的固体压克力块(Acrylic Block)中的全内反射。两者都需要季节性调整,以得到 7～9 的聚光率。

以上讨论表明,固定式聚光器达到的聚光率是相当低的(远低于 3),而定期调节可使聚光率增大到 12 左右。采用纯固定式聚光器,尽管不必借助于复杂的外部设备,但所得到的聚光水平似乎十分勉强。然而,它们存在一个优点,尤其是对非对称聚光器[11,15]而言,就是可以用来提高太阳能系统的冬季输出,使冬夏季输出相对平衡。对独立型系统(第 13 章)来说,这样一个聚光器不仅能够减少所需的电池面积,而且能够减少所需储能装置的数量和减少储能装置周期泄放的困难。

低聚光率系统(<5)的一个优点是能够利用大量生产的非聚光用电池,获得双重经济效果。聚光率较高的系统则需要改变电池设计。

荧光式(Luminescent)聚光器是无跟踪聚光器的一种新形式[11,6]。其结构如图 11.3 所示,在一个玻璃或塑料薄板中掺入一种荧光物质,将太阳能电池安装在平板的一个侧面上,而其他三个侧面都做成反射面。入射的阳光被添加剂吸收,然后以一窄波长范围的荧光形式放射出来。大部分的放射光,或由于全内反射,或由于侧面反射而被限制在平板内,直到它们到达太阳能电池上为止。这种系统可达到的聚光率不受前面所述的极限约束。各个角度的入射光都可接受,最大聚光率受到如放射光在平板中的吸收等实际因素的限制。

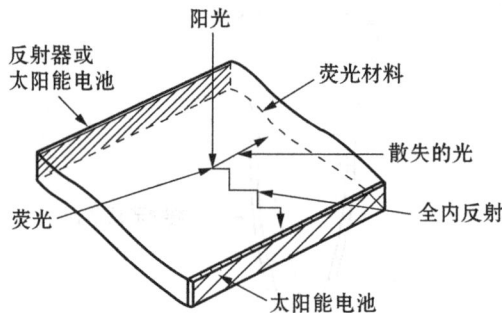

图 11.3 荧光式聚光器

(吸收的日光以荧光方式再放射,大部分放射光由于全内反射而被限制在平板内,被限制的光最终到达太阳能电池。)

11.4 跟踪式聚光器

聚光光伏系统的主流还是聚光率在 20 以上并能跟踪太阳的系统。这种系统已经有几种不同的设计方式。

设计方式的差异可以从 1978 年和 1979 年之间安装在圣第亚(Sandia)实验室的一个 10kW 子系统的两种不同方法看出来。第一种方法如图 11.4(a)所示,利用抛物面槽(主反射面)将阳光会聚到次级聚光器上,然后再会聚到太阳能电池[11,7]。总几何聚光率为 25。此设计放宽了对主聚光器的精度要求,尽管这意味着所需要的两次反射过程将使到达太阳能电池辐射总量的最大值减少到入射光的 78%。在电池上安装有散热器,以确保电池的被动冷却。一个安装在用于跟踪方位角(Azimuth Tracking)的圆形轨道上的 10kW 方阵如图 11.4(b)所示。

另一种方法如图 11.5 所示,其工作原理为折射效应。在这类应用中,菲涅尔透镜

(a)

(b)

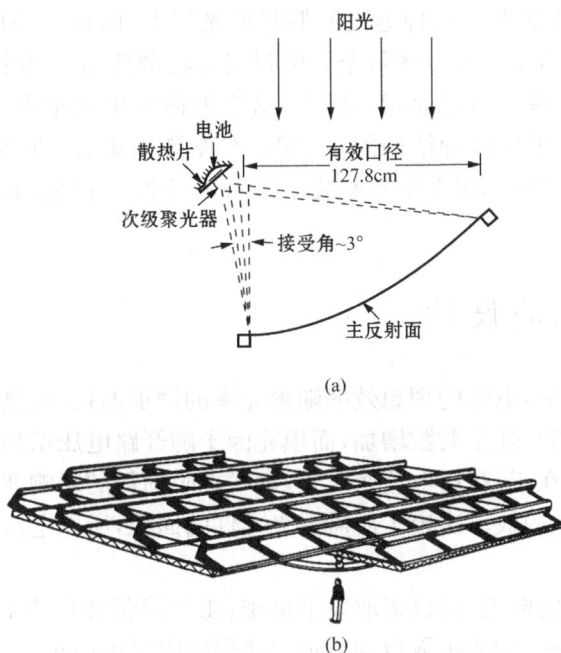

图 11.4 采用抛物面槽聚光器的 10kW 聚光型光伏系统
(a) 聚光元件和电池装置 (b) 整个系统安装在一个圆形轨道上[11.9]

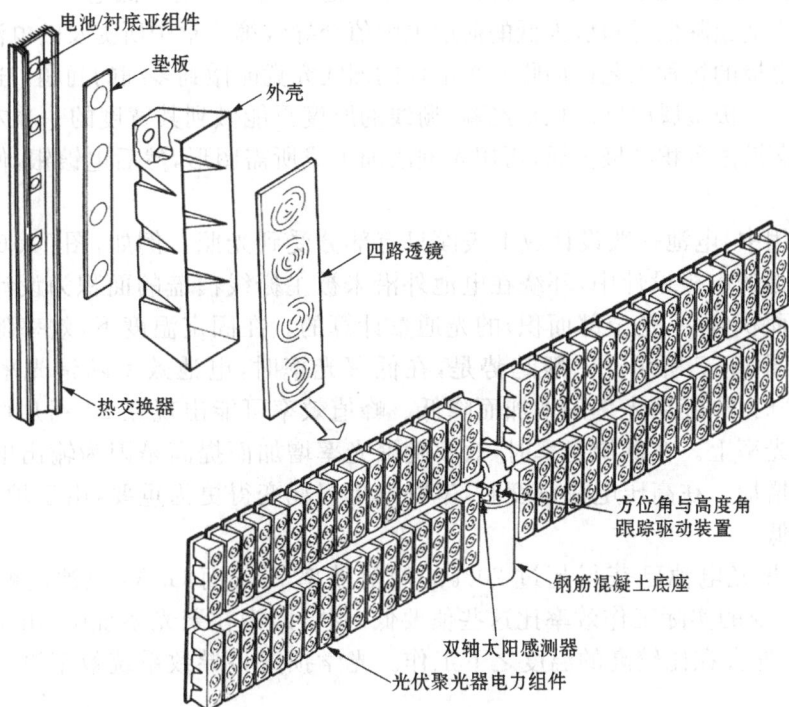

图 11.5 2.2kW 非涅尔透镜聚光器
(透镜不仅聚光而且是电池外罩的一部分。在该设计中,散热片面积与系统口径面积相近[11.8]。)

(Fresnel Lens)具有一些优点。这种透镜不但起聚光作用,而且也为电池提供了外罩。图示的系统采用四路透镜(Quad Lens)将阳光会聚到安装在散热器上的电池上。在这种系统中,散热片面积可以做得和系统口径面积一样大,这样即使在聚光率高达 40 的情况下,也能保证电池得到合理冷却。采用这种结构的 2.2kW 方阵参见文献[11.8]。一个由类似单元组成的 350kW_p 系统在 1980～1981 年间安装于沙特阿拉伯。它是当时投入使用的最大光伏系统。

11.5 聚光电池的设计

在温度恒定的情况下,电池的理想效率随聚光率的增加而提高,这是因为短路电流随光强呈线性增加,开路电压随光强呈对数增加,而填充因子随开路电压增加而上升。实现上述效率提升所遇到的主要困难在于:在高电流密度下,串联电阻损耗的影响变得更加重要。因为对一个给定的功率输出,电池的效率决定了所需聚光元件的面积,所以电池达到尽可能高的效率是极其重要的。

为降低太阳能电池的电阻,建议采取以下措施:①为降低体电阻和接触电阻损耗,宜采用具有背表面场的低阻衬底;②使扩散得到的顶层薄层电阻尽可能小;③采用细副栅线图案的上电极,以减少横向电流引起的损耗;④采用厚的金属接触层,以减少在副栅线和主栅线上的电阻损耗。

以上措施在现代聚光电池生产中都被采用了。这些电池采用较低电阻率的衬底[①]。扩散层的薄层电阻也适当降低,但是,太低的薄层电阻值会导致第 7 章中所提及的电池性能降低的结果。制备上电极的每种工艺都面临一个电极的栅线究竟能做到多细的问题。这一极限还取决于所需要的上电极金属厚度。根据经验,栅线的厚度只能做到其宽度的一半左右。一般做法是使用真空蒸镀法沉积电极金属,再用光刻法加工成所需图形,然后电镀银,使栅线尽可能加厚。

在聚光应用中,电池一般设计成上表面只有部分受到光照。例如,图 11.6 所示的典型点聚光系统电池的电极设计中,环绕在电池外沿未被主栅线覆盖的面积为设计面积。效率是按到达设计面积(而不是全部面积)的光通量计算的。在固定温度下,效率随聚光率变化的关系曲线如图 11.7 所示。一般趋势是,在低聚光率时,电池效率随聚光率的增加而提高;在高聚光率时,则随聚光率的增加而降低。峰值效率可能出现在 20 到几百倍标准日照之间的任何聚光率上。在低聚光率时,效率随聚光率增加而提高是因为输出电压随电流密度增加呈对数增加。在高压电流密度时,串联电阻损耗变得更为重要,由于填充因子降低,效率便随之降低。

据报道,硅聚光电池已获得超过 20% 的峰值效率[11.9],而 GaAs 电池的峰值效率约为 25%[11.10][②]。电池的实际工作效率比这些值要低一些,因为在聚光系统中,由于功率密度的增加,电池很可能会在比较高的温度之下工作。光学损失将导致系统效率进一步降低。如

---

① 由于“高注入效应”,具有背面场以及高阻衬底的电池在某些情况下会呈现低的串联电阻,这为制作聚光电池提供了另一条途径。请看 8.4 节的脚注及其参考文献。

② 现在 Si 和 GaAs 单结聚光电池的效率已分别超过 26% 和 28%。(译注)

果所设计的系统能使到达其受光面光中的 85％到达电池,聚光系统的设计者就应该非常满意了。

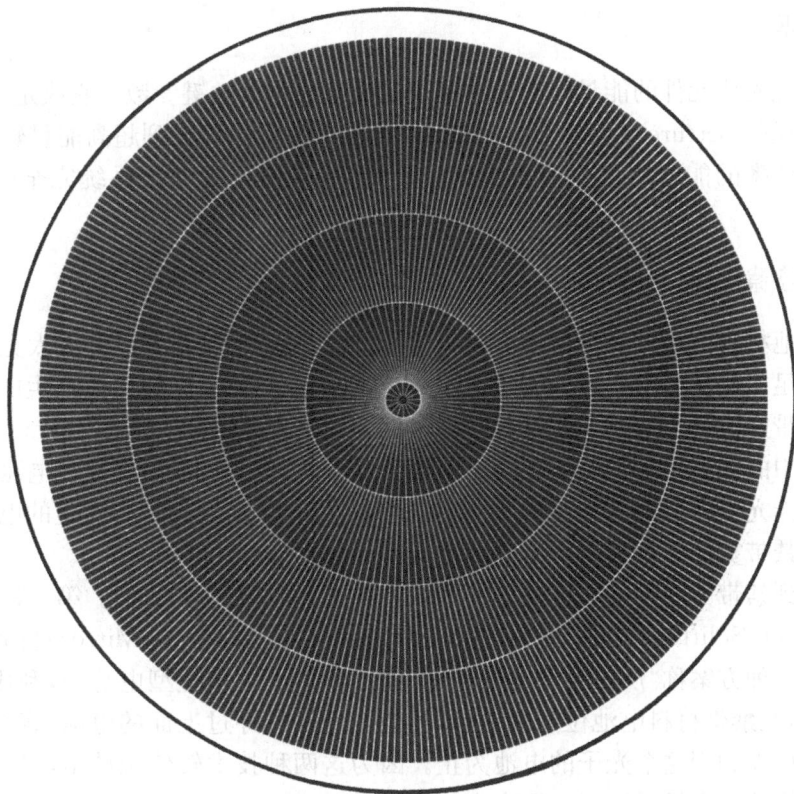

图 11.6　典型的点聚焦式聚光系统采用的电池
(电池由 Applied Solar Energy Coporation 提供)

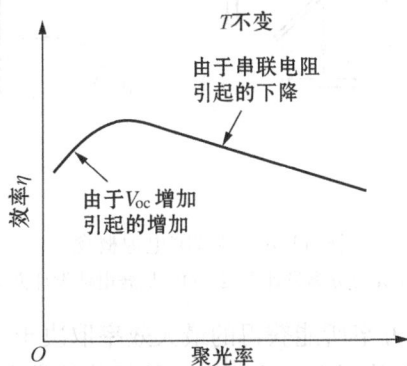

图 11.7　固定温度下太阳能电池效率随聚光率增加而变化的典型曲线

11.6　超高效率系统

11.6.1　概要

聚光型系统光伏元件的能量转换效率是决定系统成本的关键参数。它决定了给定输出条件下的系统口径(Aperture)面积。在以下几节中,将探讨几个可得到超高能量转换率的概念。这种达到超高效率的能力是聚光型系统的一个特点,它使得聚光型系统完全区别于平板式组件。

11.6.2　多带隙电池

太阳能电池材料的最佳禁带宽度必须折中选择,即所选的禁带宽度不能太宽,以免太多光子因其能量不足以产生电子-空穴对而被损失掉,但也不能太窄,以免因所产生的电子-空穴对能量远超过禁带宽度而造成光子能量的过多浪费。

如果阳光中的低能量光子照射到由窄禁带半导体制造的电池上(在这种电池中,低能光子被利用),而高能光子照射到宽禁带电池上(在这里,光子能量不会因所产生的电子-空穴对的能量远远超过禁带宽度而被浪费掉),则可以得到一种更加有效的系统。

将光照射到禁带宽度合适的电池上的两个设计方案如图11.8所示。第一种方案称为"光谱分离(Spectrum Splitting)",使用光谱感光镜(Spectrally Sensitive Mirror)将光投射到适当的电池上。第二种方案称"层叠型电池"(Tandem Cell,也作"串叠型电池"),利用一系列层叠在一起的电池,宽禁带材料电池位于最上层,低能量光子将穿过上面的电池,直至到达一个其禁带宽度窄到可以利用这个光子的电池为止。因为这两种技术较传统单结电池复杂得多,所以多带隙电池设计方案最适用于高聚光率的系统。

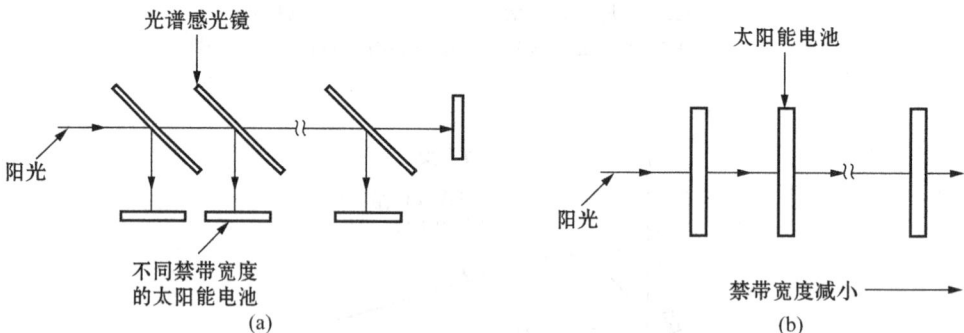

图 11.8　多带隙电池概念

(a) 光谱分离设计方案　(b) 层叠电池设计方案

采用这种多带隙电池设计方案所能获得的最大效率取决于所使用的不同禁带宽度的电池数量。表11.1给出了这个关系并列出了这些电池的最佳禁带宽度。所列效率是对应于AM1光谱,1 000倍标准日照(1 000 suns),其理想值见图11.9(a)。可以看出,多带隙电池系统与单电池系统相比,理想极限效率提高一倍。实际上,这样的系统会比单电池系统产生更多不可避免的光学损失。考虑到这些损失,效率将降低到如图11.9(b)所示的较保守数值,即多电池系统的总效率将减小至 20%～50%。

表 11.1　多禁带宽度电池的最佳禁带宽度和效率 (1 000 × AM1)[11.11]

电池数目	系统效率 /%	禁 带 宽 度 /eV										
1	32.4	1.4										
2	44.3	1.0	1.8									
3	50.3	1.0	1.6	2.2								
4	53.9	0.8	1.4	1.8	2.2							
5	56.3	0.6	1.0	1.4	1.8	2.2						
6	58.5	0.6	1.0	1.4	1.8	2.0	2.2					
7	59.6	0.6	1.0	1.4	1.8	2.0	2.2	2.6				
8	60.6	0.6	1.0	1.4	1.6	1.8	2.0	2.2	2.6			
9	61.3	0.6	0.8	1.0	1.4	1.6	1.8	2.0	2.2	2.6		
10	61.6	0.6	0.8	1.0	1.4	1.6	1.8	2.0	2.2	2.4	2.6	
11	61.8	0.6	0.8	1.0	1.2	1.4	1.6	1.8	2.0	2.2	2.4	2.6

当我们考虑一个双电池系统时,硅并不是窄禁带宽度电池材料的最佳选择。但是,硅电池(禁带宽度 1.1 eV)与一个禁带宽度为 1.6～2.1 eV 的电池组成的系统可能得到接近最佳的性能[11.12]。第一个真正引起关注的多带隙电池设计方案的实验结果,是于 1978 年在一个由硅电池和 $Al_xGa_{1-x}As$ 异质结电池组成的双电池系统上得到的[11.12]。其中,$Al_xGa_{1-x}As$ 异质结电池的低禁带宽度为 1.61 eV。一面波长选择反射镜(Wavelength Selective Mirror)将能量小于 1.65 eV 的光子反射到硅电池上,而其余的光子穿过镜子到达异质结电池。在 165 倍标准日照(165 suns)下,该系统的总输出显示系统具有 28.5% 的效率,这是当时光伏系统所达到的最高效率。

在多带隙电池系统中,不同禁带宽度电池的电压输出不同,其电流输出一般也不同。当然可以对每一种电池设置独立的电路,但增加了复杂性。另一种方法是将电池串联,但如 6.6.4 节所述,串联电池组的电流输出等于其中最差电池的电流。为保持多电池结构的效率,需要将不同类型的电池设计成具有相同的短路电流。因此,选择适当的电池禁带宽度被认为是获得最大效率的一项基本前提[11.12]。

在这方面,一个有趣的想法是在同一衬底上构建出互相串联的"层叠"电池。这种电池组可利用与 10.4 节中所谈到的与 GaAs 电池同样的外延生长工艺制得。例如,图 11.10 显示了一个双电池串联的层叠结构和相应的能带图[11.13]。

顶层对紧邻于下方的 $Al_{0.38}Ga_{0.62}As$ 电池来说,其作用相当于一个窗口(Window)。在这个电池下面有两个具有多种功能的重掺杂层。对上面的电池来说,它们具有背表面场的作用;对下面的电池来说,则具有前表面场的作用。这两层之间的结区耗尽层很薄,由于量子力学穿隧效应,电子可在其导带和价带之间流动。因而,该区具有电池间的串联连接作用,而且对下面的 GaAs 电池而言是一个光学窗口。这种结构的复杂程度不会超出制造半导体激光器所能

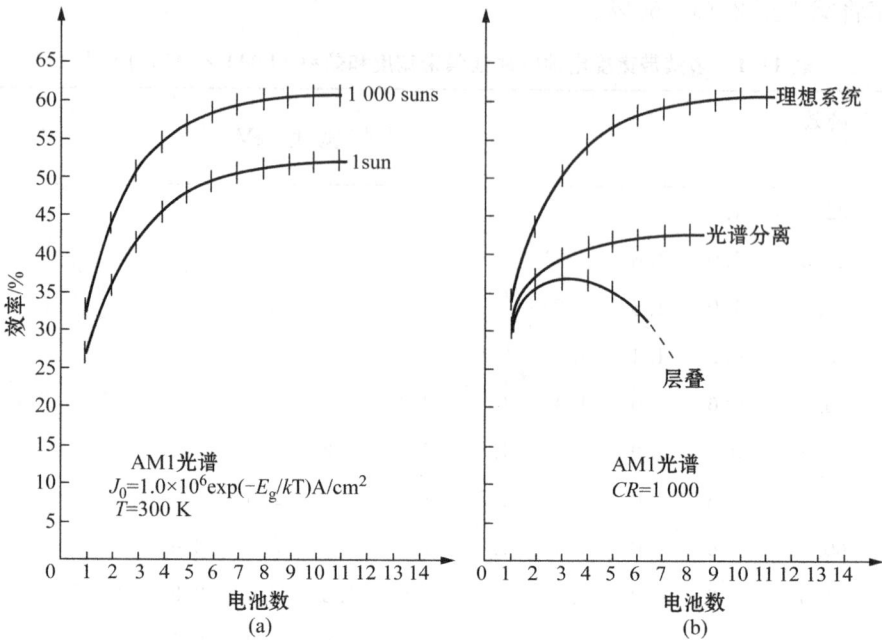

图 11.9

（a）聚光和无聚光情况下多带隙电池系统的最佳效率　（b）光学损失的影响[11.11]

达到的技术范围[11.14]。

　　对串联的多带隙电池来说，一个重要的问题是，当电池在正常条件下工作时，阳光的光谱成分是否有大的变化。这种变化使电池电流输出的相对值发生变化，因而对系统的效率有明显的影响。有关的资料初步指出：虽然由于云雾或在太阳刚升起的时候这种变化会发生，但不认为这是一个主要的损失机制[11.12]。

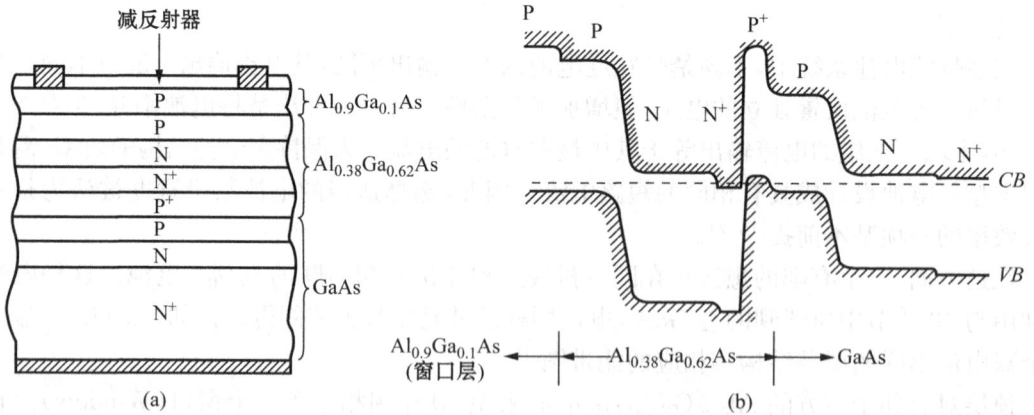

图 11.10

（a）在一块衬底上用外延工艺制备的两层层叠电池　（b）相应的能带图

11.6.3　热光伏转换

在太阳能电池中的一项重要损失是由于具有远超禁带宽度能量的光子只能产生一个电子-空穴对。因而,这种高能光子对电池输出的贡献与一个能量低得多的光子是一样的。图 11.11(a)显示了入射到硅电池的能量利用率与波长的关系。

如果用一个温度较低(2 000℃)的黑体照射太阳能电池,则结果修改为如图 11.11(b)所示的情况。在能量超过禁带宽度的光子中,有较多的能量可被利用。事实上,电池的效率将会降低,因为能量超过禁带宽度的光子数目相对减少了。但是,如果大部分无效光子能够辐射回黑体,并被黑体吸收以保持黑体的温度,那么情况就不同了。这些光子不再是无用的了,它们提供用以保持黑体温度所需的部分能量。

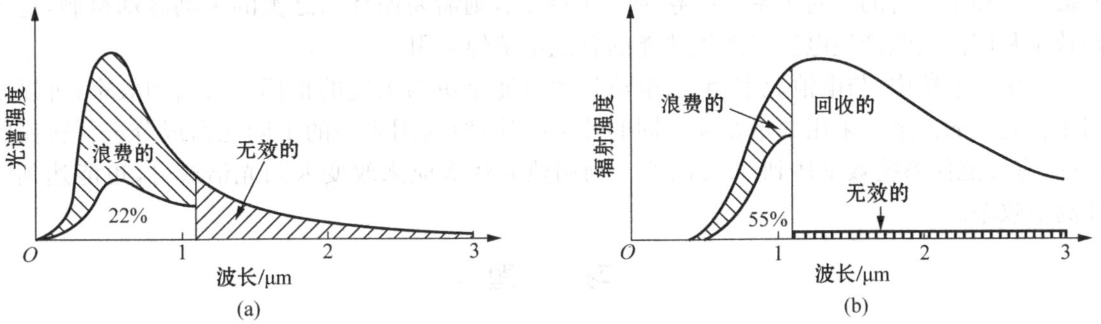

图 11.11　两种不同温度的黑体辐射到硅电池上的能量利用情况[11.16]

(a) 6 000℃　(b) 2 000℃

在热光伏(Thermophotovoltaic)太阳能转换中[11.15],太阳把一个辐射器加热到高温,然后辐射器再发出辐射到太阳能电池上。电池不能利用的长波辐射重新辐射回辐射器。热光伏转

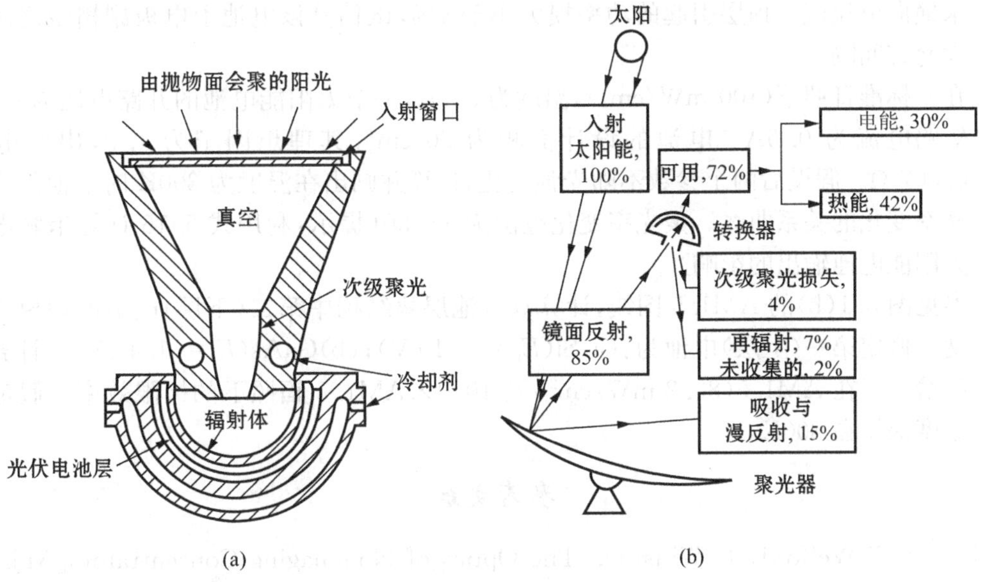

图 11.12

(a) 热光伏太阳能转换器的主要部件　(b) 对应的能量转换系统与能量预算[11.16]

换器的主要部件如图 11.12 所示。电池的背面做成高反射率的表面,以便通过电池的长波辐射能够被反射回辐射器。虽然这种设计的理论效率上限非常高,但因涉及许多制作过程,其实验效率就会略为降低[11.16]。

11.7　小结

采用聚光技术的结果,将光伏系统的成本从电池成本转移到聚光元件和跟踪元件的成本上。为使聚光率保持在 12 以上,聚光器就必须持续跟踪太阳。

在一定温度下,电池效率的上限随聚光率的增加而提高。但是,当电池应用于聚光型系统时,由于工作温度通常较高,会在一定程度上抵消这一有利的效果。在低聚光率系统中,电池的被动冷却是可行的。对于聚光率超过 50 的系统,则需要循环水之类的主动冷却机制,这就导致了利用阳光既产生电能又产生热能的总能系统的应用。

在聚光系统中,与电池成本相比,电池效率可能是更为关键的指标。为增加效率,可以采用比较复杂的方案。采用禁带宽度不同的几个电池,对太阳光中的不同光谱成分进行转换的设计,有可能使系统效率达到 30% 以上。利用热光伏效应来改变太阳光谱成分,也能达到同样高的效率。

习　　题

11.1　有一个如图 11.3 所示的荧光聚光器。如果荧光物质再发射的光是以均匀密度射向各个方向,计算由于全内反射作用被平板所限制的光的百分比。发射点位于平板中间,假设平板的折射率是 1.5。

11.2　一个浅结硅太阳能电池的顶层电阻率为 30 Ω/□。在一标准日照(1sun)下,当电压为 450 mV,电流密度为 30 mA/cm² 时该电池给出最大功率。若在 100 倍标准日照下,要求横向电流流过顶层引起的功率损失小于 4%,试估算该电池上电极副栅线之间的最大允许间隔。

11.3　在一标准日照下(100 mW/cm²),温度为 300K,一个太阳能电池的开路电压为 0.60V,短路电流为 0.6A。电池的设计面积为 20 cm²,其理想因子为 1.2,串联电阻为 0.007 Ω。假设后两个参数不随光强变化,计算并画出在温度为 300K 时电池效率随聚光率变化的关系曲线。聚光率变化范围为 1~50(提示:利用式 5.16 计算串联电阻对太阳能电池输出的影响)。

11.4　参见图 5.1(b)的 AM1.5 图线,计算双电池层叠结构中第二(下层)电池的理想禁带宽度。假定第一(上层)电池为:(a)Si($E_g = 1.1$ eV);(b)GaAs($E_g = 1.4$ eV)。计算每一种情况下在 AM1.5(83.2 mW/cm²)及 1000×AM1.5 辐照下的极限效率。假定电池温度保持在 300K。

参考文献

[11.1]　W T Welford, R Winston. The Optics of Nonimaging Concentrators[M]. New York:Academic Press, 1978.

[11.2]　A Rabl. Comparison of Solar Concentrators[J]. Solar Energy 1976,18:93-112.

[11.3]　J L Watkins, D A Pritchard. Real-Time Environmental and Performance Testing of Concentrating Photovolatic Arrays[C] // 13th IEEE Photovoltaic Specialists Conference. Washington, D. C. , 1978: 53-59.

[11.4]　M W Edenburn, D G Schueler, E C Boes. Status of DOE Photovoltaic Concentrator Technclogy Development Prpject[C] // 13th IEEE Photovoltaic Specialists Conference. Washington, D. C. , 1978:1028-1039.

[11.5]　D R Mills, J E Giutronich. Ideal Prism Solar Concentrators[J]. Solar Energy, 1978,21: 423-430.

[11.6]　C F Rapp, N L Boling. Luminescent Solar Concentrators[C] // 13th IEEE Photovoltaic Specialists Conference. Washington, D. C. , 1978:690-693.

[11.7]　J A Castle. 10 kW Photovoltaic Concentrator System Design[C] // 13th IEEE Photovoltaic Specialists Conference. Washington, D. C. , 1978: 1131-1138.

[11.8]　R L Donovan, et al. Ten Kilowatt Photovoltaic Concentrating Array[C] // 13th IEEE Photovoltaic Specialists Conference. Washington, D. C. , 1978:1125-1130.

[11.9]　E C Boes. Photovolatic Concentrators[C] // 14th IEEE Photovolatic Specialists Conference. San Diego, 1980:994-1003.

[11.10]　R Sahai, D D Edwall, J S Harris, et al. High Efficiency AlGaAs/GaAs Concentrator Solar Cell Development[C] // 13th IEEE Photovoltaic Specialists Conference. Wahington, D. C. , 1978:946-952.

[11.11]　A Bennett, L C Olsen. Analysis of Multiple-Cell Concentrator/Photovoltaic System[C] // 13th IEEE Photovoltaic Specilaists Conference. Washington, D. C. , 1978:868-873.

[11.12]　R C Moon, et al. Multigap Solar Cell Requirements and the Performance of AlGaAs and Si Cells in Concentrated Sunlight[C] // 13th IEEE Photovoltaic Specialists Conference. Washington, D. C. , 1978:859-867.

[11.13]　S M Bedair, S B Phatak, J R Hauser. Material and Device Considerations for Cascade Solar Cells [J]. IEEE Transactions on Electron Devices ED-27, 1980: 822-831.

[11.14]　E W Williams, R Hall. Luminescence and the Light Emitting Diode[M] // Vol. 13, International Series on Science of the Solid-State, ed. C. R. Panydin. Oxford: Pergamon Press, 1978.

[11.15]　R M Swanson. A Proposed Thermophotovoltaic Solar Energy Conversion System [J]. Proceedings of the IEEE 1979,67:446-447.

[11.16]　R N Bracewell, R M Swanson. Proceedings of the Electrical Energy Conference [C]. Institute of Engineers, Australia, Publication 78/3, May 1978:52-55.

第 12 章　光伏系统的组成与应用

12.1　引言

前几章比较详细地讨论了光伏系统的最主要部件即太阳能电池本身的性能。本章及以后几章将介绍光伏系统所需要的其他部件，还将介绍整个系统的性能以及商业化生产的可行性。

由于在地面环境中太阳能系统的电力输出是间歇式的，并且是难以预测的，因此，如果系统需要随时供电的话，就需要某种形式的储能装置和（或）备用电源。我们将探讨目前和今后可能利用的储能方式。

太阳能电池产生直流的电力输出，其最大功率点的电压随太阳光的强度及电池温度变化。由于最常见的供电方式为交流形式，所以在太阳能电池组件与用电负载之间需要某种形式的功率调节装置。本章将介绍功率调节装置应具备的一般特点。

过去，由于成本较高，太阳能电池的商业性应用仅局限于作为边远地区的小型独立电源。随着电池价格的不断下降，商业性应用范围正不断扩大[12.1]。随后几节将介绍一些应用实例。

12.2　能量的储存

12.2.1　电化学电池

在过去安装的光伏系统中，主要选用电化学电池组作为储能装置。已经使用的有铅酸蓄电池，少数场合使用镍镉蓄电池。这种储能方式的主要缺点是蓄电池的成本太高，以及大规模储能时需要大量的材料。

为了能在电动车辆上以及供电系统的短期储能（"负载均衡"）方面得以应用，有多种蓄电池系统正在研制中[12.2]。这就使将来用于光伏系统的蓄电池有望降低成本[12.3]。目前来看，最被看好的系统包括锌-氯蓄电池和高温电池，如钠-硫以及锂-硫化铁蓄电池。

在电化学储能方面，特别适合于独立光伏系统的一项新成果是氧化还原蓄电池[12.4]。有关氧化还原对的概念在 9.7.2 节已介绍过，这个术语是指溶液内部的一种氧化和还原状态。在氧化还原蓄电池中，两种氧化还原对的溶液彼此分开并保持完全绝缘。充电时一个氧化还原对被氧化，而另一种溶液中的氧化还原对被还原。放电时的情况则相反。

最受重视的氧化还原对溶液是铬（氧化还原对：Cr^{2+}/Cr^{3+}）和铁（氧化还原对：Fe^{2+}/Fe^{3+}）的酸性氯化物溶液。图 12.1 所示为最简单的氧化还原系统装置。每个槽内装有一种氧化还原对溶液，这些溶液通过泵加压而流经能量转换区，在这里，溶液被一个高选择性离子交换膜隔开。每种溶液用惰性碳电极作为引出电极。隔膜能阻止铁离子和铬离子通过，但氯离子和氢离子则很容易地通过。

当储能系统充电时，铬溶液里的铬离子大部分处在还原态（Cr^{2+}），而铁溶液里的铁离子大

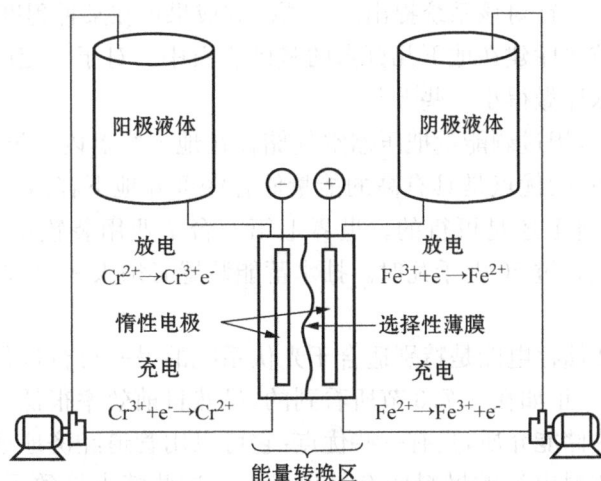

图 12.1　一种可反复充电的氧化还原储能系统示意图[12.4]

部分处在氧化态(Fe^{3+})。放电时,发生如下反应:

（1）在阳极,铬离子被氧化:

$$Cr^{2+} \rightarrow Cr^{3+} + e^-$$ (12.1)

（2）在阴极,铁离子被还原:

$$Fe^{3+} + e^- \rightarrow Fe^{2+}$$ (12.2)

（3）H^+ 离子从阳极穿越隔膜到达阴极,而 Cl^- 离子向相反的方向运动以保持电中性。

在外电路中,电子从阳极流向阴极,使电流从电池两端引出。对电池充电时,外加电压加在电池两端,促使反应向相反方向进行。几个电池可以将其溶液互相并联,而在电学意义上相互串联以提高输出电压。

氧化还原系统不同于普通蓄电池的特点是:由能量转换区的尺寸决定系统功率的大小和由所用液槽容积和溶液浓度决定储能容量,而这两者可独立选定。这一特点使该系统对独立光伏系统特别理想,因为独立光伏系统往往需要一星期或更长时间的能量储备,以应对低日照时期的需要。因为溶液较稀,可采用廉价塑胶材料作为液槽和管道。此外,系统允许的充放电次数在理论上是无限的,预计系统的工作寿命可达 30 年。这个方法的缺点是电解液的能量密度比较低。一定体积的荷电溶液所产生的电能,大约等于 1/100 体积的石油类燃料所产生的电能,不过主要区别在于溶液可以再次充电。

12.2.2　大容量储能方法

蓄电池是一种既适用于小型光伏系统也适用于大型光伏系统的储能装置。正如第 14 章将要谈到的,能量储存装置作为常规电网的一个组成部分,其作用在于提高含太阳能发电装置的电力系统的可利用率。在这方面,值得注意的是几种大容量储能技术已经在这样的电网中使用。

对于大规模储存电能来说,最成熟的技术是抽水蓄能法。在非供电高峰时,把水从低位水库注入高位水库,用这种方法把能量储存起来。在供电高峰期间,水向相反方向流动,驱动涡轮发电。用这种方法可重新获得原有电能的三分之二。目前,这种方法因缺乏适合建立储能装置的地点而受到限制。针对该系统提出的一项研究成果可在某种程度上消除上述缺点。其做法是把系统中的低位水库建在地下几百米的坚硬岩石中。对于一定的储能容量来说，大的落差还可以允许高位水库做得小一些[12.2]。

在压缩空气储能厂，用过剩能量把压缩空气储存在地下容器内。虽然这项技术实际上比抽水蓄能法要复杂，但它的优点是具有高的能量储存密度和地下容器选址的灵活性[12.2]。虽然装置可能较小，但经济上还是可行的。世界上第一台工业用装置位于联邦德国的杭托夫（Huntorf），其运转容量超过 50 万千瓦时。抽水蓄能装置必须大一个数量级才能获得充分的经济效益。

用转换成氢的方法储存电能是特别适合于光伏系统的另一可行途径，因为其电解只需要低的直流电压。实际上，正如在 9.7.3 节所看到的，虽然目前效率很低，光电解能够在半导体表面直接完成。氢作为储能介质，具有一些优点：它可以用管道经济地远距离输送；它适合用作传统发动机燃料或燃料电池的燃料而有效地发电。这些特点导致了一个"氢能经济（Hydrogen Economy）"概念的产生。在这里，氢成为人类的基本燃料[12.5]。从光伏储能的观点来看，氢的一个主要缺点是储能效率目前仍然较低（低于 50%）。

另外几种可能的方法是以超导磁体的形式储能或用飞轮储存机械能。不过，从本质上看目前这两种方法似乎比其他方法成本更高一些。

12.3 功率调节装置

通常，光伏系统是由太阳能电池、储能装置、某种形式的备用电源（辅助发电机或电网）以及交流或直流电负载组成。为了在这些不同的系统构件之间提供一个界面，必须有功率调节和控制装置，如图 12.2 所示。

最简单的太阳能电池系统是电池直接接到负载上，无论何时，只要有充足的光照，就可以

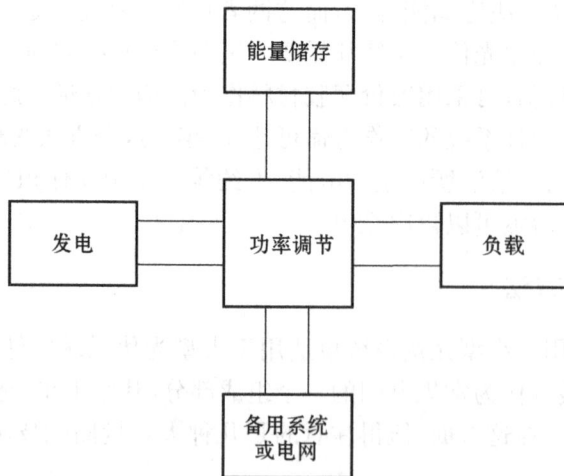

图 12.2 功率调节装置的功能
（在大多数情况下，该装置不仅具有光伏系统的不同装置间的界面作用，
而且还执行控制和保护功能。）

供电。使用直流电动机带动水泵抽水,就是这种系统的一个例子。另一个最简单的系统是在蓄电池储备有足够能量的情况下给直流负载供电,这样就不需要备用发电机了。在这种情况下,为了防止阳光充足期间因过度充电而损坏蓄电池,系统中只需安装一个调节器。较复杂的一种是采用类似的系统给交流负载供电,在这种情况下,需要用一个逆变器把太阳能电池和蓄电池的直流输出功率转换成交流形式。再复杂一些的系统还要包括备用发电机(或供电网),在这种情况下,需采用某种控制方式来决定何时启动备用电源。

功率调节方面的主要研究方向是提高逆变器的性能及降低其成本。关键的性能参数是效率和空载功率损耗[12.6]。

12.4　光伏应用

过去,由于太阳能电池的成本很高,商业性应用仅限于远离电网地区的小型电力系统。电信系统是太阳能电池商业市场的支柱。这些系统的涵盖范围,从需要峰值几千瓦发电容量的微波中继站电源,到供边远地区无线电话业务用的额定功率仅几十瓦的小型组件。

其他大量应用还有向导航设备和报警设备、铁路交叉口装置、气象及污染监控装置、使用外加电流的防腐蚀技术以及电子消费品(如计算器和钟表)等供电。太阳能电池也已经应用于发展中国家的电视教学以及疫苗冷藏的电力供应上。

随着太阳能电池成本的不断下降,与发展中国家特别相关的其他应用在经济上的可行性逐渐提高[12.7]。小规模的抽水灌溉和饮水净化就是两个例子。开发性的援助计划也许可为这个市场提供一个途径,这或许可以克服购置太阳能系统所带来的资金问题。

第一个可能对世界能源需求带来重大冲击的光伏应用是在北美地区设立的住宅供电系统。在所设想的运作模式中,如第 14 章将介绍的,住宅系统还可能与供电网络相连,而电网具有长期储能装置的作用。采用第 7 章所介绍的硅电池工艺,可以生产出成本符合住宅用电要求的电池。

对于大规模发电(例如大容量的集中型电站)而言,其太阳能电池的成本必须降至约为住宅用电池成本的一半才显竞争力。薄膜太阳能电池工艺实现这样低成本的可能性要大得多。这种并网连接应用方式的其他特性要求将在第 14 章讨论。

12.5　小结

除少数应用外,任何一个光伏系统除了太阳能电池以外还需要其他的部件。一个光伏系统可能包括太阳能电池、能量储存装置、电力储存装置、功率调节和控制装置以及备用发电机。功率调节装置的主要部分一般是逆变器,它能把太阳能电池和蓄电池的直流输出电力转换为一般负载所需的交流形式。

过去,太阳能电池的商业性应用只限于边远地区的小规模供电。将来,随着太阳能电池成本的不断下降,应用范围会更加广泛。在美国的电网覆盖地区,住宅供电被看作是一个很有潜力的应用,利用目前新开发出来的技术,这种应用在经济上是可行的。为了使大容量集中型光伏电站得以实现,其太阳能电池的成本必须降至约为住宅用电池成本的一半。使用最少半导体材料的薄膜工艺,成为了最有可能生产出这种低成本电池的技术途径。

习　题

以蓄电池作为一个能提供峰值负载为 10kW,平均负载为 1kW 的光伏系统的储能装置。假设一个能供给峰值功率的改进型铅-酸蓄电池储存每 kWh 能量的价格为 100 美元;而氧化还原蓄电池的能量转换部分每 kW 峰值功率的售价为 300 美元,再加上每 kWh 能量储存费 40 美元。对于:(a)储存 4 小时,(b)储存 5 天,哪种系统的购置费用较低?

参考文献

[12.1]　D Costello, D Posner. An Overview of Photovoltaic Market Research[J]. Solar Cells 1979,1:37-53.

[12.2]　F R Kalhammer. Energy Storage Systems[J]. Scientific American 241,1979,10 (6):42-51.

[12.3]　Handbook for Battery Energy Storage in Photovoltaic Power Systems[R]. Final Report,DOE Contract No. DE-AC03-78ET 26902,1979,10.

[12.4]　L H Thaller. Redox Flow Cell Energy Storage System[R]. DOE/NASA/1002-79/3,NASA TM-79143, 1979,6.

[12.5]　J O'M Bockris. Energy:The Solar Hydrogen Alternative[M]. London:Architectural Press,1975.

[12.6]　G J Naaijer. Transformerless Inverter Cuts Photovoltaic System Losses[J]. Electronics 53,1980,8(18):121-126.

[12.7]　L Rosenblum, et al. Photovoltaic Power Systems for Rural Areas of Developing Countries[J]. Solar Cells 1,1979:1:65-79.

第13章 独立光伏系统的设计

13.1 引言

过去,光伏系统的主要市场在于向边远地区提供小型而可靠的电源。这些系统通常在未配备其他备用供电设备的情况下运转,所以太阳能电池是负载的唯一电力来源。这一章将讨论这种独立型系统的设计。

图 13.1 是简单的太阳能供电系统的示意图。大多数这样的小型系统的负载是使用直流电力,而这正是太阳能电池所能产生的。除太阳能电池方阵和蓄电池组以外,系统的其他部件还包括用于防止在晚上蓄电池组向太阳能电池充电的阻塞二极管,和用于防止在强烈日光照射下蓄电池组过度充电的调节器。

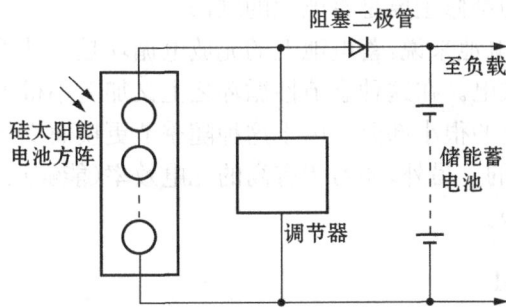

图 13.1 独立式太阳能发电系统简图[13.2]

13.2 太阳能电池组件的性能

现在的太阳能电池组件一般含有足够多的串联单体电池,以便能产生足够高的电压以供12V 的蓄电池充电。组件的串联可以增加系统的输出电压,而并联可以增加系统的输出电流。由于诸多实际原因,为了对标称电压为 12V 的蓄电池充电,要求串联的单体电池数比最初预期的数量要略多一些。对于铅-酸蓄电池组而言,要使一个标称 12V 的蓄电池完全充电,需要14V 以上的电压。如果使用硅阻塞二极管,最少还需增加 0.6V,以确保其正向偏置。另外,组件在现场的工作温度常常超过 60℃,然而温度每升高 1℃,组件的开路电压下降 0.4%(见 5.3节)。这就是说,在 25℃下开路电压为 20V 的组件,在实际工作时开路电压大约会减少 3V。如 6.2.2 节所述,不同的组件设计会导致电池在现场的工作温度有所不同。例如,背面空气能够较好循环的组件比背面空气不能较好循环的组件温度要低一些。

为了获得最佳性能,组件的安装应该是在北半球时面向南,在南半球时面向北,而且与水平面成一定角度,角度大小依所在地点的纬度而定。可获得全年最大输出的角度大约等于纬度角。对本章所描述的有 10～30 天蓄电池储能容量的系统而言,为了提高系统在冬天的输出,这个角度的最佳值大约要增加 15°。

为了对 12V 蓄电池充电而设计的组件,通常在白天光照下都能产生足够高的充电电压。电流输出与照射到组件上的阳光强度几乎成正比。因此,在设计本章所叙述的系统时,注意的焦点在于组件的电流输出。

有关组件性能的最后一点是积聚灰尘的影响。这是一个周期性的影响,雨后灰尘覆盖达到最小。数据显示,对于用玻璃覆盖的组件而言,由于这种影响而引起的平均损失是 5%～10%。

13.3　蓄电池性能

13.3.1　性能要求

在目前价格下,光伏系统的竞争优势在于其高可靠性和低维修费用。为了实现这些特性,所设计的系统通常配备较大的辅助蓄电池储能装置,使它能顺利地渡过可能的最差日照期。一般而言,独立光伏系统的维修主要是蓄电池的维修。

对于如此大容量的蓄电池来说,蓄电池上的充放电循环是一种季节性的循环,夏天对蓄电池充电,而冬天让蓄电池放电。在这种季节性循环之上又加上小得多的日循环,白天给蓄电池充电,而晚上消耗掉其荷电的很小部分。由于这种随季节更换而变化的储能特性,采用低自放电率的蓄电池是十分重要的。另外,还希望有高的充电效率(能够从蓄电池输出的电荷量与向蓄电池充电的电荷量之比)。

13.3.2　铅-酸蓄电池组

太阳能发电系统最常用的蓄电池组是铅-酸蓄电池组。对于专门的太阳能系统来说,像汽车上常用的含锑型铅蓄电池并不合适,因为它们的自放电率高(每月高达额定容量的 30%),而且寿命短。

最适合于独立供电系统的商用蓄电池组是固定式也就是浮充式电池组。这些蓄电池组是作为诸如不断电系统的应急电源而设计的。在这种应用中,蓄电池组保持在满充状态,一旦主电源失效,该电池组便能立刻满足负载需求。在这类应用中,蓄电池组的使用寿命一般超过15 年。这些蓄电池组通常设计为 8 或 10 小时放电率,采用铅-钙或纯铅极板。最近,这种类型的蓄电池已经发展到能符合光伏工作模式的特殊要求[13.1]。

在本章所描述的这类太阳能系统中,蓄电池以一种相当独特的方式工作。蓄电池在夏天保持完全充电状态,而在冬天大都只处于不完全充电状态。长时间处于充电不足状态会使蓄电池的极板上形成硫酸铅结晶,其结晶尺寸比放电时所形成的要大得多。这个称为硫酸化的过程会使蓄电池容量减少、寿命降低。良好的设计应保证蓄电池的储能足够大,使它在冬天的月份里也能保持在接近满充的状态,同时也能确保在这些月份里,电解液中的硫酸维持较高的浓度而降低冻结的可能性[13.1]。

在夏天,太阳能电池会产生超过负载需要的过剩能量,因而蓄电池有可能被过度充电。这是不希望发生的情况,原因如下所述。蓄电池过充会引起一个称为"析气(Gassing)"的过程——氢气和氧气从电池中逸出,使电解质损失且引起危险,它还会导致极板的过度生长以及活性材料从极板上脱落,缩短蓄电池的寿命。从另一方面来说,实践证明,将铅-酸蓄电池组定期过充却是有所助益的。过充所产生的气体会搅拌电解液,防止了较浓物质在电池底部"分层"。过充或"均衡充电(Equalizing Charge)"也保证了蓄电池组中较差的电池可得到充电的机会[13.1]。

图 13.2 表示出当用恒流充电时蓄电池组中单体电池两端电压如何随电池的充电程度而变化。当充电到大约 95% 时,单体电池两端电压会突然升高。这相当于析气点。为了限制析气点量,同时考虑到定期过充有好处,那么对于图示的情况,合理的折中办法是是用电压调节器把蓄电池组中每个单体电池的电压限制在大约 2.35V[13.2]。

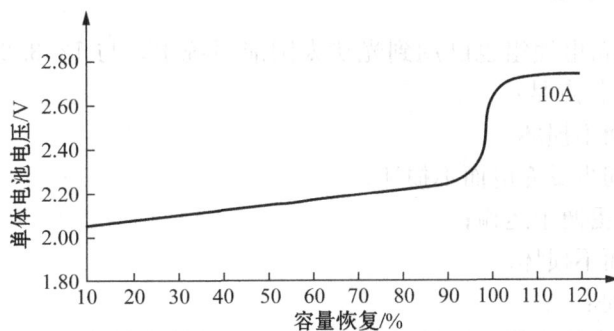

图 13.2　适用于光伏太阳能系统的铅-酸蓄电池的恒流充电特性[13.2]

另一个需要考虑的问题是电池容量随放电率和温度变化的关系。蓄电池的容量一般是在一定放电率下所测出的输出安培小时数,如图 13.3 所示。在 10 小时放电率下,当每个单体电池放电到 1.85V 时,电池组容量规定为 550Ah(55 安培下连续放电 10 小时)。可以看出,蓄电池在 10 小时放电率下的实测容量(如图所示为 750Ah)超过规定的值。在 300 小时放电率下(这更符合太阳能系统工作条件),蓄电池的容量几乎是所规定值的两倍。由此可见,在设计太阳能系统时,不仅蓄电池的容量很重要,而且规定该容量时的放电率也是很重要的。

蓄电池的容量随着温度的降低而减小,这是很遗憾的,因为蓄电池大多是在冬天发挥

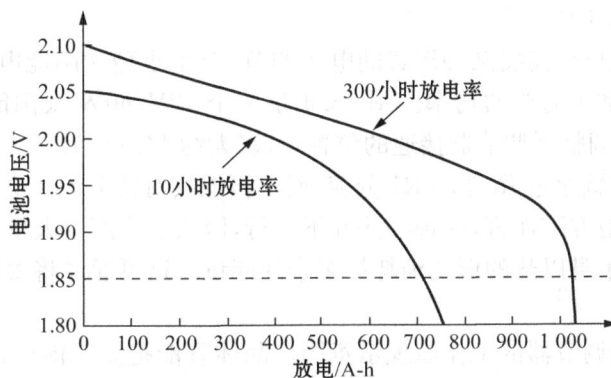

图 13.3　不同放电率下铅-酸蓄电池的恒流放电曲线[13.2]

作用。根据经验,在大约 20℃ 以下温度每降低 1℃ 容量大约下降 1%。由于这个原因,再考虑到电解质冻结的可能性,最好是将蓄电池与寒冷的环境隔绝开。另一方面,高温会加速蓄电池的老化,增加自放电速率,加速电解质的消耗,因此,蓄电池组需要得到适当的遮盖以避免高温。

在中等充电率和放电率下,铅-酸电池组大约有 80%～85% 的充电量可以被重新放电使用。而这种效率不足的主要原因是充电时的析气。但是在独立光伏工作模式中,冬天里不大可能出现析气现象,因为此时蓄电池要向相当大量的负载供电。因此,在这些关键月份里蓄电池的充电效率要比上述值高得多,有文献曾报道过高达 95% 的库仑效率[13.3]。

13.3.3   镍-镉蓄电池组

极板盒式的镍-镉蓄电池组也已用到光伏太阳能系统中。与 13.3.2 节所叙述的铅-酸蓄电池比较,它们的主要优点是:

(1) 能经受过充而不损坏;

(2) 能经受长时间少量充电而不损坏;

(3) 机械强度好,更便于运输;

(4) 能经受冷冻而不损坏。

它们的主要缺点是:

(1) 价格较高(在大量应用的情况下,对同样容量,其价格约高三倍);

(2) 充电效率低(对于太阳能工作是 55%～60%);

(3) 在太阳能应用的低放电速率下,所获得的电池容量额外增加量远比采用铅-酸蓄电池少。

就目前而言,在大多数太阳能应用中,这种电池组的优点尚不足以掩饰其缺点。

13.4   功率控制

阻塞二极管通常接在蓄电池和太阳能电池方阵之间,以防止在夜间蓄电池通过太阳能电池方阵漏电。当太阳能电池方阵向蓄电池充电时,其充电电压等于太阳能方阵电压减去二极管上的电压降。对于硅二极管而言,其压降大约是 0.6～0.9 V,但若使用肖特基二极管或锗二极管,则压降少到 0.3 V。

为防止蓄电池组过充,需要某种形式的电压调节,对于小型太阳能电池方阵,可以用简单的线性分流调节器耗散不需要的功率。图 13.4 是一个 12V/60W 太阳能电池方阵的调节器线路图[13.2]。将 RV1 调整到调节器接通的位置上,以大约 14.1V 为宜。当蓄电池充电到高于这一电压时,充电电流就通过 R_L 和 TR1 分流,而不再继续对蓄电池充电。

对大型太阳能电池方阵而言,这种办法并不可行,因为它会产生大量的热。较好的方法是由分散的太阳能电池本身以热的形式消耗掉多余的能量。这可通过将太阳电池方阵的一部分短路或开路来实现。

图 13.5 是短路型调节器的工作原理示意图。晶体管能把太阳能电池方阵并联的各个部分依次地短路掉以维持蓄电池电压在所希望的限制值以下。虽然个别单体电池的短路是容许的,但如果整列串联的单体电池都短路就可能会出现问题。正如 6.6.4 节所讨论的那样,输出

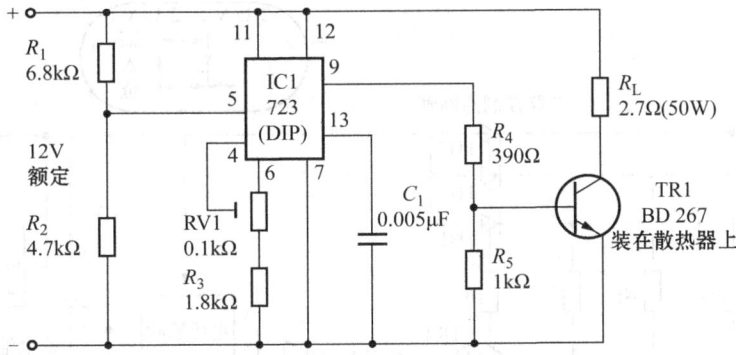

图 13.4 12V/60W 太阳能电池方阵的分流调节器[13.2]

低于平均电流的单体电池就会变成反向偏置,实际上该电池要耗散电池组件的全部峰值输出。采用这种短路型调节器,现场失效是常见的。因此,除非太阳能电池组件中装有旁路二极管之类的特殊保护元件,否则不宜采用这种方法。

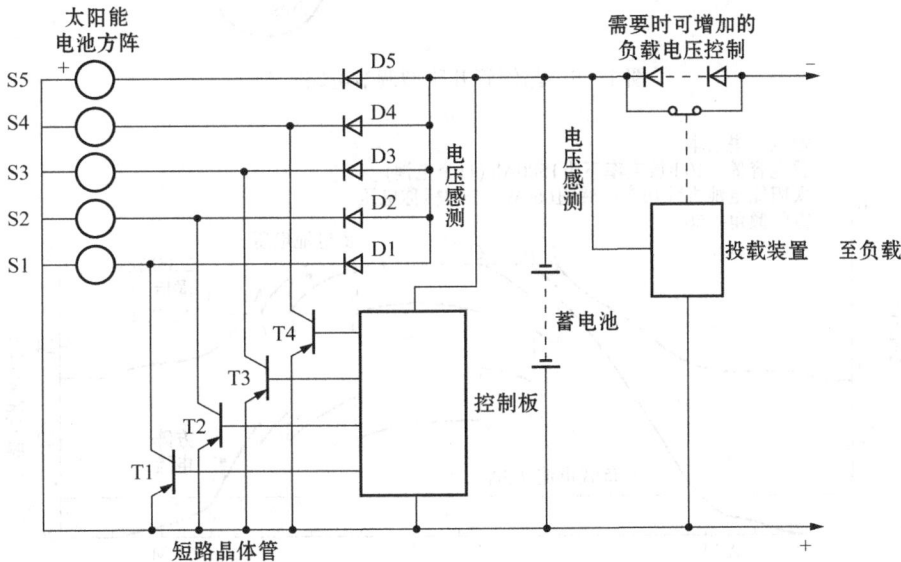

图 13.5 适用于大型太阳能电池方阵的短路型调节器可能采用的电路
(除非方阵各部分装有旁路二极管等保护元件,否则不宜采用这种类型的调节器[13.2]。)

另一种方法是使方阵并联的某些部分开路。一种采用晶闸管(Thyristor,也称"可控硅",标记为 TH)的方法如图 13.6 所示。考虑太阳能电池方阵组 1,根据蓄电池电压的变化,脉冲可能加到 TR1 或 TR4 的基极。脉冲加到 TR1,将保证 TH1 不导通,方阵的那一部分便开路;脉冲加到 TR4,将使晶闸管转换到它的导通状态。在这个状态下,它和普通阻塞二极管的作用完全一样。为了防止不稳定的发生,电压感测线路需要带有一定程度的滞后。图 13.7 所示为在夏天(这时蓄电池接近满充状态)这种系统所得到的蓄电池电压和太阳能电池方阵电流。

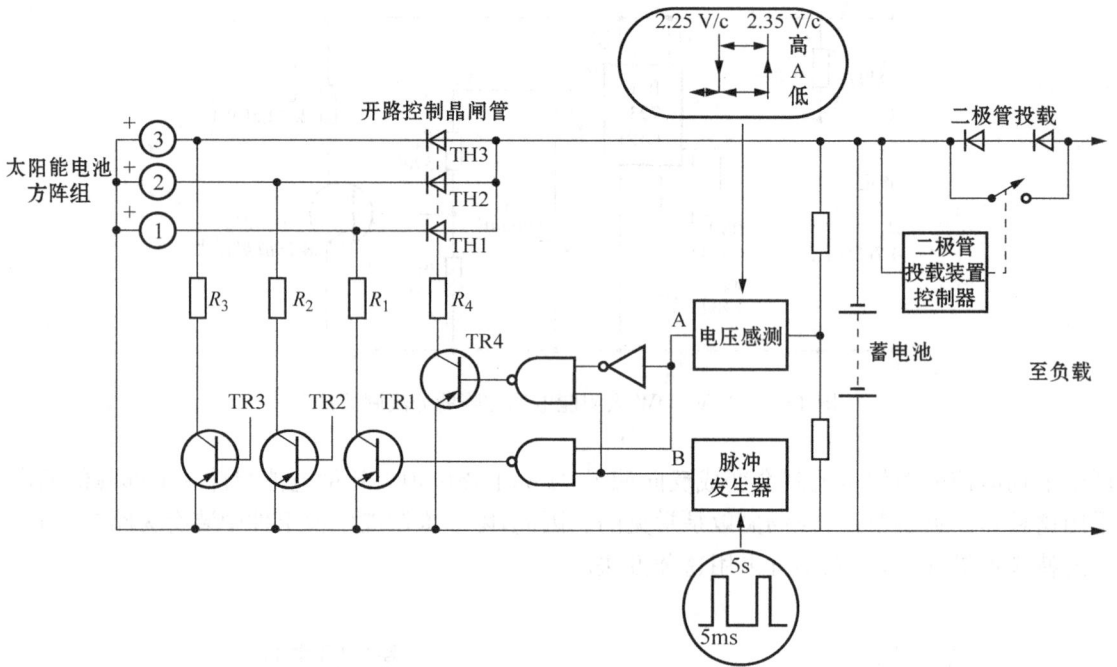

图 13.6　晶闸管开路型调节电路[13.2]

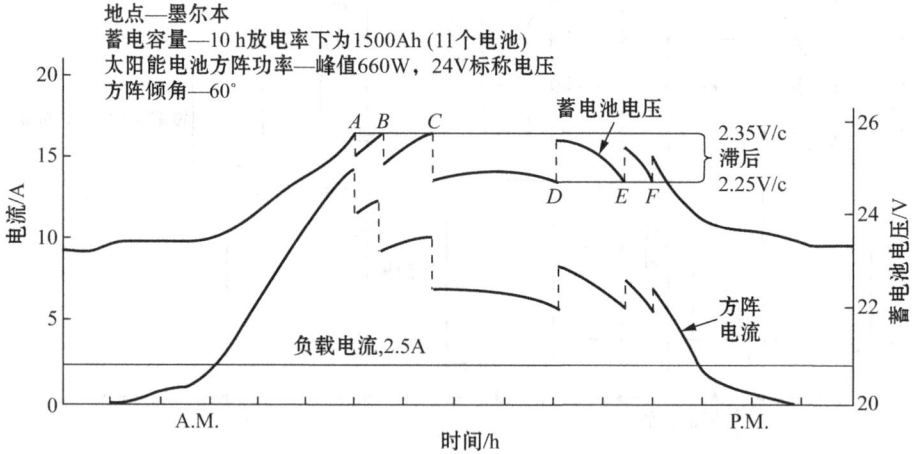

图 13.7　图 13.6 所示调节方法的工作特性[13.2]

13.5　系统规模的制定

　　为了正确制定光伏系统的规模,必须掌握负载的精确数据和系统安装地点最可靠的日照数据。

　　对于像微波中继站这样的应用,负载很容易确定,因为它实际上是恒定的。至于其他用途,如家用无线电话,在信号传送模式下的功率需求较大,负载依赖于电话的使用率,因此难以预测。对于使用独立太阳能系统的边远地区不太可能有现成的详细日照辐射数据。最好的办法是根据类似地区观测站所记录的数据,推估得到所需的数据。

太阳能电池的供应商和主要用户已开发出了一些用于制定光伏系统规模的计算机程序。这些程序的功能十分完善,诸如温度对太阳能电池和蓄电池电压的影响以及蓄电池容量随温度下降等因素都已纳入考虑。在此要介绍的是一个简单的设计方法,这个方法不仅能说明所设计的概念,而且足以应付由于数据不足而无法进行详细设计的情况。

设计步骤的第一步是选择所需要的蓄电池容量。可以认为,蓄电池容量要能满足两方面的需求。一是在较长时间没有阳光或是太阳能电池系统失效的情况下,能够提供储备容量。另一目的是提供季节性的储存[13.3]。

所需要的储备容量的大小与几个因素有关,气候是其中之一。阳光充足且干燥的地区相对于较多雾的海岸地区所需要的储备容量较少。地点的远近、系统监控的规律性和系统的失效是另外一些重要因素。通常,储备 10～20 天的容量较为适宜,出于最保守的考虑则需要多达 30 天的储备。在选定蓄电池容量时,还要考虑温度和放电率对蓄电池容量的影响。

决定储备容量之后,下一步是决定在太阳能输入的正常季节性波动下,系统中蓄电池可接受的放电深度。正如 13.3.2 节所述,过大的放电深度会缩短铅-酸蓄电池的寿命。放电到可用容量的 50% 深度是所希望的最大值。反之,放电深度设计得过浅会增加太阳能电池方阵的尺寸。随着太阳能电池组件价格的下降,最佳设计可以趋向于较浅的放电深度。

考虑季节性波动的放电深度一旦确定,便可以计算得出蓄电池的总容量。因为蓄电池即使由于季节的变化而处于最低充电状态也必须能提供储备容量(C_R),所以所需的总容量是 $C_R/(1-d)$,其中 d 是所希望的放电深度。

蓄电池的大小选定后,下一步是决定太阳能电池方阵的大小。电流输出和电压输出可以分别确定。电压输出要选得足够大,以保证全年都能有效地对蓄电池组充电。电流输出的选择要确保蓄电池不会因季节变化的影响而放电至低于选定的放电深度。

为了进一步进行设计,接下来需要太阳光的辐射数据。这些数据通常包括水平面上的全局辐射 R 以及水平面上的漫射辐射 D。如果后者无法取得,可以采用参考文献[13.5]所描述的方法提供一个合理的估计,为了把现成的数据转换成照射在非水平方向安装的太阳能电池方阵上的辐射数据,在此必须做一些假设,假设在水平面上的日平均直射辐射 S 由下式给出:

$$S = R - D \tag{13.1}$$

根据图 13.8(a),与水平面成 β 角的平面所接收到的直射分量可由下式得出:

$$S_\beta = S\frac{\sin(\alpha+\beta)}{\sin\alpha} \tag{13.2}$$

其中,α 是正午时的太阳高度。如图 13.8(b)所示,α 可由下式给出:

$$\alpha = 90° - \varphi \pm \delta \tag{13.3}$$

北半球采用正号,南半球采用负号。式中,φ 是地理纬度,而 δ 是赤纬,它由下式给出:

$$\delta = 23.45°\sin\left[\frac{360}{365}(d-81)\right] \tag{13.4}$$

其中 d 是从一年开头算起的天数。假设漫射辐射与电池方阵的倾斜角无关,则在方阵上的全局辐射由下式给出[13.2]:

$$R_\beta = S\frac{\sin(\alpha+\beta)}{\sin\alpha} + D \tag{13.5}$$

式(13.5)只是在中午时才严格正确,但它为将每日水平面上的辐射转换成倾斜表面上的

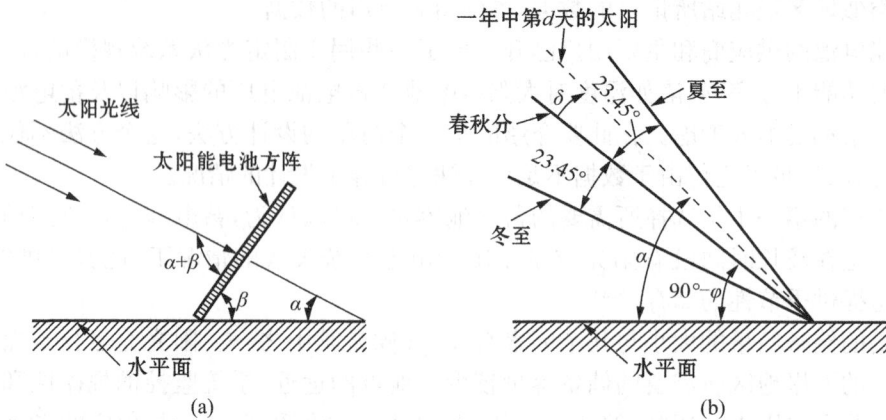

图 13.8

（a）在太阳正午时与水平面成 β 角的太阳能电池方阵上的太阳辐射（α 是太阳高度角）

（b）太阳高度角 α、赤纬 δ 和地理纬度 φ 之间的关系

辐射提供了一个合理的近似。更复杂的算法会得到更加精确的结果[13.2]。

描述设计步骤最好的方式是通过具体实例来说明。我们将设计一个安装在澳大利亚墨尔本（南纬 37.8°），能够连续为一个 24V 直流负载提供 100W 功率的太阳能光伏系统。

对于这一系统，储备天数选为 15 天。因为负载要求 100Ah/天，这相当于 1500Ah 的储存容量。考虑到太阳光强的季节性变化，同时为了延长蓄电池的寿命，放电深度的设计值选为 25%，如此一来，在 480 小时（20 天）的放电率下，总装配容量为 2 000Ah[1 500Ah/(1−0.25)]。

下一个步骤是决定太阳能电池组件的大小，以确保蓄电池放电时不会低于 25% 的放电深度。固定太阳能电池方阵的最佳倾斜角是安装地点的纬度角加 15°～20°，因此对于墨尔本来说，最佳倾角大约是 60°。这个倾斜表面与水平面的夹角 β 一旦选定，原始的辐射数据就可转换成适用于这一倾斜表面上的辐射数据。墨尔本的数据由表 13.1 给出。在这个地区，任一与水平面成 60° 的方阵上平均日间辐射量是 21.0 MJ/m²。令全年方阵输出的电量等于负载所需要的电量，就可计算出方阵必须产生的电流的下限。这是储备容量为无限大的理想系统的情况。在现在的情况下，负载要求 100Ah/天（100W÷24V×24h）。在倾斜表面上平均日间辐射量是 21.0 MJ/m²，除以 3.6，得到 5.83 kWh /m² 或 583 Wh /cm²。这相当于受峰值强度为 100 mW /cm² 的明亮阳光照射 5.83 小时。因此在 100 mW /cm² 辐射强度下，太阳能电池方阵峰值电流至少是 17.2A（100Ah/5.83h）。

事实上，提供给蓄电池的电量并非全部都可以从蓄电池中重新取出，在析气点以下，估计只有 95% 的电量能被取出，并且灰尘积聚使性能平均降低 10%。将这些影响纳入考虑后，方阵峰值电流下限估计需增加至 20.1A（17.2A÷0.95÷0.90）。

用日照情况最差月份的辐射数据重新计算，就可以得到方阵必须产生电流的上限值。如果系统是用这种方法设计的，则除了天气寒冷的时期以外，蓄电池将非常近于满充状态。对现在这个例子而言，最差的月份是六月份。在这个月份中，在倾斜表面上的辐射量只相当于 4.26 小时的充足太阳光辐射，所以得到的电流上限值是 27.5A（20.1A×5.83h÷4.26h）。

表 13.1　独立型光伏系统设计数据

位置:墨尔本,南纬 37.8°　　　　负载:100 W,24 V
方阵倾角:与水平面成 60°　　　　蓄电池容量:2000 Ah
方阵额定峰值电流:25 A

系统数据	月平均日间辐射量/(mWh/cm²)			月安培小时数/(Ah)			蓄电池状态		
月份	总辐射(R)	散射(D)	方阵上①	方阵发电②	负载用电③	差值	开始	最终	%满充电量
1	839	210	688	4 559	3 147	1 412	2 000	2 000	100
2	708	149	648	3 878	2 842	1 036	2 000	2 000	100
3	562	166	609	4 035	3 147	888	2 000	2 000	100
4	436	127	575	3 687	3 045	642	2 000	2 000	100
5	297	98	463	3 068	3 147	−79	2 000	1 921	96
6	246	79	426	2 732	3 045	−313	1 921	1 608	80
7	277	82	462	3 061	3 147	−86	1 608	1 522	76
8	374	120	520	3 446	3 147	299	1 522	1 821	91
9	516	148	596	3 822	3 045	777	1 821	2 000	100
10	697	197	673	4 459	3 147	1 312	2 000	2 000	100
11	732	241	627	4 021	3 045	976	2 000	2 000	100
12	890	214	701	4 645	3 147	1 498	2 000	2 000	100

① 用式(13.5)计算
② 按下式计算:额定峰值电流 × 某月天数 × 该月平均日间辐射量 × 充电效率 × 灰尘堆积因子/100mW·cm⁻²
③ 包括每月(按 30 天算)蓄电池峰值容量的 30%放电
来源:采用参考文献[13.2]的数据

方阵的最佳额定峰值电流将位于这两个极限值之间。此最佳值可由试错法（Trial-and-Error）算出，该计算包括对蓄电池全年充电状态的检查。对这个例子来说，最佳的方阵额定峰值电流是 25A。表 13.1 列出了全年各个月份中所产生的 Ah 值、所消耗的 Ah 值和蓄电池的充电状态。应该注意的是，蓄电池全年蓄电量维持在设计数值的 75% 以上。如果蓄电量下降到这个数值以下，则方阵的尺寸需要增大。如果蓄电量总是维持在远高于这一数值，那么采用尺寸较小的方阵会更为经济。虽然表中列出的是全年所有月份的计算结果，但只有那些月辐射量比平均值小的月份才需要加以考虑。计算结果表明，采用这样的设计方法将导致大量的能量在夏天时被浪费掉。图 13.9 显示了在三种不同方阵额定电流下，蓄电池的充电状态在一年中的变化。由图可以清楚地看出，方阵尺寸只要略微增加就有明显的影响。例如，对于提高蓄电池全年的充电状态而言，方阵尺寸增加 4% 比蓄电池容量增加一倍所收到的效果更大。

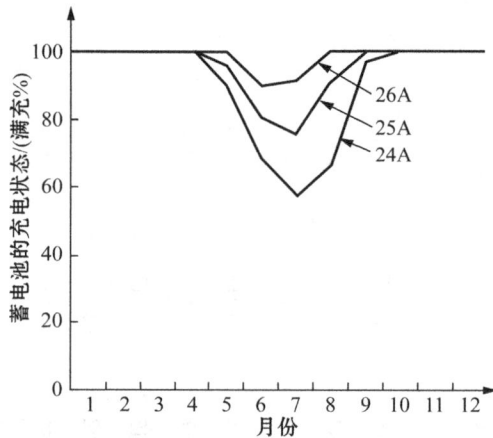

图 13.9　正文中的设计实例在三种不同方阵尺寸下的蓄电池充电状态

为了完成系统的设计，必须规定方阵的电压。若要使上述设计精确有效，在正常工作中所能够达到的最高温度下，甚至在蓄电池接近满充时（每个单体电池约为 2.35V），方阵也必须能提供所需要的峰值负载电流。对这个设计实例而言，假设最高工作温度是 60℃，方阵就必须能够在温度为 60℃、电压为 29V 的情况下[12×2.35V＋0.8V（阻塞二极管压降）]，提供 25A 的峰值电流。因此，在 60℃时方阵的额定峰值功率必须是 725W。由于方阵功率下降大约为 0.5%/℃，因此在温度（25℃）和日照强度为 100 mW/cm² 的标准情况下，方阵的额定峰值功率必须是 879W。

然而，这是一个保守的设计，因为在夏天会有大量的能量被浪费掉。在寒冷的月份（此时太阳能电池组件的输出尤为关键），墨尔本的天气数据表明，环境温度不大可能高于 20℃。对普通的组件而言，在这些月份电池温度不大可能超过 44℃。如果方阵的 29V 输出电压是在这个温度下规定的，那么在冬天的月份里方阵将提供所估算的功率。组件在夏天时的输出会比计算值低，然而由于夏天月份产生的电力绰绰有余，因此不会造成问题。

在墨尔本，蓄电池在七月达到其最低充电状态。在这个月份里，墨尔本的平均气温大约是 10℃。假设蓄电池在此环境温度下工作，则需增加蓄电池容量，以确保在这个月也能够满足储备容量的要求。假设在此温度下容量减少 10%，那么在室温下 480 小时放电率时要求容量增加至 2 222Ah。对太阳能电池组件和蓄电池的要求也许都必须作某些修改，使它们可以由市售元件互联而成。阳光充足的地区可以采用比较小的方阵来满足同样的负载需求。例如,在澳大利亚的某些地区,只用针对墨尔本所计算得出的方阵大小的三分之二就可满足同样的负载需要[13.2]。图 13.10 是为供给此类大小的负载而设计的太阳能电站的照片。图中的集装箱既用来支撑太阳能组件,也用来遮蔽蓄电池和控制用的电子设备,并作为维护人员的工作间。

全部设计步骤概括如下:

(1) 确定负载数据;

(2) 按照地理纬度和当地的气候特征选定蓄电池的大小;

(3) 决定方阵的倾角;

(4) 根据落在倾斜方阵上的平均和最小月辐射量,估算方阵大小的下限和上限;

(5) 求出方阵的最佳尺寸以确保蓄电池全年的充电状态都在某一比例之上;

(6) 必要时,调整方阵的倾角以获得最佳值;

(7) 规定最高工作温度下的方阵电压,要求在这个电压下能提供满负载电流。

图 13.10　为向微波中继站连续供应 100～150W 电力而设计的太阳能发电系统
(集装箱既用来支撑太阳能电池组件,也用来遮蔽蓄电池和控制用的电子设备,并作为维护人员的工作间。照片由 Telecom Australia 提供。)

13.6　光伏水泵

太阳能发电很适用于小规模水泵系统,其原因有两个:第一,太阳能电池方阵可以直接与水泵的电动机相连,中间不需要功率调节,也不需要蓄电池储能,因此系统十分简单、轻便、很少需要维修;第二,很多应用场合都是当太阳光微弱时,用水的需求也减少,这使系统设计变得更为经济。通过储存已抽取上来的水,可以有效地实现能量的储存。

这种小型太阳能水泵的最大用途是为欠发达地区提供灌溉[13.6]。灌溉可以大幅提供单位面积农作物产量,从而增加收益。微型光伏发电灌溉系统(约 250Wp)对个体农户的小面积耕种非常适用。当农民无法筹集必要的资金时,建议在开发性援助计划中纳入这种系统[13.6]。这样做有两个目的:其一是在这些地区增加粮食产量;其二是在近期内为太阳能电池提供一个庞大的市场以加速其发展。

13.7　小结

一般来说，独立光伏系统的维护主要是蓄电池的维护。蓄电池需要每年或半年添加一次电解液。但是，为使蓄电池有较长的使用寿命，系统设计必须谨慎。既要防止铅-酸蓄电池过充，又不能充电不足，否则会使蓄电池长时间处于较低的电量储存状态。

电子通信设备所要求的功率和太阳能电池的价格都在不断下降，这就使得电信设备成为太阳能电池在地面大量应用的主要对象。类似于本章所叙述的独立型系统应用已经推广到微波中继站、导航设施、气象站和防腐蚀等方面。

在独立系统中，采用较大的储存容量以确保可靠性，而通过选择适当大小的太阳能电池方阵，来确保在低光照的冬季月份中蓄电池能保持不低于所要求的充电状态。在这个设计模式中，太阳能发电系统不会产生最大的全年电力输出。理想的独立光伏装置，方阵的额定峰值功率必须大约是系统供给的平均功率的五倍。而在边远地区，这一数值可能需要加倍或更多。

习　题

13.1　就表 13.1 的设计例子，试着针对蓄电池荷电状态的典型日间周期性变化与季节性变化进行比较。

13.2　对于北纬 34°地区，利用正文中所述的近似方法，求出在 11 月份使系统输出最大的太阳能电池方阵的倾斜角。11 月份，这个地区水平面上的平均全局辐射量是 $12(MJ/m^2)/$天，而相应的漫射辐射值是 $4.1(MJ/m^2)/$天。

13.3　设计一个位于北纬 23°的独立光伏系统。这个系统需要在 48V 直流电压下对 250W 的固定负载供电。1～12 月份水平面上的全局辐射数据（括号内的数字为相应的漫射辐射值）分别为：15.5(3.2)，17.2(4.2)，21.6(4.0)，23.3(6.0)，24.9(7.0)，24.1(8.8)，23.8(8.9)，22.9(8.1)，20.7(7.3)，18.9(4.8)，15.6(4.7)和 $14.5(3.8)(MJ/m^2)/$天。

参考文献

[13.1]　Handbook for Battery Energy Storage in Photovoltaic Power Systems[R]. Final Report, DOE Contract No. DE-AC03-78ET 26902,1979,11.

[13.2]　M Mack. Solar Power for Telecommunications[J]. Telecommunication Journal of Australia 1979,29(1):20-44.

[13.3]　Solar Electric Generator Systems: Principles of Operation and Design Concepts [M]. solar Power Corporation.

[13.4]　G O C Löf, J A Duffie, C O Smith. World Distribution of Solar Radiation[R]. Solar Energy Laboratory, University of Wisconsin, Report No. 21, 1966,6.

[13.5]　S A Klein. Calculation of Monthly Average Insolation on Tilted Surfaces[J]. Solar Energy 1977,19: 325-329.

[13.6]　D V Smith, S V Allison. Micro Irrigation with Photovoltaics[R]. MIT Energy Laboralory, MIT-EL-78-006, 1978,4.

第14章 住宅用和集中型光伏电力系统

14.1 引言

在本章,也即本书的最后一章,将讨论有关太阳能电池长期应用的一些潜在问题。光伏发电可能对世界能源需求作出重大贡献的两个领域,是提供住宅用电和大规模集中型电站的发电。为了达到这个阶段,电池的产量必须很大,而且一项新技术要进入商用领域需要经过相当长的发展时间,因此在新世纪来临之前,用户未必能超过几个百分比。但这并不意味着在此之前这类经济实用的系统不会出现。

经济分析表明,采用第7章所述的经改良的硅材料生产技术进行大量生产时,所生产的太阳能电池组件的售价,将使这些组件在供给住宅用电方面具有一定竞争力。为了在大规模集中型电站的应用上可以与其他发电方式竞争,对光伏组件成本的要求则必须倍加严格。正如第10章所述,薄膜光伏器件最有希望达到这样低的组件成本。

14.2 住宅用系统

14.2.1 储能方式的选择

第13章描述了用于边远地区的独立光伏供电系统。虽然在电力部门无法供电的地区,独立光伏供电系统是具有吸引力的,但在有供电网络的地区却难以生存,因为这需要大幅度降低小型储能系统的价格才行。采用第12章所描述的氧化还原系统,或许有可能达到降低价格的目的。

在没有找到廉价的储能方法之前,最可行的方法是将光伏系统与电网相连,这样就不需长期的能量储存。在这种并网方式中,可能存在几种不同的系统结构,而任何一种系统都必须有一个逆变器,以便将太阳能电池的直流输出转换为交流形式。

尽管供电网可作为一个长期的储能媒介,但仍需提出"就地短期储能"是否有必要的问题。这种储能有助于系统顺利地度过夜晚和短期的恶劣天气。在长期恶劣天气的情况下,有了短期储能,供电网可以在适当的时候给住户供电。当然也可采用不配备就地储能装置的系统,特别是在电力公司有能力并且愿意回收多余电力时。在种情况下,方阵的最佳尺寸随着回收价格的提高而增大。

从住户的角度出发,最佳系统取决于太阳能电池系统和储能系统之间的相对成本,以及电力公司的电费费率结构。一天中不同时段的电费差价越大,则需要越大的储能装置。如果电力公司愿意用相当于标准电价一部分的合理价格来回收住户所产生的多余电力,则会使储能装置的最佳尺寸相应地减小。蓄电池储能是最具可行性的储能方法。其主要缺点是:蓄电池对住宅环境有潜在的危害性且需要定期维护。尽管如此,在适当的通风和具有蓄电池电子保

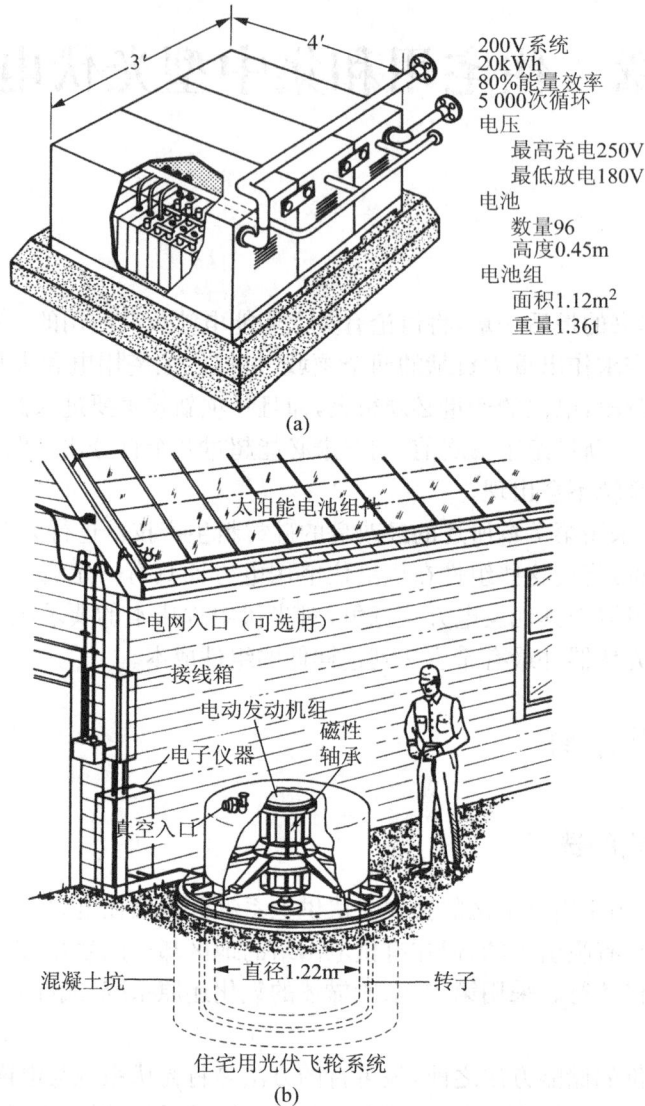

200V系统
20kWh
80%能量效率
5 000次循环
电压
　最高充电250V
　最低放电180V
电池
　数量96
　高度0.45m
电池组
　面积1.12m²
　重量1.36t

(a)

太阳能电池组件

电网入口（可选用）

接线箱
电动发动机组
磁性
轴承
电子仪器
真空入口

混凝土坑　　直径1.22m　　转子

住宅用光伏飞轮系统

(b)

图 14.1　住宅用光伏系统的能量储存装置原理图
(a) 可选用的蓄电池结构[14.1]　(b) 飞轮储能装置[14.2]

护装置的情况下,这种储能方式还是可行的[14.1]。图 14.1(a)显示了一种可能的蓄电池组装方式。假如第 12 章所述的氧化还原系统能够研制成功,它将具有若干优势。也有文献讨论过飞轮储能装置的应用[14.2],这种装置的典型尺寸见图 14.1(b)。

14.2.2　组件的安装

　　研究结果显示,安装太阳能电池组件最廉价的方法是如图 14.2(a)所示,将组件整合成覆盖屋顶的材料,如此一来组件可同时具有具有产生电力和保护部件的双重作用[14.3]。或者,经改造的组件可以安装成如图 14.2(b)所示的支座式。虽然两者的安装费用相近,但采用前一种方式,即利用光伏组件代替传统屋顶材料,将可获得额外的益处。

这种用途的组件,其最佳尺寸估计为 0.8 m × 2.5 m,相应的组件重量约为 25 kg[14.3]。布线费用将随方阵输出电压增高而下降。但当直流电压超过 100 V 时,这种依赖关系就不甚显著了[14.3]。所列举的参考文献指出,从审美的观点来看,长宽比为 2∶1,颜色为暗土色并具有亚光表面的矩形组件比较美观大方。如果能研究出廉价的互联工艺,则盖板式(Shingle,又译"鹅卵石式")组件(图 14.2(c))也是很具有吸引力的。

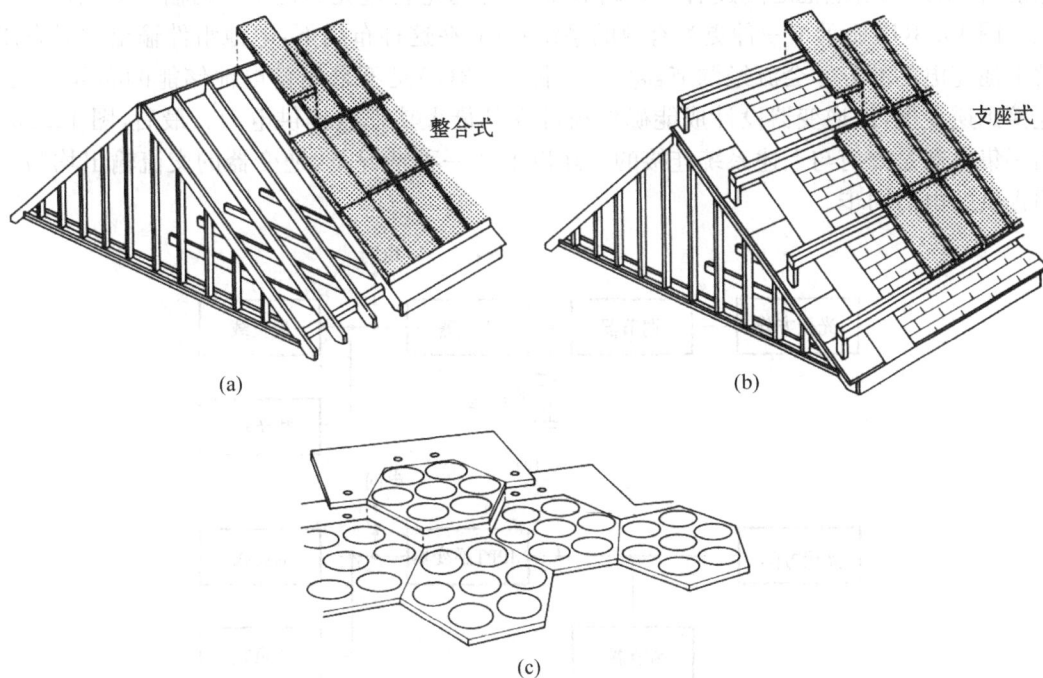

图 14.2　可能的屋顶太阳能电池组件安装方案
(a) 整合式[14.3]　(b) 支座式[14.3]　(c) 盖板式(鹅卵石式)

14.2.3　供热

住宅所用的大部分能源是供热水系统和室内取暖用的低位热能(Low-Grade Heat)。因此,产生了如何使光伏系统最佳地提供这些热能的问题。三种可能解决的方法是:①利用光伏组件的电力同时提供住户用电和用热需求;②在光伏系统提供电力(但不向供热设备输电)的基础之上,利用额外的太阳能集热器专门向热负载供热;③使用混合的光伏/光热组件(也称总能系统或全能源系统)。

尽管用同一个组件同时实现光伏发电和供热功能的总能系统的构想十分吸引人,但它却存在一些缺点。在这类系统中,太阳能电池必须在高温下工作,因而效率较低。由于太阳能电池的运作也将带走部分能量,因此集热器的工作效率也比较低。此外,系统所产生的热能和电能的比例一般不会正好符合用户所需。研究表明,住宅用总能系统很难在成本上优于具有最佳面积的光伏组件和光热组件[14.5]。

究竟应该选择这种总能系统还是纯粹的光伏系统,取决于后者的简易性所带来的优势,是否能够弥补由太阳光能转换为电能再转换为热能这种低效率过程所造成的不足。当光伏组件价格较低时,纯光伏系统的优势比较明显。

14.2.4　系统的布局

图 14.3 显示了一些可能的系统布局方案。在图 14.3(a)所示的第一种方案中,采用蓄电池储能,在组件和蓄电池之间连有一个调节器(防止蓄电池过充),逆变器的输入电压是蓄电池电压。图 14.3(b)显示了一种更为有效的系统布局,在这种布局下,电池组件输出中只有用于给蓄电池充电的部分才会流经调节器分路。图 14.3(c)是不采用蓄电池储能的布局方式,组件连接到逆变器,该逆变器设计成能确保组件在其最大功率点提供电力。最后,图 14..3(d)说明了集热器是如何与上述系统连接的。在以上每一种情况下,逆变器的交流输出均与电力公司提供的电力同步。

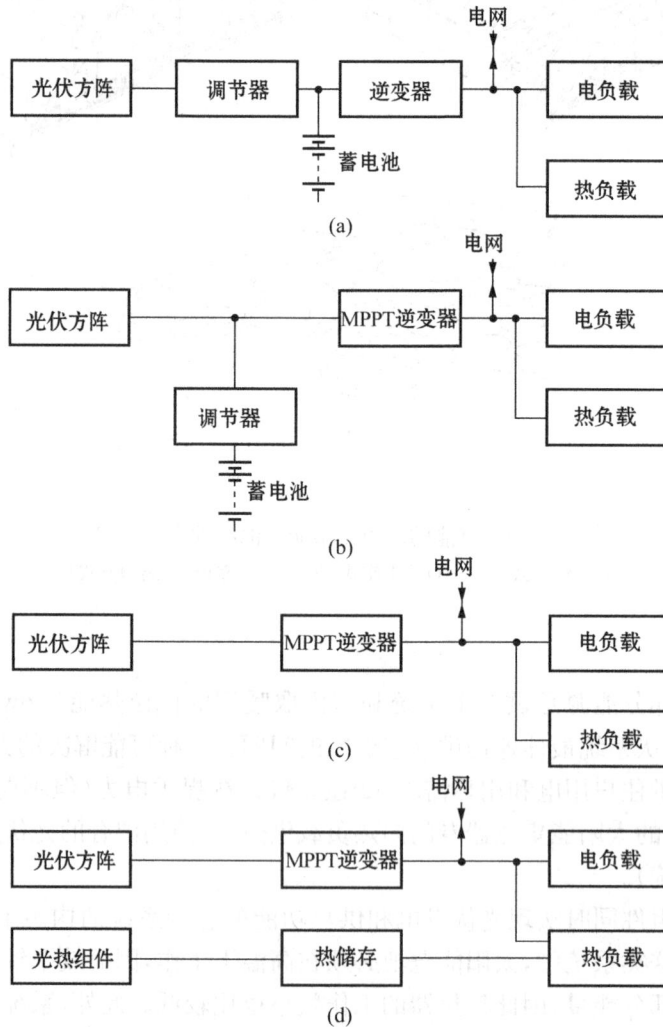

(a)

(b)

(c)

(d)

图 14.3　住宅用光伏系统可能的系统连接方案(详见正文)

(译注:图中"MPPT"意为最大功率点跟踪)

14.2.5 示范项目

1979 年末,美国能源部启动了一项太阳能光伏住宅计划(Solar Photovoltaic Residential Project)。该计划旨在了解在电网覆盖地区使用住宅用光伏系统的有关问题,并促进光伏系统的商业化。正如先前所拟定的[14.6],此项计划将于 1988 年完成①。如图 14.4 所示,该计划共分三个主要阶段。

第一个阶段是在具有代表性的地区建立区域性的试验站。这些试验站将测试由工厂设计并制造的原型(Prototype)系统。这些安装在实验站的原型系统是纯屋顶式系统,提供住户所需的电能和热能。同时对试验站附近住户的实际用电量进行监测,以评价原型系统的性能与适用性。

在接下来的阶段,将试验结果良好的系统修改后,安装在实验站附近个别有人居住的民宅进行试验。这些初期系统的评价实验不仅着重于其物理性能,同时着眼于住户和有关机构的反应。

后一个阶段计划自 1984 年开始,将脱离地区试验站独立地进行系统的准备度实验(Readiness Experiment)。在这个阶段中将建立约 100 个太阳能供电住宅群,以发现由于光伏系统在住宅区广泛应用所引起的制度和工程上的问题[14.7]。

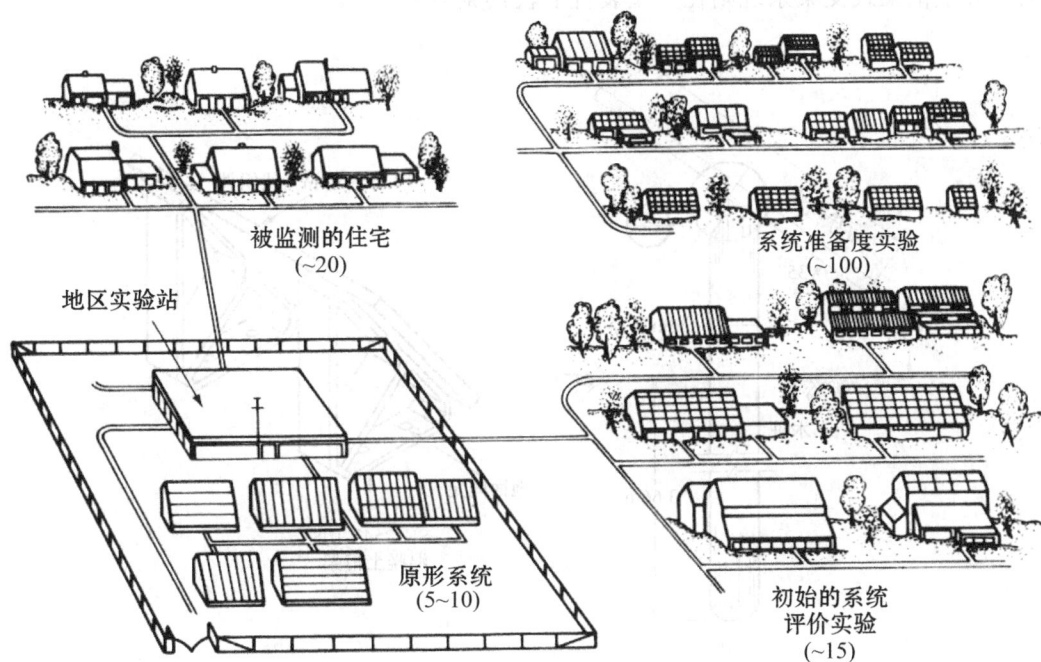

图 14.4 美国能源部住宅用光伏计划的示意图

(该方案包括地区实验站的初始原型系统,以及进行商业准备度实验的大批光伏供电住宅等实验区划[14.6]。)

① 此计划后来被"SOLAR 2000"计划取代。(译注)

14.3　集中型发电站

14.3.1　一般考虑

光伏发电的最终目标是在用于集中型发电站大量发电时,在经济效益上能与传统发电方法相互竞争。若干研究已明确指出实现上述目标的必要条件。

一个很明显的条件是集中型电站用的太阳能电池组件必须是便宜的,其价格必须比住宅用的要稍微低一些。其次,组件效率必须高。太阳能电池方阵的效率希望至少达到10％。对同样的输出功率而言,低效率会增加所需要的方阵面积,这样也就增加了诸如场地准备、支架结构、安装和维护等成本。这些额外的费用以及功率调节装置的费用通常都称为"系统平衡成本(Balance-of-System Cost)"。必须加以周详的考虑,使系统平衡成本降到最低。

研究表明,大规模应用的组件最佳尺寸大约为1.2m × 2.4m[14.8]。已对许多不同方案的支架结构进行了研究。支架结构最严苛的负荷来自风力,风力负荷的设计在很大程度上决定了支架结构的成本。低矮的方阵以及方阵场区内相邻方阵或周围围墙的气流屏蔽作用都会大大减小这些负荷。初步结果显示:图14.5(a)的木桩支架系统适用于较小型的装置;图14.5(b)的混凝土桁架式支架系统则在大型装置上较具竞争力[14.9]。

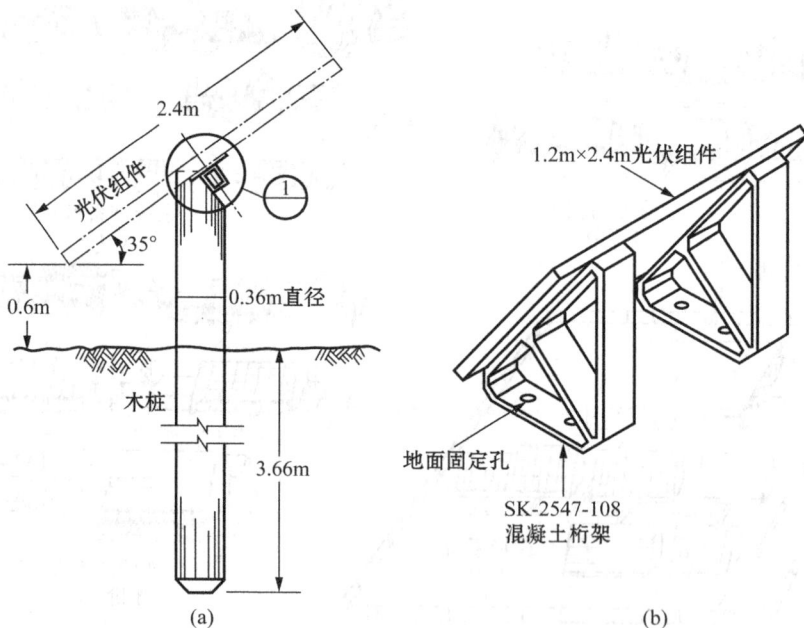

图14.5　在大场地安装时,支撑光伏组件的两种可用方案[14.9]
(a) 木桩/扭力管系统　(b) 混凝土桁架系统

在任何电网中,不大可能只采用地面光伏系统作为唯一电源,这或者是因为长期储能成本太高,亦或是因为若要在阴天能供给所需的电能,方阵尺寸就必须很大。这个困难可以通过将光伏系统与低功率非太阳能发电站及短期储能装置联用而减低。在可以预见的未来,光伏系统在大型电网中最可能扮演的角色是传统燃料的替代。因为这样的电网在满足随时间变化的用电需求时具有相当大的伸缩性,所以只要光伏系统所供电量不超过电网总容量的 10%,系统便可以在没有储能的情况下使用。

由于太阳辐射能量的分散特性,利用光伏系统产生相当大量的能量时需要相当大面积的土地。对于土地利用的问题,可以通过研究一些国家在采用光伏系统产生其所需全部能量时,系统需占用的土地面积占该国国土地面积的百分比来审视,其计算结果见表 14.1。尽管表中有些欧洲国家的计算结果很明显地不能令人满意,但是在诸如美国等许多国家中,光伏系统所需要的土地面积却少于目前建筑物(如房屋和道路)所覆盖的面积。因此要在几十年内建造能够供应全世界能量需求的光伏系统的任务虽然艰巨,但在工程上却是可能的。

表 14.1　用效率为 10%的光伏系统产生某国所需全部能量时,
所需要的土地面积占该国国土面积的百分比(1970 年)

澳大利亚	0.03
加拿大	0.20
丹麦	4.5
爱尔兰	1
法国	3.5
以色列	2.5
意大利	4
荷兰	15
挪威	0.50
南非	0.25
西班牙	1
瑞典	0.75
英国	8
美国	1.5
联邦德国	8

来源:引用 D O Hall. Will Photosynthesis Solve the Energy Problem? [M]// J R Bolton. Solar Power and Fuels. New York: Academic Press, 1977: 36.

14.3.2　运转模式

图 14.6(a)所示为一个假想的电力公司一天中的典型负载曲线,同时也显示了当太阳能电站连接到该电力公司的电网时,对需要电网提供电力的部分负载的影响。如果系统的用电高峰在傍晚,太阳能发电的作用是使电网供电日曲线的高峰变尖,低谷加宽。

如前所述,如果光伏系统所供电量仅占电网总容量的很少一部分,则光伏系统可在没有储能的情况下运作。正如能承受既有的负载波动一样,电力网络也能够承受太阳能供电的波动。在没有储能装置的情况下,太阳能电站的运作可以节约燃料,并缩减了发电机组处于中等和峰值发电状态的时间。但是,如图 14.6(b)和 14.6(c)所示,太阳能电力使负载曲线高峰变尖,因而提高了用于平衡负载需求的储能装置的使用效率。如图 14.6(b)所示,尽管储能装置是由网络上的常规发电设备而不是由太阳能电站充电,在太阳能电站和储能装置间存在一种协同效应,会提高彼此的效能和可利用率。因此,目前配备有储能装置的燃煤或核能发电厂,

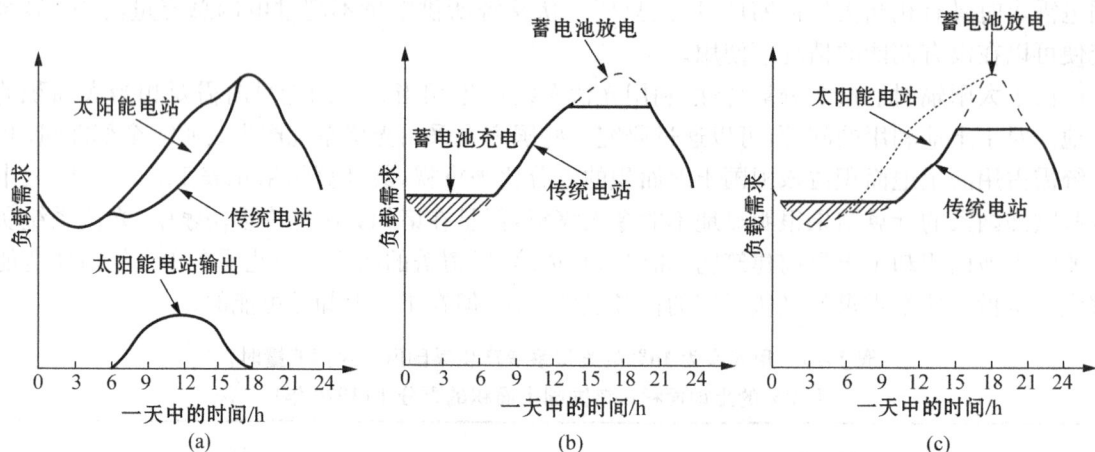

图 14.6

(a) 典型的每日负载曲线,显示了来自太阳能电站的少量供电的影响

(b) 对无太阳能电站的系统,利用能量储存方式来平缓负载高峰

(c) 在传统电站和蓄电池的基础之上增加太阳能电站[结合(a)与(b)的优势][14.10]

将来一旦与太阳能发电站协同供电就会处于最佳状态。

有关集中型电站运转的另一重要概念是太阳能电站的"发电容量信用度"(Capacity Credit,即有效发电容量,也有译作"产能信用度")。也许有人会认为,光伏电站不会有什么发电容量信用度。因为阴天时它的输出很低,在这样的日子里还需要备用容量来弥补。实际情况并非如此单纯,传统发电装置有时也会因突然出现故障而无法供电。因此计算系统容量的一种方法是:根据用电要求规定一个可靠性水平,并计算在此可靠性水平下的最大负载。

图 14.7 显示了一个特定的电力系统在三种不同情况下的计算结果。这三种情况是:①不包括光伏电站的基本系统;② 装有 500MWp 光伏电站的系统;③包括 500MWp 光伏电站并配

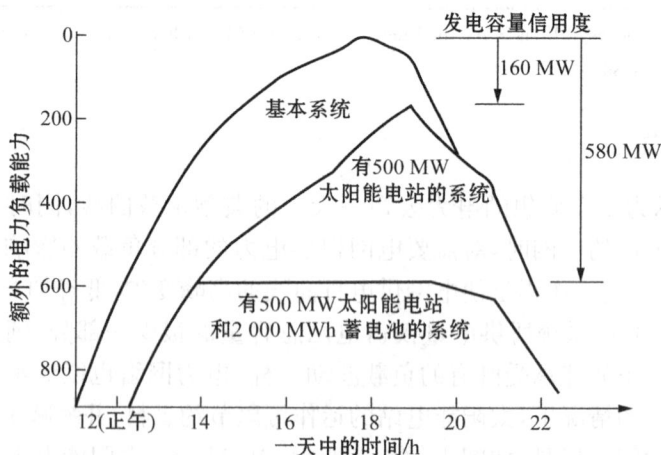

图 14.7　太阳能电站发电容量信用度的电脑模拟结果

(所示范例中光伏电站的容量信用度约为该电站额定峰值发电容量的三分之一。蓄电池储能则大幅增加了容量信用度[14.10]。)

备 2000MWh 蓄电池的系统[14.10]。在此系统中,光伏电站的发电容量信用度是其峰值容量的三分之一。若加上蓄电池储能,发电容量信用度增加到 580MW。在此例中,用电高峰是在夏天的傍晚 6 点,这是美国许多电力公司典型的供电情况。如果用电高峰是在中午前后,那么光伏电站的发电容量将占峰值用电更大的部分。反之,如果系统用电高峰不在白天(如冬季傍晚),则光伏电站的发电容量信用度将会小得多。

14.3.3 卫星太阳能电站

全方位论述太阳能发电的书籍,或多或少都会提及一些极具想象力的构想,比如利用大型太阳能电池方阵在宇宙空间接收太阳光,并将能量以微波束的方式传送回地面的设想。这一设想的大意如图 14.8 所示。卫星太阳能电站必须安置在围绕地球的同步卫星轨道上,其高度大于地球半径,这样可以保证除了在春分、秋分的前后几周中,该地区午夜前后一小时之外,地球造成的阴影不会遮住方阵。参考文献[14.11]对此进行了更为详细的讨论。

这种太阳能电站的主要优点,是它能够在除上述时间之外的时间里连续获得阳光。这种发电站不需要储能,并可担任常规发电站的角色。其他的优势还包括,在宇宙空间阳光强度较高,并且比较容易保持方阵与太阳光线垂直。处在峰值工作状态的空间太阳能电池方阵所发出的电力,为位于阳光充足地区与之同样大小的地面方阵所产生电力的 5~8 倍。由于在将所收集到的能量传输到地面的过程中,能量会有损耗,因而这个倍数会减小一些。

这种太阳能电站的主要缺点是战略上的脆弱性和极高的系统平衡成本。此外,如何在空间建立这样的方阵以及如何维护还是尚待解决的重大难题。此外,还必须在地面建造巨大的能量接受器。具有所需几何尺度和辐射强度的微波束对环境的影响,也值得仔细研究。

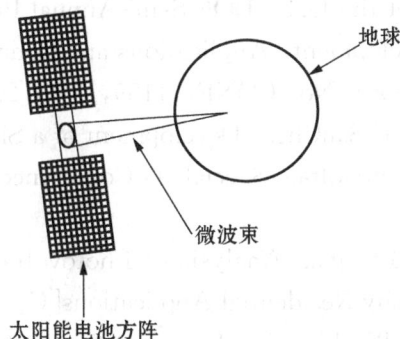

图 14.8 卫星太阳能电站
(被收集的太阳能以微波束的形式发送回地面)

14.4 小结

在本章,即本书的最后一章,讨论了有关太阳能电池的两项长远应用的问题。为使太阳能电池在这两项应用中得以生存,必须要降低电池成本,而为达到这样的低成本,至少已经具备了技术上的可行性。

并网连接的住宅用光伏组件的成本,可以比集中型电站光伏组件的成本高一些。因为在前一种情况下,一般计算成本是从用户观点出发。从技术上看,已有几种太阳能电池工艺被认为可以制造出此类成本的电池。光伏发电用于住宅的主要障碍并非在技术，而是在于政策和制度。需要解决的问题涉及有关法规的建立、与电力电网的整合以及太阳能方阵的购买等等。

光伏系统不大可能单独用作集中型电站，因为所需要的储能成本太高。对于发电容量只占电网容量的一小部分但又有重大贡献的光伏系统而言，未必需要配备储能装置。然而，光伏电站和储能装置确实能在某种程度上互相协同，两者相辅相成。在配备非太阳能的备用系统和适量储能的情况下，光伏电站最终将能够提供电网的大部分电力。

当今能够生产出单位面积成本符合集中型电站应用要求的太阳能电池的工艺，非薄膜技术莫属。但这种电池的单位面积功率输出尚有待提高。非晶硅薄膜电池在 1980 年左右已经投入商业生产。对于室内应用，其性能相当于高品质单晶硅电池。光伏技术所面临的挑战，是制造出户外性能同样能够达到单晶硅电池水准的薄膜电池。

参考文献

[14.1]　W Feduska, et al. Energy Storage for Photovoltaic Conversion[R]//Residential Systems-Final Report, Vol. 3, prepared for US National Science Foundation. Contract No. NSF C-7522180,1977,9.

[14.2]　A R Millner, T Dinwoodie。System Design, Test Results, and Economic Analysis of a Flywheel Energy storage and Conversion System for Photovoltaic Applications[C]//14th IEEE Photovoltaic Specialists Conference. San Diego, 1980；1018-1024.

[14.3]　P R Rittelmann. Residential Photovoltaic Module and Array Requirements Study [R]//Proceedings of the U. S. DOE Semi-Annual Program Review of Photovoltaics Technology Development, Applications and Commercialization. U. S. Department of Energy, Report No. CONF791159,1979；201-223.

[14.4]　N F Shepard, Jr, L E SanChez. Development of a Shingle-Type Solar Cell Module [C]//13th IEEE Photovoltaic Specialists Conference. Washington, D. C. , 1978；160-164.

[14.5]　V Chobotov, and B Siegal. Analysis of Photovoltaic Total Energy System Concepts for Single-Family Residential Applications[C]//13th IEEE Photovoltaic Specialists Conference, Washington, D. C. , 1978；1179-1184.

[14.6]　M D Pope. Residential Systems Activities[R]//Proceedings of the U. S. DOE Semi-Annual Program Review of Photovoltaics Technology Development, Applications and Commercialization. U. S. Departement of Energy, Report No. CONF-791159,1979；346-352.

[14.7]　E C Kern, Jr. Residential Experiments[R]//Proceedings of Photovoltaics Advanced R and D Annual Review Meeting. Solar Energy Research Institute Report No. SERI/TP-311-428,1979；17-36.

[14.8]　P Tsou, W Stolte. Effects of Design of Flat-Plate Solar Photovoltaic Arrays for Terrestrial Central Station Power Applications[C]//13th IEEE Photovoltaic Specialists Conference. Washington, D. C. , 1978；1196-1201.

[14.9]　H N Post. Low Cost Structures for Photovoltaic Arrays[C]∥14th IEEE Photovoltaic Specialists Conference. San Diego，1980：1133-1138.

[14.10]　C R Chowaniec，et al. Energy Storage Operation of Combined Photovoltaic/Battery Plants in Utility Networks[C]∥13th IEEE Photovoltaic Specialists Conference. Washington，D. C.，1978：1185-1189.

[14.11]　D L Pulfrey. Photovoltaic Power Generation[M]. New York：Van Nostrand Reinhold，1978：56-62.

附录 A 物理常数

q 电子电荷 $= 1.602 \times 10^{-19}$ C

m_0 电子静止质量 $= 9.108 \times 10^{-28}$ g

               $= 9.108 \times 10^{-31}$ kg

c 真空中的光速 $= 2.998 \times 10^{10}$ cm/s

               $= 2.998 \times 10^8$ m/s

ε_0 真空介电常数 $= 8.854 \times 10^{-14}$ F/cm

               $= 8.854 \times 10^{-12}$ F/m

h 普朗克常数 $= 6.625 \times 10^{-27}$ erg $\cdot$ s

               $= 6.625 \times 10^{-34}$ J $\cdot$ s

k 波耳兹曼常数 $= 1.380 \times 10^{-16}$ erg/K

               $= 1.380 \times 10^{-23}$ J/K

$\dfrac{kT}{q}$ 热电压 $= 0.025\,86$ V（在 300K 时）

λ_0 真空中光子的波长,1eV 对应的波长 $= 1.239$ μm

字首

毫（m）$= 10^{-3}$ 千（k）$= 10^3$

微（μ）$= 10^{-6}$ 百万（M）$= 10^6$

纳（n）$= 10^{-9}$ 十亿（G）$= 10^9$

皮（p）$= 10^{-12}$

附录 B　硅的部分特性（300K 时）

E_g　　　　禁带宽度 ＝ 1.1 eV（见表 3.1）

N_C　　　　导带有效态密度 ＝ 3×10^{19} cm^{-3} ＝ 3×10^{25} m^{-3}

N_V　　　　价带有效态密度 ＝ 1×10^{19} cm^{-3} ＝ 1×10^{25} m^{-3}

n_i　　　　本征载流子浓度 ＝ 1.5×10^{10} cm^{-3} ＝ 1.5×10^{16} m^{-3}

ε_r　　　　相对介电常数 ＝ 11.7

$\hat{n}$　　　　折射系数 ＝ 3.5（波长 1.1μm 时）（见图 3.1）

μ_e　　　　电子迁移率 $\leqslant$ 1350 cm^2/Vs $\leqslant$ 0.135 m^2/Vs［见式(2.36)］

μ_h　　　　空穴迁移率 $\leqslant$ 480 cm^2/Vs $\leqslant$ 0.048 m^2/Vs［见式(2.36)］

D_e　　　　电子扩散系数 ＝ $0.025\,86\mu_e$

D_h　　　　空穴扩散系数 ＝ $0.025\,86\mu_h$

ρ　　　　电阻率［见式(2.35)］

　　　　　密度 ＝ 2.33 g/cm^3 ＝ 2 330 kg/m^3

附录 C 符号一览表

ξ	电场强度
α	吸收系数
ε	介电常数
Φ	功函数
Φ_B	势垒高度
λ	波长
μ	迁移率
η	效率
ρ	空间电荷密度；电阻率；薄层电阻；接触电阻率
σ	电导率
τ	载流子寿命
Ψ_0	内建电势
χ	电子亲和力
A	截面积
c	真空中的光速
D	扩散系数
E	能量
E_c	导带底能量
E_v	价带顶能量
f_c	光生载流子收集率
E_F	费米能级
FF	太阳能电池填充因子
G	电子-空穴对产生率
h	普朗克常数
I	电流；强度
I_0	二极管饱和电流
I_{sc}	短路电流
J	电流密度
J_e	电子电流密度
J_h	空穴电流密度
k	波耳兹曼常数
$\hat{k}$	消光系数
L_e	电子扩散长度

L_h	空穴扩散长度
m_0	电子静止质量
m_e^*	电子有效质量
m_h^*	空穴有效质量
n	电子密度
n_{n0}	n 型半导体热平衡电子浓度
n_{p0}	p 型半导体热平衡电子浓度
$\hat{n}_c$	折射系数
$\hat{n}$	折射系数的实部
n_i	本征载流子浓度
N_C	导带有效态密度
N_V	价带有效态密度
N_A	受主浓度
N_D	施主浓度
p	空穴浓度;晶体动量;功率损失百分比
p_{n0}	n 型半导体热平衡空穴浓度
p_{p0}	p 型半导体热平衡空穴浓度
q	电子电荷
R	电阻
t	时间
T	温度
U	净复合率
V	电压;电势
V_{oc}	开路电压

参考文献

[1] Backus, C E, ed. A collection of technical papers significant in the development of sloar cells[M]//Solar Cells. New York: IEEE Press, 1976.

[2] Hovel, H J. A review of the theory and performance of solar cells[M]//R W Richardson, A C Beer. Solar Cells, Vol. 11, Semiconductor and Semimetal Series, ed. New York: Academic Press, 1975.

[3] Johnston, W D. Review of the current status of photovoltaic development[M]//Solar Voltaic Cells. New York: Marcel Dekker, 1980.

[4] Merrigan, J A. Envestigates the technical practicality and economic viability of solar cells[M]//Sunlight to Electricity: Prospects for Solar Energy Conversion by Photovoltaics. Cambridge, Mass: MIT Press, 1975.

[5] Meville, R C. Emphasis on the theoretical effects of relevant parameters on solar cell performance [M] // Solar Energy Conversion: The Solar Cell. Amsterdam: Elsevier, 1978.

[6] Pulfrey, D L. Treatment of the technical, economic, and institutional issues relevant to the large-scale terrestrial application of solar cells[M]//Photovoltaic Power Generation. New York: Van Nostrand Reinhold, 1978.

[7] Rauschenbach, H S. Source of practical data related to solar cell module and array design for terrestrial and space systems[M]//Solar Cell Array Design Handbook. New York: Van Nostrand Reinhold, 1980.

[8] Sittig, M. A guide to U. S. patent literature in the photovoltaic field between 1970 and 1979[M]//Solar Cells for Photovoltaic Generation of Electricity. Park Ridge, N. J.: Noyes Data Corporation, 1979.

索　引

英 文	中 文	章 节
absorption coefficient	吸收系数	3.2
GaAs	砷化镓	3.3.1(图3.4)
Si	硅	3.3.2，3.3.3
absorption processes	吸收过程	3.3.1～3.3.3
acceptor impurities	受主杂质	2.11
air mass	大气光学质量(见太阳辐射)	1.5
AM 1.5 radiation	大气光学质量1.5的辐射	(表1.1)
amorphous silicon	非晶硅	10.3
antireflection coating	减反射膜	5.4.2，6.5，8.7.1
Auger recombination	俄歇复合	3.4.3
back surface fields	背表面场	7.4(第四段)，8.4
back surface reflectors	背表面反射器	8.8(最后一段)
bandgap，(see also energy bands)	带隙(见能带)	2.6，2.9，9.3
barrier height	势垒高度	9.4(式9.2下一段)
batteries，electrochemical	电池，电化学	12.2.1
charge-discharge characteristics	充放电特性	13.3.2(第3～4段)
Lead-acid	铅-酸	13.3.2
Nickel-Cadmium	镍-镉	13.3.3
residential systems	住宅用系统	12.4
stand alone systems	独立型系统	13.3.1
sulfation	硫酸化	13.3.2
black-body	黑体	11.6.3(倒数第二段)
cells，efficiency limits	电池，效率极限	5.2.4
radiation	辐射	1.3
Bolzmann's constand	波耳兹曼常数	2.4，附录A
busbar design	主线设计	8.6(第四段)
bypass diodes	旁路二极管	6.6.4
Cadmium sulfide (CdS) cells	硫化镉电池	10.5
capacitance，junction	电容，结	4.3
capacity credit，photovoltaics	发电容量信用度，光伏	14.3.2
carrier injection	载流子注入	4.4
carrier lifetimes	载流子生命期	3.4.2
typical values for Si	硅的典型值	(图8.7)
central power plants	集中型发电站	14.3
characteristic resistance	特性电阻	5.4.4
circuit design，module level	电路设计	6.6.4

Clevite process	Clevite 法	10.5.1
collection probability	收集几率	8.2.1
definition	定义	8.2.1
expressions	表达式	8.2.1
Compound parabolic concentrator	复合式抛物面聚光器	11.2
Concentrators:	聚光器	
asymmetrical	非对称	11.3
cell design	电池设计	11.5
compound parabolic	复合式抛物面	11.2
ideal	理想的	11.2
luminescent	发光的	11.5(第五段)
stationary and periodically adjusted	固定式和定期调整式	11.3
tracking	跟踪式	11.4
Contact resistance（see also resistance, contact)	接触电阻(亦见电阻,接触)	5.4.4(第三段)
Contacts，(see also top-contact)	电极/接触(亦见上电极)	8.6
electroplated	电镀的	7.4(倒数第二段)
low resistance	低电阻(接触)	9.5
metal-semiconductor	金属-半导体(接触)	9.4 第二段
screen printed	丝网印刷的	7.4(倒数第二段)
continuity equations	连续性方程	3.5.4
conversion efficiency (see efficiency, energy conversion)	转换效率(见效率,能量转换)	
copper/Cadmium sulfide cells	铜/硫化镉电池	10.5
crystal momentum	晶体动量	2.6(公式 2.2 下方段)
crystals:	晶体	
Czochralski process	CZ 法	6.4 第一段
defects	缺陷	2.13 倒数第二段
planes	平面	2.2 第三段
structure	结构	2.2
current-density equations	电流密度方程式	2.5.3
Cu_2S/cdS cells	硫化亚铜/硫化镉电池	10.5
Czochralski process	CZ 法	6.4
dead layers	死层	8.5.1
Depletion approximation	耗尽近似	4.2(公式 4.3 下第二段)
Depletion region	耗尽区	4.2 耗尽近似下一段
capacitance	电容	4.3
electric field	电场	4.2 耗尽区下一段
width	宽度	4.2
dendritic web growth	枝状蹼长晶	7.3.3
diamond lattice	钻石晶格	2.2 最后一段
illustration	图解	2.2 (图 2.3)

diffusion:	扩散	
of dopant impurities	掺杂杂质的	6.5
electrons and holes	电子和空穴	2.14.1
in quasi-neutral regions	在准中性区	4.5
diffusion constant	扩散常数	2.14.2
value for Si	硅的值	附录 B
diffusion length	扩散长度	4.6.1 公式 4.26 下方
direct band-gap semiconductors	直接带隙半导体	2.6 公式 2.5 下方
light absorption	光吸收	3.3
donor impurities	施主杂质	2.11
dopants (see impurities)	掺杂剂(见杂质)	
drift, electrons and holes	漂移,电子和空穴	2.14.1
effective mass	有效质量	2.6
efficiency, energy conversion:	效率,能量转换	
concentrator cells	聚光型电池	11.5
effect of substrate doping	衬底掺杂效应	8.3
effect of temperature	温度效应	5.3
ideal limits	理想极限	5.2.1
loss mechanisms	损失机制	5.4.1
measurement	测量	5.5
multigap cells	多能隙电池	11.6.2
thermophotovoltaic	热光伏	11.6.3
EFG ribbon	EFG 硅带	7.3.3 第二段
Einstein relations	爱因斯坦关系式	2.14.2
electron affinity	电子亲合力	9.3 第二段
electrons	电子	
drift and diffusion	漂移和扩散	2.14.1
effective mass	有效质量	2.6(式 2.2 下一行)
energy distribution in bands	能带中之能量分布	2.8
mobility	迁移率	2.14.1(式 2.32 前)
value for Si	硅的值	2.14.1,附录 B
spin	自旋	2.11(注释 1)
encapsulation (see modules)	封装(见组件)	
energy accounting	能量收支结算	6.7
energy bands	能带	
density of allowed states	允许态密度	2.7
effective density of states	有效态密度	2.8(式 2.14 下方)
forbidden bandgap	禁带	2.3
value for Si	硅的值	表 3.1,附录 B
energy conversion efficiency (see efficiency, energy conversion)	能量转换效率(见效率,能量转换)	
extinction coefficient	消光系数	3.2(公式 3.1 前一段)

value for Si (Fig. 3. 2)	硅的值	3. 2(图 3. 2)
Factory，automated	工厂,自动化的	7. 5
Fermi-Dirac distribution	费米-狄拉克分布	2. 4(第三段)
Fermi level	费米能级	2. 4(第二段)，2. 12
fill factor	填充因子	4. 8(式 4. 46 前一行)
effect of parasitic resistances	寄生电阻的影响	5. 4. 4(第三段，第四段)
effect of temperature	温度的影响	5. 3
expressions	表达式	5. 4. 4(公式 5. 16 下一段)
general curves (Fig. 5. 9)	一般曲线	5. 4. 4(图 5. 9)
loss mechanisms	损失机制	5. 4. 4
finger design	栅线设计	8. 6
flywheel storage	飞轮储能	12. 2. 2 最后一段，14. 2. 1 最后一段
Fresnel lens	菲涅尔透镜	11. 4
front surface field	前表面场	9. 2 第三段
Gaas：	砷化镓	
absorption coefficient (fig. 3. 4)	吸收系数(图 3. 4)	3. 3. 1(图 3. 4)
cells	电池	10. 4
energy levels of impurities (fig. 2. 16)	杂质能级(图 2. 16)	2. 13 (图 2. 16)
Gallium arsenide	砷化镓	见 GaAs
global radiation	全局辐射	1. 8
heat exchanger method	热交换器法	7. 3. 2 最后一段 7. 5 第二段
HEM	HEM	同上
heterojunction，theory	异质结,理论	9. 3
high doping effects	高掺杂效应	8. 5. 2
history，solar cell development	历史,太阳电池发展	1. 2，6. 1
homojunctions	同质结	9. 2
Hydrogen economy	氢能经济	12. 2. 2 倒数第二段
Hydrogen production	氢气产生	9. 7. 3
ideality factor	理想因子	5. 4. 3
impurities	杂质	
acceptor	受主	2. 10 (式 2. 24 下一段)
donor	施主	2. 11 第一段
effect on Si cell performance (fig. 7. 1)	对硅电池性能之影响(图 7. 1)	7. 2 (图 7. 1)
energy levels in Si and Gaas (fig. 2. 16)	在硅和砷化镓中的能级(图 2. 16)	2. 13 (图 2. 16)
ion implantation	离子注入	习题 2. 3，7. 4 第三段，7. 5 第四段
interstitial and substitutional	置换	2. 10 第一段
in metallurgical grade Si (table 6. 2)	在冶金级硅中(表 6. 2)	6. 2 (表 6. 2)
Index of refraction	折射率	3. 2 (式 3. 2 前一段)

value for Si (fig. 3. 2)	硅的值	3.2（图 3.2）
indirect band-gap semiconductors	间接带隙半导体	
light absorption	光吸收	
injection，carrier	注入，载流子	4.4，4.4（最后一段）
inverter	逆变器	12.3 第二段，14.2.4
ion implantation	离子注入	习题 2.3，7.4 第三段，7.5 第四段
Junction capacitance	结电容	4.3
land use，photovoltaics	土地利用，光伏	（表 14.1）
lattice constant	晶格常数	2.2 第二段最后一行
lifetesting，modules	寿命测试，组件	6.6.3 第三段
lifetime，carrier	寿命，载流子	3.4.2 式(3.19)前
luminescent concentrators	荧光式聚光器	11.3
manufacturers，solar cells	制造厂家，太阳能电池	（表 6.1）
measurements：	测量	
energy conversion efficiency	能量转换效率	5.5
spectral response	光谱响应	5.5 最后一段
metal-semiconductor cells	金属-半导体电池	9.4
metal-semiconductor contacts（see also contacts）	金属-半导体接触(亦见接触)	9.4 第二段
miller indices	密勒指数	2.2 第三段
mismatch loss	失配损失	6.6.4 第二段
mobilities，electron and holes	迁移率，电子和空穴	2.14.1
values for Si	硅的值	2.14.1，附录 B
modules：	组件	
accelerated lifetesting	加速寿命测试	6.6.3
cell operating temperature	电池工作温度	6.6.2
circuit aspects of interconnection	互联的电路考量	6.6.4
construction	构造	6.6.1
degaradation modes	降格模式	6.6.3
durability	耐久度	6.6.3
effect of dirt accumulation	灰尘积累的影响	6.6.3 最后一段，13.2 最后一段
mounting：	安装	
central power plant	集中型电站	14.3
residential systems	住户用系统	14.2.2
performance	性能	13.2
nominal operating cell temperature（NOCT）	电池的额定工作温度	6.6.2
open-circuit voltage	开路电压	4.8（式 4.5 前）
effect of substrate doping	衬底掺杂的影响	8.3
effect of temperature	温度的影响	5.3
limits	极限	5.2.3 第一段

loss mechanisms	损失机制	5.4.3
optical air mass	大气光学质量	1.5式1.1前一段
Pauli exclusion principle	泡利不相容原理	2.4第二段
phonon	声子	3.3.2第二段
photoelecrtochemical cells	光电化学电池	9.7.2
photoelectrolysis cell	光电解电池	9.7.3
photolithography	光刻技术	6.5
Photons：	光子	
energy	能量	3.3.1
momentum	动量	3.3.1
Planck's constant	普朗克常数	2.7最后一段
p-n junction：	p-n结	
capacitance	电容	4.3
dark characteristics	暗特性	4.6
illuminated characteristics	光照特性	4.7
Poisson's equation	泊松方程式	3.5.2，附录A
polycrystalline cells	多晶(pc)电池	10.2
primitive cell，crystallography	原胞,晶体	2.2第二段
pulse annealing	脉冲退火	7.4第三段
quasi-neutral region	准中性区	4.2（式4.3后第三段）
radiation (see Solar radiation)	辐射（见太阳辐射）	
radiative recombination (see also recombination，radiative)	辐射复合（见复合，辐射的）	3.4.2
recombination	复合	3.4
Auger	俄歇	3.4.3
rates for Si (fig. 3.11)	硅的复合率	（图3.11）
in depletion regions	在耗尽区	5.4.3第二段
radiative	辐射的	3.4.2
rate for Si	硅的复合率	3.4.2
at surfaces	在表面	3.4.5
via traps	陷阱辅助的	3.4.4
redox battery	氧化还原电池	12.2.1第三段
redox couple	氧化还原对	9.7.2第一段，12.2.1第三段
refractive index：	折射率	
of antireflection coatings	抗反射层的	（表8.1）
value for Si	硅的值	（图3.2）
regulator	控制器,调节器	12.3第二段，13.2（图13.1），13.4第二段
residential systems	住宅用系统	14.2
demonstration programs	示范项目	14.2.5
resistance：	电阻	
characteristic	特性	5.4.4（式5.16前）

contact	接触	5.4.4（式 5.15 下）
series and shunt：	串联和分流	
effect on fill factor	对填充因子的影响	5.4.5
physical origin	物理本源	5.4.4
of top contact	上电极的	8.6
of top layer，laterally	顶层的，横向的	8.2.3
resistivity：	电阻	
bulk	体	2.14.1（式 2.35 下）
sheet	薄层	8.2.3（式 8.18 下一段）
ribbon Silicon	带状硅	7.3.3
SAMICS	太阳方阵制造工业成本估算 标准	7.5 第一段
satellite Solar Power Stations	卫星太阳能发电站	14.3.3
saturation current density	饱和电流密度	4.6.2（式 4.37 前一行），8.5.3
effect of finite cell dimensions	有限电池尺寸的影响	4.9
minimum value expression	最小值表达式	5.2.3（式 5.4 前一行）
Schottky diodes	肖特基二极管	9.4 第二段
semiconductors：	半导体	
direct bandgap	直接带隙	2.6（式 2.5 下一段）
indirect bandgap	间接带隙	2.6 倒数第二段
semicrystalline cells	半晶电池	10.2 最后一段
series-paralleling	串并联	6.6.4 最后一段
series resistance（see also resistance, series）	串联电阻（亦见电阻，串联）	5.4.4 第三段
sheet resistivity	薄层电阻	8.2.3（式 8.18 下一段）
short-circuit current	短路电流	4.8 第二段
effect of cell thickness	电池厚度的影响	5.4.2,5.4.3
effect of substrate doping	衬底掺杂的影响	8.3
effect of temperature	温度的影响	5.3
limits	限制,极限	5.2.2，图 5.1
loss mechanisms	损失机制	5.4.2
shunt resistance（see also resistance, shunt）	分流电阻（亦见电阻，分流）	5.4.4 第三段
Silicon：	硅	
dendritic web ribbon	枝状蹼	7.3.3 第四段
energy to produce	要产生的能量	6.7
extraction from source material	从原料提炼	6.2
impurities（see Impurities heading）	杂质	
ingots	晶锭	7.3.1，7.3.2
metallurgical grade	冶金级	6.2
preparation of wafers	硅片制备	6.4
purification	提纯	6.2 后两段（6.3 第一段）

ribbon	带	7.3.3
sheet	片	7.3
semiconductor grade	半导体级	6.3
solar grade	太阳能级	7.2
surface texturing	表面制绒	7.4 第二段,8.7.2
technology	技术	6.6.2～第6章最后
values for material parameters	材料参数值	附录 B
absorption coefficient	吸收系数	3.3.2,3.3.3
energy band-gap	带隙	3.3.3
mobilities, electron and hole	迁移率,电子和空穴	2.14.1
refractive index (fig. 3.2)	折射率	图 3.2
SIS solar cells	SIS 太阳能电池	9.6 倒数第二段
solar cells:	太阳能电池	
amorphous silicon	非晶硅	10.3
capacity credit	发电容量信用度	14.3.2 第三段
costs	成本	14.1,14.3.1,14.4
Cu₂S/CdS	硫化亚铜/硫化镉	10.5
energy content	能量(生产所需的)	6.7
GaAs	砷化镓	10.4.1
history of development	发展史	1.2
land use (table 14.1)	土地利用	(表 14.1)
manufacturers	制造厂商	表 6.1
MIS	金属-绝缘体-半导体	9.6
multigap cells	多带隙电池	11.6.2
photoelectrochemical	光电化学	9.7
polycrystalline	多晶(pc)	10.2
Schottky	肖特基	9.4 第二段
Si:	硅	
automated production	自动化生产	7.4 倒数第二段
design	设计	第8章
technology	技术	第6章
tandem	层叠型,串叠型	11.6.2
Solar Constant	太阳常数	1.4
solar radiation:	太阳辐射	
air mass	大气光学质量	1.5 式 1.1 前一段
AM 1.5	大气光学质量 1.5	(图 1.3),(表 1.1)
AM0 (fig. 1.3)	大气光学质量 0	(图 1.3)
direct and diffuse	直射和漫射	1.6
global	全局辐射,总辐射	1.8 最后一段
on inclined surfaces	在倾斜面上	13.5 式 13.5 下一段
the Solar Constant	太阳常数	1.4
spectral response	光谱响应	8.8

measurement	测量	5.5 最后一段
spectrum splitting	光谱分离	11.6.2 第三段
storage	储能	12.2
central power plants	集中型发电厂	14.3.1,14.3.2
compressed air	压缩空气	12.2.2
electrochemical batteries	电化学电池	12.2.1
flywheels	飞轮	12.2.2, 14.2.1
hydrogen	氢	9.7.2,12.2.2
pumped hydro	抽水蓄能	12.2.2
residential systems	住宅用系统	14.2
stand-alone systems	独立型系统	13.3.2
stress relief loop	应力释放环	6.6.1
Sun:	太阳	
apparent motion	视运动	1.7
radiating mechanism	辐射机制	1.3
sunlight (see solar radiation)	太阳光(见太阳辐射)	
surface recombination	表面复合	3.4.5
surface recombination velocity	表面复合速度	3.4.5
system design, stand-alone	系统设计,独立型	13.5
system sizing	系统规模的制定	13.5
tandem cells	层叠型电池	11.6.2
temperature:	温度	
of cells in module	组件中电池的	6.6.2
effect on cell performance	对电池性能的影响	5.3
NOCT	电池的额定工作温度	6.6.2
textured surfaces	绒面	7.4, 8.7.2
thermionic emission	热离子发射	9.4
thermophotovoltaic conversion	热光伏转换	11.6.3
thin-film cells:	薄膜电池	7.6, 14.4
amorphous Si	非晶硅	10.3
Cu_2S/CdS	硫化亚铜/硫化镉	10.5.1
top-contact:	上电极,顶电极	
depostiton	沉积	6.5, 7.4
design	设计	8.6
material	材料	6.5, 7.4
top-layer:	顶层	
lateral resistance	横向电阻	8.2.3
limitations of	的限制	8.5
trap recombination	陷阱复合	3.4.4
unit cell	单胞	2.2
vacuum evaporation	真空蒸发	6.5
vertical multijunction cell	垂直型多结电池	9.2

water pumping	泵水	13.6
work function	功函数	9.3
zero-depth concentration	零深度聚光	6.6.1
zincblende lattice	闪锌矿晶格	2.2